Application of Blockchain Technology in Smart City

区块链技术在智慧城市中的应用

谢俊峰　谢人超　刘　江　秦董洪　杨　华◎著

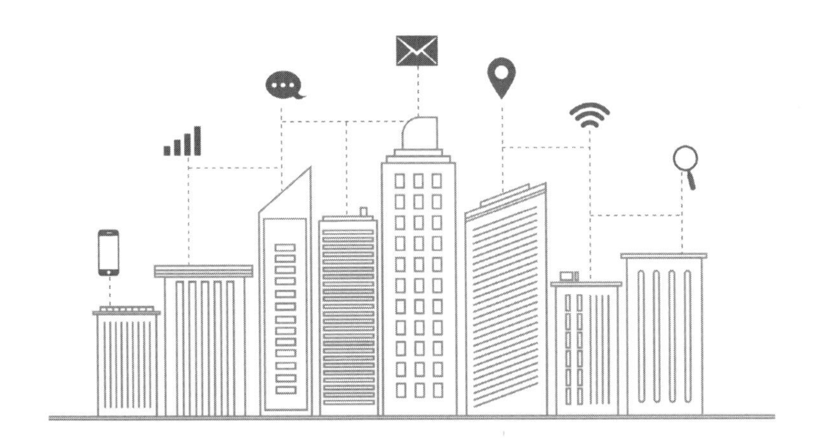

人民邮电出版社
北　京

图书在版编目（CIP）数据

区块链技术在智慧城市中的应用 / 谢俊峰等著. --
北京 : 人民邮电出版社, 2021.11
ISBN 978-7-115-57400-8

Ⅰ. ①区… Ⅱ. ①谢… Ⅲ. ①区块链技术②现代化城市－城市管理 Ⅳ. ①TP311.135.9②C912.81

中国版本图书馆CIP数据核字(2021)第194108号

内 容 提 要

本书系统详实地讲解了区块链技术在智慧城市中各种业务场景的应用。全书共 11 章。第 1 章梳理了区块链的历史与现状，详细阐述了区块链的体系架构、运行机制、分类以及目前面临的挑战和解决方案；第 2～11 章围绕区块链技术在智慧城市中十大典型业务场景的应用进行详细阐述，内容包括业务场景的行业现状、应用区块链技术的基本原理和实际案例。

本书内容深入浅出、覆盖面广，可作为高等院校相关课程的教材，让学生了解区块链技术的发展和应用现状，还可以供从事区块链技术领域的科研人员、工程技术人员、投资者和创业者学习参考。

◆ 著　　　　谢俊峰　谢人超　刘　江　秦董洪　杨　华
责任编辑　邢建春
责任印制　陈　犇

◆ 人民邮电出版社出版发行　　北京市丰台区成寿寺路 11 号
邮编　100164　　电子邮件　315@ptpress.com.cn
网址　https://www.ptpress.com.cn
大厂回族自治县聚鑫印刷有限责任公司印刷

◆ 开本：700×1000　1/16
印张：14　　　　2021 年 11 月第 1 版
字数：274 千字　　　　2021 年 11 月河北第 1 次印刷

定价：119.80 元

读者服务热线：(010)81055493　印装质量热线：(010)81055316
反盗版热线：(010)81055315
广告经营许可证：京东市监广登字 20170147 号

序

区块链是 P2P 网络、密码学、共识机制、智能合约等技术的集成创新，它提供了一种进行信息和价值可信传递的解决方案，具备不易篡改、可溯源等特性。区块链技术采用了“共识信任”理念，鼓励人们在互联网中建立一套自治系统，推动商业协同以及数据的可信存储与共享。目前，区块链的应用已由金融领域延伸到城市生活的多个领域，满足了相互不信任的多个参与者建立分布式信任的需求，实现了低成本、高效的多方协同。随着区块链从金融领域向其他各领域的不断渗透，区块链将为各行各业注入新的活力。未来，与区块链技术接触的群体将会越来越多，对区块链技术进行更加深入的了解与探究将是很多领域创新创业中不可或缺的一环。

新型智慧城市是党中央、国务院立足于我国信息化和新型城镇化发展实际而做出的重大决策，是推进智慧社会建设的重要抓手，是贯彻落实“创新、协调、绿色、开放、共享”发展理念的重要举措。新型智慧城市经过几年建设，已有长足进展，但仍存在以下三个问题：其一，城市基础设施迫切需求转型，实现协同共用；其二，城市数据共享不足，应用体验不佳，服务机制不到位；其三，城市数据监管困难，数据安全难以有效保障。

区块链作为一种新兴技术，具有透明、民主、去中心化、分布式共识、安全等特性，可以助力新型智慧城市建设。首先，区块链可以用于提升城市基础设施高效协同的能力；其次，区块链可以打破城市数据的流通壁垒，实现数据信息协调互通；同时，区块链还可以提升智慧城市的建设质量，建立透明高效的城市统筹、精细精准的城市治理、融合创新的信息经济、自主可控的安全体系、无处不在的惠民服务。

在新一代信息技术产业发展的大环境下，区块链将成为城市升级和经济转型的技术支撑中不可或缺的一环，它将培育出无数的创新创业机会，大力提升城市管理和治理水平。区块链正在从理论探索逐渐走向应用落地，此时，我很欣喜地看到有这样一本从实际现状出发、详细介绍区块链在智慧城市各个应用场景中应用的图书问世。

本书主要由中北大学、北京邮电大学和广西民族大学的老师和同学共同完成。本书对区块链在智慧城市中的应用进行了研究和梳理总结，从区块链的概念出发，全面剖析了区块链技术在智慧公民、智慧医疗、智慧能源、智慧交通、供应链管理、智慧政务、智慧家庭、智慧教育、智慧商业以及数字版权服务等领域的应用原理和应用必要性，并提供了大量的真实案例。本书可以帮助读者更加深刻地理解区块链在智慧城市中应用的核心原理与方法。希望读者能够通过阅读本书客观地理解区块链技术的价值，深入了解区块链技术如何巧妙地与智慧城市中各种应用场景相结合。

愿业界各位人士用发展和战略的眼光看待区块链技术及应用，未来已来，将至已至，也祝业界各位人士在区块链领域的研究能更上一层楼。

黄　韬

2021 年 6 月

前 言

我国正处于城镇化高质量推进的新发展阶段，城市人口的高密度和高增长速度导致“城市病”问题日益严峻，城市环境资源的约束对市民的生活质量造成了一定影响。为了促进城市的可持续发展和市民生活质量的提升，建设智慧城市（Smart City）已成为我国城市发展的必然选择。

智慧城市的概念，最早源于 2008 年 IBM 提出的“智慧地球”理念。智慧城市的内涵丰富，其实质可以归纳为：利用先进的信息与通信技术（Information and Communications Technology，ICT），实现城市建设、管理和运营的智慧化，从而对包括民生环境、公共安全、城市服务、工商业活动在内的各种需求做出智能响应，为市民创造更好的服务，促进城市的可持续发展和健康协调发展。目前中国已成为全球智慧城市技术产业创新发展的重要力量，全国已有近半数城市发布新型智慧城市规划，超过 94%的省级城市、超过 71%的地级市、超过 20%的县级市均提出要建设智慧城市。

信息与通信技术在智慧城市建设中发挥着关键作用。区块链作为一种去中心化的新兴技术，在促进智慧城市发展、提升智慧城市服务方面具有巨大潜力。区块链技术在 2008 年由中本聪提出，是由比特币等“加密数字货币”演变而来的分布式账本技术，具备透明可信、防篡改、安全匿名、可追溯、去中心化等特征。区块链技术的发展经历了三个阶段，区块链 1.0 主要是指以比特币为代表的“加密数字货币”的蓬勃发展，区块链 2.0 是指智能合约的广泛应用实现了区块链在金融领域的技术落地，目前正处于区块链 3.0 阶段，主要利用区块链的去中心化信任机制来解决各行各业存在的互信问题和数据传递安全性等问题。

在建设智慧城市过程中，我们面临着诸多挑战，如城市全域数据感知对数据采集和传输提出了更高要求，海量设备接入增加了身份认证和数据通信的安全隐患，大数据技术的广泛应用需要对用户和数据的隐私进行有效保护。区块链技术的透明、民主、去中心化、防篡改等特点，可以助力解决智慧城市建设中面临的这些挑战，重塑社会信任，给智慧城市发展带来新的机遇与变革。区块链技术的不断成熟，将加速与智慧城市的金融、医疗、能源、交通、供应链管理、政务、家庭、教育、商业、版权服务等领域的深度融合，“区块链+智慧城市”的应用项目将逐步落地，产业区块链“百花齐放”的时代即将到来。

本书不仅可以帮助专业开发人员了解区块链技术在智慧城市的具体落地应用案例，还可以帮助投资者和创业者对相关背景知识有一个系统而详尽的认识，找到区块链技术在相关领域应用的更好的解决方案，制订出切实可行的策略。

为推动区块链技术在智慧城市中的应用落地，本书总结了区块链技术在智慧城市十大典型应用场景的现状、痛点、框架和原理，分享了真实具体且落地实践的具有代表性的应用案例，为区块链技术在智慧城市中的应用和发展提供了借鉴和参考。

区块链技术发展日新月异，我国区块链产业发展总体还处于初级阶段，由于编写时间仓促，编写人员水平和视野所限，同时区块链技术仍在不断发展，因此书中内容难免存在疏漏和局限之处，恳请读者批评指正，提出宝贵的意见和建议。

本书在出版过程中获得了广西自然科学基金（2020GXNSFBA159067）、广西高校中青年教师科研基础能力提升项目（2020KY04028）、广西民族大学科研基金（2019KJQD16）、网络与交换技术国家重点实验室（北京邮电大学）开放课题（SKLNST-2020-1-12）的联合资助。

本书的编撰工作得到了中北大学信息与通信工程学院和北京邮电大学未来网络理论与应用实验室的大力支持。广西民族大学的研究生李小琴、贾英娟、陈若宇、徐婧雅、沈梦燕、邓安拓等参与了本书部分内容的撰写和审校工作，在此向他们表示衷心的感谢。同时，感谢人民邮电出版社的大力支持和高效工作，使本书能尽早与读者见面。最后，希望本书能为推动区块链技术的应用和发展做出一点贡献。

作　者

2021 年 6 月

目 录

第1章 区块链概述

1.1 区块链发展概述

1.1.1 区块链 1.0

以比特币为代表的“加密数字货币”是区块链 1.0 阶段的象征[1]。2009 年 1 月，开源的比特币系统正式上线运行，区块链技术作为构建比特币系统数据结构和交易信息加密传输的基础技术，正式登上了历史舞台。此时，区块链是一种由密码学支撑、按照时间顺序存储的分布式共享数字账本，提供了一套安全、稳定、透明、可审计的交易数据记录和信息交互的架构。作为区块链技术的最早应用，比特币是一种去中心化的“数字货币”，其发行和交易过程不依赖中心权威机构，而由分布式网络中的所有节点通过 PoW 共识机制共同管理、验证与记录。

比特币的出现和稳定运行促进了人们对区块链技术的关注。但比特币系统存在两个主要问题：其一，比特币系统的脚本语言不是图灵完备的，拓展性较差，能够表达的逻辑有限，可以在开源比特币系统代码的基础上开发“加密数字货币”类应用，但难以进行其他类应用的开发；其二，比特币系统中的区块大小约为 1 MB，区块间隔约为 10 min，使每秒只能支持 7 笔交易，而 VISA 系统平均每秒可以处理 2 万多笔交易，交易处理速度慢是比特币系统难以进行大规模推广的主要原因。

区块链 1.0 阶段的主要特征是：①建立了以区块为单位的链状数据结构；②全

网共享账本；③非对称加密；④源代码开源。基于这些特征，区块链具有了账本公开透明、可追踪、不易篡改的性质。

1.1.2 区块链 2.0

区块链发展进入 2.0 阶段的标志是智能合约的引入。智能合约的概念由 Szabo 于 1995 年提出，是一种旨在以信息化方式传播、验证或执行合同的计算机协议，由于当时缺少可信执行环境，智能合约没有被应用到实际生产生活中。区块链技术诞生以后，其可追溯、不易篡改等特性形成了信任基础，为智能合约提供了可信执行环境，使自动化、智能化的合约成为可能。Buterin 开发了图灵完备的编程语言，首次在区块链平台上支持智能合约。以太坊是一个公有链平台，提供了一个强大的智能合约编程环境，用户可以在以太坊各种模块的基础上搭建各行各业的应用[2]。

智能合约的引入使区块链技术具备了可编程性，通过开发智能合约，用户可以自定义业务逻辑，实现各种商业与非商业环境下的复杂逻辑，这为区块链提供了更多的商业与非商业应用场景，极大拓展了其应用范围。因此，区块链 2.0 阶段可以实现自动化采购、智能化物联网应用、虚拟资产的兑换和转移、信息存证等应用，可以在各行各业发挥区块链的作用，促进科学、健康、教育等领域的大规模协作。

区块链 2.0 阶段的主要特征是：智能合约、DApp、虚拟机。基于这些特征，区块链不仅是一个账本，而且是一种分布式、去中心化的计算与存储架构。随着区块链技术的不断成熟，各个国家、组织对其普遍采取了支持态度。2018 年 12 月，欧盟立法机构通过了“区块链：前瞻性贸易政策”决议，推动了区块链在该地区自由贸易和商业领域的应用。2019 年 6 月，美国发布了《国防部数字现代化战略》，明确将探索区块链技术在网络安全领域的应用。2019 年 9 月，德国积极支持区块链发展，颁布了《德国区块链战略》，明确将区块链技术优先应用在 5 大领域：在金融领域确保稳定并刺激创新；支持技术创新项目与应用实验；制定清晰可靠的投资框架；加强数字行政服务领域的技术应用；传播普及区块链相关信息与知识，加强有关教育培训及合作等。

1.1.3 区块链 3.0

随着物联网和大数据的快速发展，全社会对行业间互信、数据安全、系统运行效率等方面的要求越来越高，这些需求推动着区块链进入 3.0 阶段。如果说区块链 1.0 和 2.0 阶段是人们已经发生或者正在经历的，那么 3.0 阶段则是人们对未来区块链技术的一种理想化愿景。区块链 3.0 是价值互联网的内核。

价值互联网是在信息互联网和移动互联网普及成熟之后出现的一种高级互联网形式，核心特征是在人与人、人与物、物与物之间实现资金、合约、数字化资产等价值的互联互通。价值互联网在信息互联网的基础上增加了价值属性，不仅能够实现信息的互联互通，还能在互联网上方便快捷、安全可靠、低成本地传递价值。

区块链利用块链式数据存储结构、加密算法、共识算法、时间戳等技术来构建新型社会信任机制，正逐渐引发价值转移方式的根本性转变，以及社会协作方式的深入变革，对形成规模化的、真正意义上的价值互联网有巨大的推动作用。首先，区块链为价值互联网提供基础设施，通过身份认证、隐私保护、价值存储和传输等功能，推动形成价值互联网的信任基础和传递机制。其次，区块链将助力形成一个去中心化、透明可信、自组织的价值互联网，降低价值互联网的门槛，将更多用户纳入其中，有效扩大价值互联网的规模和影响范围，实现人与人、人与物、物与物之间的共识协作和效率提升。

虽然区块链的发展还处在初级阶段，但其潜力巨大。随着区块链技术的不断创新成熟，它必将渗透到生产生活的方方面面，重塑社会的信任关系，降低整个社会的运行成本，使人们的生活更加美好、世界更加美好。

1.1.4　区块链标准化进程

随着学术界和产业界对区块链认识的不断深入，区块链的应用领域将不断扩展，应用深度将不断加强。为了促进区块链发展，方便国内国际开展区块链相关的合作交流，需要制定国内国际通用的具备高适用性的区块链标准化体系。本节将从国内和国际两方面介绍区块链的标准化进程。

1.1.4.1　国内标准化进程

中国区块链标准化工作启动于 2016 年年底，与国际标准化工作基本同步。截至 2020 年 12 月，我国已发布区块链/分布式账本技术行业标准 3 项、省级地方标准 5 项、团体标准 34 项。团体标准起步较早、发展较快，通过小范围讨论与实践，为地方标准、行业标准以及国家标准的制定积累经验、打下基础，提供较好的参考借鉴。我国的区块链标准体系正在逐步完善，发展还不成熟，和建立完备的区块链标准体系仍存在很大差距。未来需要及时填补国内区块链细分领域标准空白，尽快推动形成国内行业共识。下面将从团体标准、国家标准、行业标准和地方标准 4 方面来介绍国内标准化进程。

（1）团体标准

为有效贯彻落实工业和信息化部信息化和软件服务业司《关于委托开展区块链技术和应用发展趋势研究的函》要求，中国区块链技术和产业发展论坛于 2016 年

10 月 18 日在北京成立。该论坛由工信部信息化和软件服务业司、国家标准化管理委员会工业标准二部指导，中国电子技术标准化研究院、万向区块链、微众银行、中国平安等国内从事区块链的重点企事业单位构成。

中国区块链技术和产业发展论坛自成立以来，致力于我国区块链标准化路线和标准体系建设方案研究、标准研制以及国际标准化工作，不断提升我国区块链产业的标准化水平，于 2017 年 5 月发布了第一项区块链团体标准《区块链 参考架构》，之后又陆续发布了《区块链 数据格式规范》《区块链 智能合约实施规范》《区块链 隐私保护规范》和《区块链 存证应用指南》4 项团体标准，为区块链国家标准的起草和制定提供重要参考依据。

（2）国家标准

2017 年 12 月，首个区块链领域国家标准《信息技术区块链和分布式记账技术参考架构》（计划编号：20173824-T-469）正式获批立项，由中国电子技术标准化研究院牵头组织国内 30 多家企业开展国家标准研制，标志着区块链国家标准制定的开始。该标准是区块链领域的重要基础标准，给出了区块链相关的重要术语和定义，规定了区块链和分布式账本技术的参考架构、典型特征和部署模式，描述了区块链的生态系统，对各行业选择和应用区块链服务、建设区块链系统等具有重要指导意义。

工信部于 2018 年 6 月发布了《全国区块链和分布式记账技术标准化技术委员会筹建方案公示》，拟定了区块链国家标准体系的未来规划，提出了基础、业务和应用、过程和方法、可信和互操作、信息安全 5 大类标准，初步列出了拟制定的 22 项国家标准，未来一段时间内的区块链和分布式记账技术国家标准体系如图 1-1 所示。基础标准用于统一区块链术语、相关概念及模型，为其他各类标准的制定提供支撑；业务和应用标准用于规范区块链应用开发和区块链应用服务的设计、部署、交付，以及基于分布式账本的交易；过程和方法标准用于规范区块链的更新和维护，以及指导实现不同区块链间的通信和数据交换；可信和互操作标准用于指导区块链开发平台的建设，规范和引导区块链相关软件的开发，以及实现不同区块链的互操作；信息安全标准用于指导实现区块链的隐私和安全，以及身份认证。

（3）行业标准

金融领域是区块链最早落地的应用领域之一，因此金融行业的区块链标准布局较早、进展较快。2020 年，中国人民银行牵头的两项行业标准《金融分布式账本技术安全规范》和《区块链技术金融应用评估规则》先后正式发布实施。这两项行业标准针对区块链体系和产品的技术标准和评估办法，较为完整地在共识协议、智能合约、数据格式、运维管理等方面做出了规定，保证了区块链金融的健康发展。2020 年 11 月，中国人民银行正式发布了《分布式数据库技术金融应用规范 技术架构》《分布式数据库技术金融应用规范 安全技术要求》《分布式数据库技术金融

应用规范 灾难恢复要求》3 项金融行业标准。《分布式数据库技术金融应用规范 技术架构》从技术框架、功能特性和运维管理等方面，提出了服务高可用、数据高可靠、弹性可扩展、产品高适配、数据易迁移等具体技术要求。《分布式数据库技术金融应用规范 安全技术要求》从基础支撑保障、用户管理、访问控制、数据安全、监控预警、密钥管理、安全管理和安全审计等方面提出了针对性安全要求，切实保障金融业务安全稳定运行。《分布式数据库技术金融应用规范 灾难恢复要求》从灾难预防、预案管理、切换演练、应急处理等方面提出了技术要求，引导金融机构建立健全容灾机制，切实保障金融业务连续性运行。

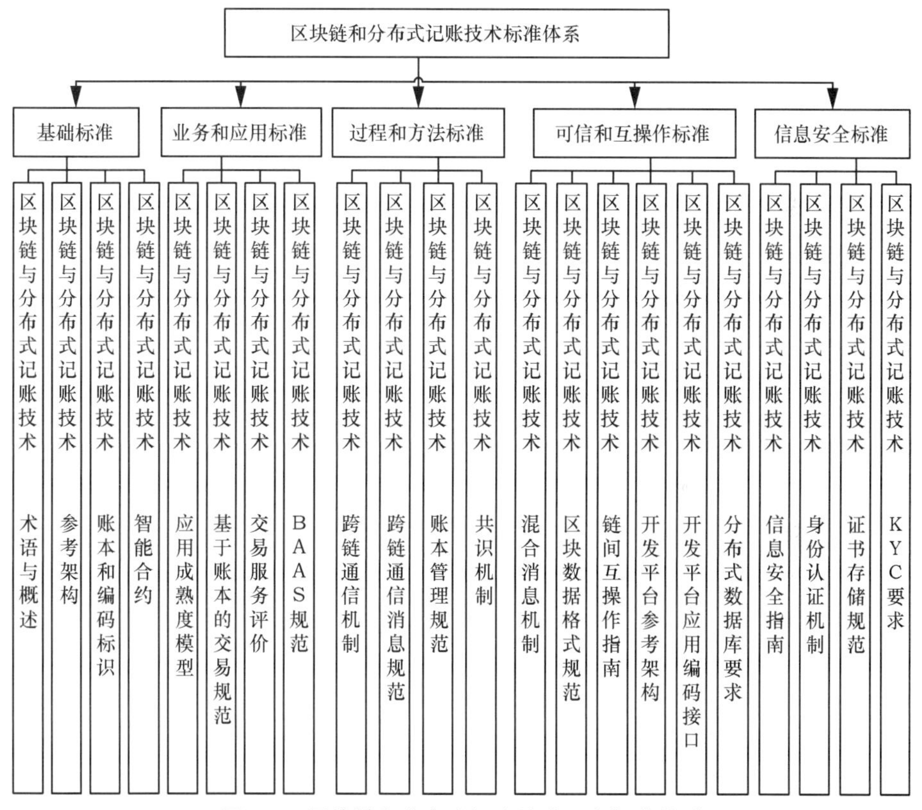

图 1-1 区块链和分布式记账技术国家标准体系

除了金融领域，区块链在工业领域也具有很大应用潜力，其去中心化、透明、可信、高可靠性等特征对提升工业生产效率、降低成本、提高工业系统安全性和可靠性、提升供应链协同水平和效率，以及促进管理创新和业务创新等具有不容忽视的作用。

2020 年，《工业区块链参考架构》行业标准申报工作完成，该标准旨在为区块链在工业领域的应用提供基本的体系框架。一方面帮助利益相关群体在工业领域合理地选择、规划、建设和使用区块链产品和服务；另一方面提供工业区块链的应用、数据和技术框架内容，提升工业区块链项目的质量和水平。该标准将有助于提升不同工业领域的区块链应用的架构的一致性和互操作性，为工业区块链生态建设提供支撑。

（4）地方标准

2017 年 8 月，为推动贵州省区块链政用、民用、商用共同发展和支撑体系建设，由贵州省大数据发展管理局、贵阳市人民政府、中国电子技术标准化研究院发起成立的贵州省区块链标准建设指导协调组和贵州省区块链标准工作组，正式启动了贵州省区块链标准研制工作。2020 年，贵州省的 4 项省级地方标准《区块链 应用指南》《区块链系统测评和选型规范》《基于区块链的精准扶贫实施指南》和《基于区块链的数据资产交易实施指南》正式发布。2020 年，在疫情防控的大背景下，山东省的省级地方标准《基于区块链技术的疫情防控信息服务平台建设指南》为抗疫提供了良好的技术支撑。此外，从 2019 年开始，无锡国家高新技术产业开发区也启动了《区块链与互联网融合技术指南》和《区块链与物联网融合应用指南》两项地方标准的研制工作。

1.1.4.2 国际标准化进程

在国际标准方面，国际电信联盟（International Telecommunication Union，ITU）、国际标准化组织（International Organization for Standardization，ISO）、电气与电子工程师协会（Institute of Electrical and Electronics Engineers，IEEE）等具有全球影响力的机构均成立了区块链标准工作组或委员会，致力于推动区块链国际标准的制定。

（1）ITU 区块链标准化进展

截至 2020 年 12 月，ITU-T 已发布多项区块链/分布式账本技术相关标准，在已经发布的标准中，4 项为基础标准（《分布式账本系统的要求》《分布式账本技术的评估标准》《分布式账本技术的参考框架》《分布式账本技术的术语和定义》），4 项与安全相关（《分布式账本技术的安全威胁》《分布式账本技术的安全框架》《使用分布式账本技术进行分散身份管理的安全准则》《分布式账本技术的安全保障》），三项与数据管理相关（《基于区块链的智能可持续发展城市统一 KPI 数据管理参考架构》《基于区块链支持物联网以及智慧城市和社区的数据交换和共享》《基于区块链支持物联网以及智慧城市和社区的数据管理》），三项与物联网相关（《作为去中心化服务平台的物联网区块链架构》《下一代网络演进中区块链的场景和能力要求》《云计算-区块链即服务的功能要求》）。

（2）ISO 区块链标准化进展

2016 年 9 月 12 日，ISO 成立了区块链和分布式账本技术委员会（ISO/TC 307），旨在推动区块链与分布式账本技术领域的国际标准的立项、审核与批准。截至 2020

年 12 月，ISO/TC 307 共设立 12 个工作小组，分别负责区块链技术、互操作性、安全等细分领域的具体标准的制定。截至 2020 年 12 月，ISO/TC 307 已经发布区块链相关国际标准 4 项，即《区块链和分布式账本技术：区块链中的智能合约和分布式账本技术系统概述和交互》《区块链和分布式账本技术：隐私和个人身份信息保护注意事项》《区块链和分布式账本技术：数字资产保管人员的安全管理》《区块链和分布式账本技术：词汇》，这些标准涉及区块链和分布式账本技术的术语概念、系统概述、隐私保护和人员管理。此外，ISO 另有 11 项国际标准正在制定中，涉及区块链的参考架构、分类、案例、智能合约等方面。

（3）IEEE 区块链标准化进展

在区块链领域，IEEE 陆续成立了区块链标准委员会、区块链和分布式账本委员会等专门机构，这些机构负责相关标准的立项、审核与批准。中国电子技术标准化研究院是区块链和分布式账本委员会的主席单位。截至 2020 年 12 月，IEEE 已发布区块链相关标准 5 项，其中三项与“加密货币”相关（《“加密货币”支付一般流程的 IEEE 标准》《“加密货币”托管框架的 IEEE 标准》《“加密货币”交易一般要求的 IEEE 标准》），另有 1 项数据格式标准（《区块链系统数据格式的 IEEE 标准》）和 1 项数据管理标准[《基于区块链的物联网（Internet of Things，IoT）数据管理框架的 IEEE 标准》]。此外，IEEE 另有 20 多项国际标准已经立项，进入起草制定阶段，涉及数字资产识别管理、区块链物联网、区块链互操作性/跨链技术等方面。

1.2　区块链体系架构

目前，区块链还没有一个统一的体系架构，基于区块链的不同应用可能采用不同的体系架构，但这些架构都大同小异。本书将介绍主流的区块链 6 层体系架构，如图 1-2 所示，自下而上依次是数据层、网络层、共识层、激励层、合约层和应用层[3-4]。

1.2.1　数据层

数据层是区块链体系架构的最底层，其主要功能是数据存储。在区块链系统中，数据是以区块的形式存储的。不同的区块链系统采用的区块结构大同小异，本小节将以比特币区块链系统为例来说明区块结构。如图 1-3 所示，每个区块包含区块头和区块体两部分[5]。

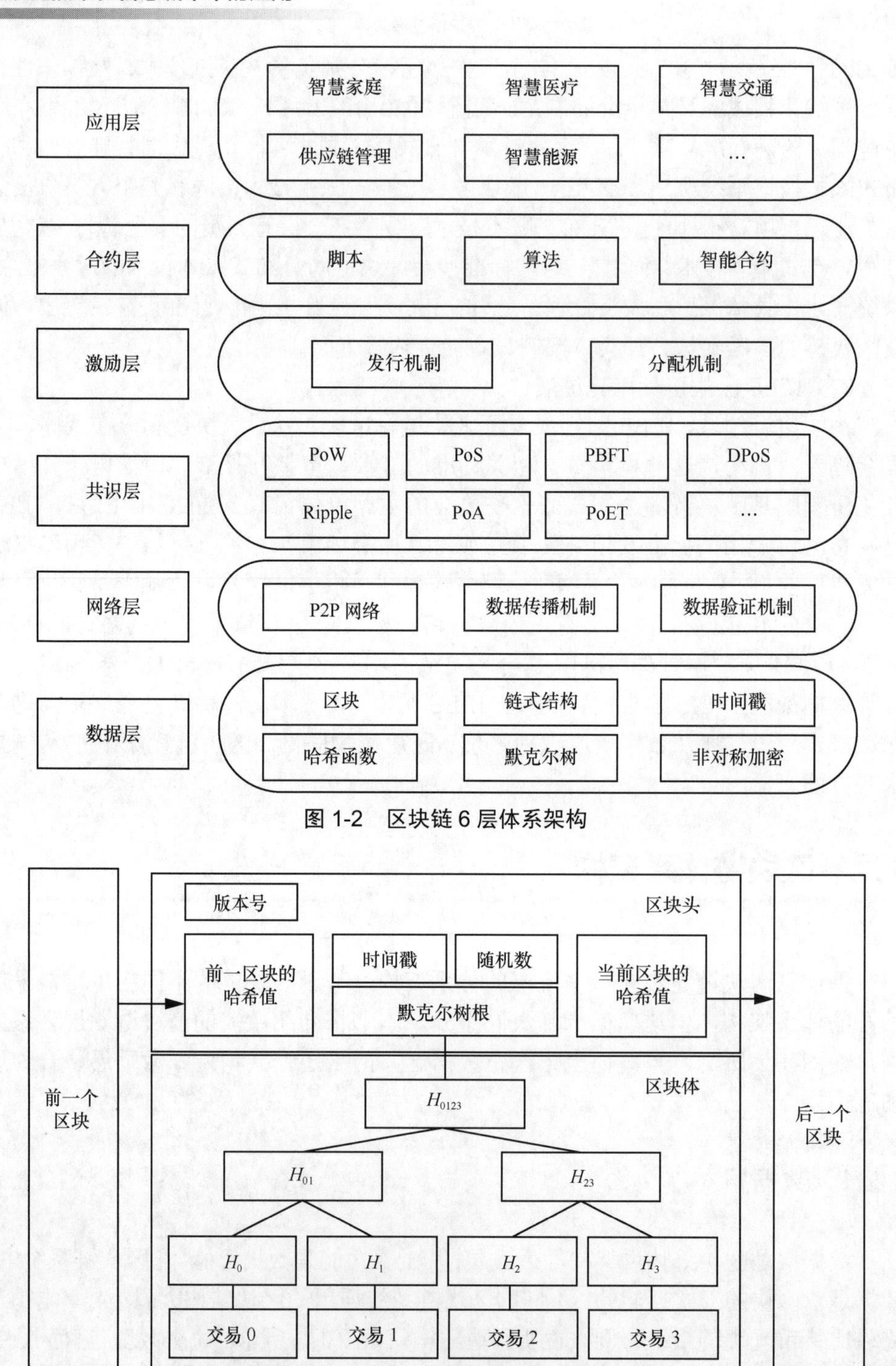

图 1-2　区块链 6 层体系架构

图 1-3　区块结构示意

区块头主要封装了版本号、前一区块的哈希值、当前区块的哈希值、时间戳、随机数、默克尔树根等信息。版本号用于跟踪协议版本的更新，节点可以根据版本号对收到的区块进行解析，提取所需信息。除了区块链的第一个区块（创世区块），每一个区块都保存前一个区块的哈希值，该哈希值唯一指定了该区块的父区块，通过这种方式将所有区块连接起来。区块的链式存储结构记录了区块链数据的完整历史，便于对数据进行溯源和定位；同时，当某个区块的数据被篡改，会破坏区块的链式结构，这种"牵一发而动全身"的特性使区块链中存储的数据难以被篡改。当前区块的哈希值由区块头信息计算得到，哈希值能够唯一而精准地标识一个区块。时间戳表示该区块的创建时间，为区块数据增加了时间维度，不仅可以提供区块的存在性证明，而且有助于形成不易篡改和不易伪造的区块链数据库。随机数与 PoW 共识机制有关，最先找到满足条件的随机数的节点将拥有记账权，其生成的区块经过验证后会被添加到区块链上。

默克尔树根与区块体有关，区块体中包含经过验证的交易记录，这些交易记录通过默克尔树的哈希过程生成唯一的默克尔树根，并存储到区块头中。如图 1-3 所示，默克尔树由一个根节点、多个中间节点和叶子节点组成，叶子节点是交易数据按照哈希算法计算得出的交易哈希值，每一笔交易记录都有一个叶子节点与之对应，两个相邻的交易哈希值进行二次哈希运算得到新的哈希值，形成中间节点，逐层递归地对中间节点进行哈希运算，最终形成一个默克尔树根。采用默克尔树结构可以提升交易数据的完整性和安全性，这是因为默克尔树任一叶子节点的交易数据发生变化，都会导致树根信息的变化，这种对数据修改敏感的特性可以防止交易数据被恶意篡改；同时，采用默克尔树结构可以快速验证特定交易数据，如果需要验证图 1-3 中交易 1 的数据，只需要下载并验证 H_1、H_{01}、H_{0123} 和默克尔树根的哈希值，而不需要遍历所有的交易数据。

1.2.2　网络层

网络层包含区块链节点的组网方式、数据传播机制以及数据验证机制[6]。区块链系统的节点一般具有分布式、自治性、开放、可自由进出等特点，因而一般采用对等网络（Peer to Peer Network，P2P 网络）来组织分散的节点。组网方式一般包括 P2P 网络和客户端/服务端（Client/Server，C/S）模式。C/S 模式通过一个中心化的服务端节点对多个客户端进行需求响应和提供服务，而 P2P 网络中不存在中心节点（或中心服务器），每个节点的地位都是对等的，每个节点既可以作为服务器为其他节点提供服务，也可以作为客户端享用其他节点提供的服务。例如，如果手机之间采用 C/S 模式进行消息收发，发送方手机会先将消息发送给中心服务器，再由中心服务器转发给接收方手机；如果手机之间采用 P2P 网络进行消息收发，发送方手机可直接将消息发送给接收方手机。相比于C/S模式，P2P组网方式具有去中心化、可扩展性强、可靠性高等优点。去中心化指P2P网络的资源和服务分散在所有节点上，信息的传输和服务的实现都直接在节点之间进行，P2P网络是一种依靠所有节点共同维护的结构。可扩展性强指P2P网络能够容纳的节点数量和提供服务的能力没有限制，随着节点数量的增加，整个网络的资源和服务能力也在同步地扩充，始终能较容易地满足节点的需要。可靠性高指P2P网络的资源和服务分散在所有节点上，部分节点或网络遭到破坏不会影响整个网络的正常运行。区块链作为一种去中心化架构，采用了P2P组网方式。在实际应用中，区块链系统中的节点所具有的功能并不完全相同，但都是新节点发现、网络路由、钱包服务、区块数据传播、验证和共识等功能的子集。

区块链节点基于P2P网络建立连接后，需要通过通信机制来传输交易和区块数据。区块链中的交易和区块数据传输通常是基于HTTP的远程过程调用（Remote Procedure Call，RPC）协议实现的。区块链网络中的每个节点都在时刻监听广播的交易和区块数据，节点接收到邻近节点发送的交易数据后，将根据预定义的数据验证规则验证该交易数据的有效性。如果交易数据有效，则按照接收顺序将其存入交易池中，同时将该交易数据继续向邻近节点转发；如果交易数据无效则立即丢弃。通过这种方式，区块链网络中的每个节点只存储有效的交易数据。当某个共识节点产生新区块后，其他共识节点也会按照预定义的数据验证规则来校验该区块中的交易数据、随机数、时间戳等信息是否有效，如果有效，则会将该区块添加到主区块链上，并开始竞争产生下一个新区块。

1.2.3 共识层

共识层由各种共识算法组成。由于区块链采用了去中心化架构，节点之间需要执行共识算法来达成数据的一致性。区块链系统中数据的一致性是基础，因此共识算法是区块链系统正常运行的核心和重要保证。

提到数据一致性问题，就不得不提由计算机科学家莱斯利·兰伯特（Leslie Lamport）提出的拜占庭将军问题。拜占庭是东罗马帝国的首都，罗马帝国疆域辽阔，为了更好地守卫领土，军队被分散部署在边境上，军队之间相距甚远，军队的将军们只能依托信使传递消息。战争发生时，每个军队的将军需要作出进攻、防守或撤退等决策，只有当大多数将军作出的决策一致时，才能赢得战争的胜利。各个军队的将军们无法聚在一起商讨对策，只能依托信使传递消息来达成一致决策，但将军中有可能存在叛徒，叛徒会向其他将军传递假的决策，在存在干扰的情况下，将军们如何才能达成一致决策，赢得战争的胜利呢？这便是“拜占庭将军问题”。为了达成一致决策，将军们需要找到一种分布式协议来让他们能够进行远程协商，这种分布式协议就是共识算法。产业界和学术界提出了多种共识算法，其中常用的共识算法有工作量证明（Proof of Work，PoW）、权益证明（Proof of Stake，PoS）、委托权益证明（Delegated Proof of Stake，DPoS）和实用拜占庭容错（Practical Byzantine Fault Tolerance，PBFT）。

1.2.3.1 工作量证明

PoW 共识机制是由所有节点相互竞争，提交一个难以计算但容易验证的计算结果，任何节点都可以快速验证这个结果的正确性，验证通过即表明这个节点确实完成了大量的计算工作，最先找到满足条件的计算结果的节点将获得一次生成区块的权利[7]。以“拜占庭将军问题”为例，将军们努力制定科学合理的作战计划，作战计划制定完成的将军将其通过信使传递给其他将军，其他将军判断收到的作战计划是否能够解决当前的战争问题，如果合理有效，则最先制定出这个作战计划的将军就可以获得战争的指挥权，所有的军队均听从该将军的指挥，使将军们达成一致决策。

比特币区块链系统使用了 PoW 共识机制，共识步骤可归纳如下。

① 生成一个新的 Coinbase 交易，与当前时间段的未确认交易共同构成区块体的交易集合。Coinbase 交易是由矿工（共识节点）创建的，主要是为了奖励矿工为求解 PoW 问题而付出的努力。

② 生成区块体交易集合的默克尔树，将默克尔树根哈希值填入区块头，并将区块头中的随机数置零。

③ 变更区块头中的随机数，计算当前区块头的双重 SHA256 哈希值，如果小于或等于目标难度，则成功搜索到合适的随机数，最先找到满足条件的随机数的矿工获得记账权，生成新区块并广播到全网；否则继续步骤③直到某一矿工搜索到合适的随机数。SHA256 是一种安全哈希算法（Secure Hash Algorithm，SHA），该算法的输出长度是 256 bit，即 32 个字节，故称 SHA256。

④ 如果全网 51%以上的节点都验证成功这个区块，全网便达成共识，将该区块添加到区块链上，同时生成该区块的矿工将会获得 Coinbase 交易中的比特币作为奖励。

1.2.3.2 权益证明

PoS 机制类似于现实生活中的股东机制，拥有权益越多的人越容易获取记账权。以“拜占庭将军问题”为例，每个将军所带军队的士兵数量作为其“权益”，带领的士兵数量越多，可以认为该将军的作战经验越丰富，制订的作战计划越可靠，因此其获得指挥权的概率也应该越大。

在 PoS 机制中，节点的权益即其拥有的币龄，币龄与持币的数量和天数有关，每个“数字货币”每天产生 1 币龄，假如一个节点持有 100 个“数字货币”，总共持有了 30 天，那么该节点的币龄就是 3 000。如果该节点获得了记账权，并生成了一个新区块，它的币龄就会被清空为 0，每被清空 365 币龄，该节点会获得 0.05 个“数字货币”的利息，因此该节点获得的总利息为 3 000×0.05/365≈0.41 个“数字货币”。在 PoS 机制中，节点拥有的币龄越多，获得记账权的概率就越大。

点点币（PPcoin）使用了 PoS 共识机制，共识步骤可归纳如下。

① 共识节点提交保证金（“数字货币”等具备价值属性的物品），用来降低恶意节点生成非法区块的风险。

② 区块链系统选取一个节点获得本次区块的记账权，记账权与币龄有关。在 PoS 机制中，共识节点仍然需要寻找随机数，与 PoW 不同的是，每个共识节点的目标难度不同，共识节点的币龄越大，目标难度越低，找到符合目标难度的随机数的速度越快，获得记账权的概率就越大。

③ 获得记账权的节点生成一个新区块并广播到全网，达成共识。如果该节点生成的是合法区块，其会损失一定数量的币龄，但获得的收益为币龄对应的利息和交易服务费；如果该节点生成的是非法区块，其提交的保证金会被罚没，损失经济利益。这种机制促使节点都生成合法区块，保证区块链系统的正常运行。

1.2.3.3 委托权益证明

DPoS 是 PoS 的改良版，两者最大的不同在于：PoS 是所有节点均可以根据币龄来竞争记帐权，而 DPoS 是选举产生一定数量的节点来记账，类似于我国的人民代表大会制度[8]。以“拜占庭将军问题”为例，将军们根据各位将军的以往战绩进行投票，推选出大多数将军觉得可靠的几位将军，由这些被选出来的将军轮流制订作战计划来指挥战争。

在 DPoS 机制中，有两个重要的角色，即见证人和利益相关者。利益相关者是区块链系统的普通节点，在提交保证金后有权推选见证人，利益相关者持有的“数字货币”越多，投票的权重就越高。见证人是由所有的利益相关者推选出来的一定数量的具有记账权的节点。在实际应用中，见证人一般是拥有良好声誉的节点，想成为见证人的节点可以通过对系统做出积极贡献来提高自己的声誉。

商业级区块链操作系统（EOS）使用了 DPoS 共识机制，共识步骤可归纳如下。

① 利益相关者提交保证金后投票选择见证人，区块链系统根据投票结果，选举出得票最多的一定数量的节点作为见证人。

② 被选出的见证人获得记账权，负责轮流生成新的区块。假设有甲、乙、丙三个见证人，甲生成第一个区块，乙生成第二个区块，丙生成第三个区块，甲生成第 4 个区块，以此类推。

③ 一个区块在 $\frac{2}{3}$ 以上的见证人生成区块之后会达到不可逆状态。在 EOS 网络

中，有 21 个见证人，每 6 s 轮换一个见证人来生成区块，这种情况下，一个区块达到不可逆状态需要 84 s，即轮换 14 个见证人所需的时间。

④ 一定时间间隔后，利益相关者重新投票产生新的见证人，由新的见证人继续生成区块，开启下一轮的记账工作。

1.2.3.4　实用拜占庭容错

PBFT 算法是较早提出的共识机制之一，具有较高的容错性，该算法由区块链上所有节点参与投票，少于总节点数的 $\frac{1}{3}$ 的节点反对时，将根据少数服从多数的原则达成一致决策[9]。以“拜占庭将军问题”为例，国王制订出作战计划后传递给所有将军，将军如果觉得作战计划可行，就对其进行签名，并将签名后的作战计划传递给其他将军，如果某个将军收到超过 $\frac{2}{3}$ 将军的签名，就证明有 $\frac{2}{3}$ 以上的将军认为该作战计划可行，则该将军会执行作战计划。

PBFT 算法的共识过程如图 1-4 所示，假设在编号为 0、1、2、3 的 4 个节点中，0 为主节点，1、2、3 为从节点，其中 3 为拜占庭节点，拜占庭节点是可能伪造消息的节点。

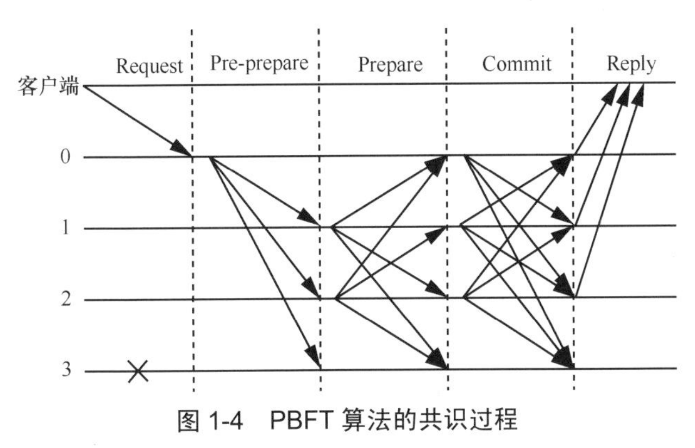

图 1-4　PBFT 算法的共识过程

① Request 阶段：客户端发送请求到主节点 0。

② Pre-prepare 阶段：主节点 0 将收到的客户端请求进行处理，形成一个带序号的请求副本，将其广播至从节点 1、2、3。

③ Prepare 阶段：从节点 1、2、3 收到请求副本后分别进行保存，并对请求副本进行数字签名，之后将签名的请求副本广播给其他节点，节点 1 广播至节点 0、2、3，节点 2 广播至节点 0、1、3，节点 3 由于故障无法进行广播。

④ Commit 阶段：节点 0、1、2 收到其他节点签名的请求副本后，与自己之前保存的请求副本进行对比，如果有超过两个签名的请求副本与之前保存的请求副本一致，节点便会认为这个请求在所有节点之间达成了共识，之后对该请求进行处理，

并对处理结果进行数字签名。

⑤ Reply 阶段：节点 0、1、2 将签名的处理结果发送给客户端，若客户端收到超过两个一样的处理结果，则接受该处理结果。

在区块链中应用 PBFT 算法时，一般只关注 Pre-prepare、Prepare、Commit 三个阶段。假设区块链网络有 N 个节点，其中拜占庭节点有 f 个。在 Pre-prepare 阶段，主节点将一定数量的交易打包成区块，并广播给所有从节点；在 Prepare 阶段，从节点对接收到的区块进行保存，如果从节点认为该区块有效，在对其进行数字签名后继续广播给其他节点（包括主节点和从节点）；在 Commit 阶段，节点接收到超过 $2f$ 个经过签名的相同区块时，会认为这个区块在所有节点之间达成了共识，并将其添加到本地的区块链上。

在使用 PBFT 算法时，如果总共有 N 个节点，其中 f 个节点是拜占庭节点，则必须满足 $N \geqslant 3f+1$。这是因为有 f 个节点是拜占庭节点，必须接收到 $N-f$ 个节点的消息后才能对消息进行判断；但由于消息是异步传输的，每个节点收到其他节点消息的前后顺序无法确定，f 个拜占庭节点发送的虚假消息可能比正常节点发送的消息先到达某个节点；为了保证在最坏的情况下，PBFT 算法能正常运行，这里考虑最坏的情况，某个节点收到的 $N-f$ 个消息中，有 f 个是由拜占庭节点发送的虚假消息，此时正确消息的个数为 $N-f-f$，如果要保证正确消息的个数比虚假消息多，则需要满足 $N-f-f>f$，即 $N>3f$，所以 N 的最小值为 $3f+1$。

1.2.3.5 其他共识算法

（1）瑞波共识机制

瑞波（Ripple）共识机制只适用于联盟链，参与共识的节点是事先知道的，被称为验证节点。所有验证节点均在可信任节点名单（Unique Node List，UNL）中，而且每个验证节点均配置了一份 UNL。Ripple 算法的共识步骤可归纳如下。

① 每个验证节点不断接收待验证交易，结合本地区块链数据，对交易进行验证，不合法的交易被直接丢弃，合法交易将被添加到交易候选集中。

② 每个验证节点把自己的交易候选集作为提案发送给其他验证节点。

③ 验证节点在收到其他节点发来的提案后，如果不是来自 UNL 上的节点，则忽略该提案；如果是来自 UNL 上的节点，则对比提案中的交易和本地的交易候选集，如果有相同的交易，则该交易获得一票。在一定时间内，当交易获得超过 80%的票数时，会进入可交易列表，没有超过 80%的交易要么被丢弃，要么进入下一次共识过程的交易候选集中。

④ 形成可交易列表后，每个验证节点开始打包新区块，区块体由可交易列表中的交易组成，区块头由区块体中交易形成的默克尔树根、父区块哈希值、当前区块哈希值、时间戳等信息组成。

⑤ 每个验证节点将打包的新区块的哈希值广播给其他验证节点，在验证节点收到的所有区块哈希值中，如果某个区块的哈希值的比例超过 80%，则该区块的哈希值通过了共识。如果验证节点打包的新区块的哈希值与之相同，则该区块是被共识的区块，验证节点直接将其添加到本地区块链上。如果验证节点打包的新区块的哈希值与共识通过的区块哈希值不同，则向相应的验证节点请求正确的区块，之后将其添加到本地区块链上。

⑥ 进入下一轮共识，重复步骤①到⑤，不断生成新区块。

（2）授权拜占庭容错算法

授权拜占庭容错（Delegated Byzantine Fault Tolerance，dBFT）算法将网络中的节点分成两类：记账节点和普通节点。记账节点是参与共识过程的节点，是由普通节点基于持有权益的比例投票选举出来的。当需要通过一项共识时，会根据某种机制在记账节点中选定一个发言人，类似于 PBFT 算法中的主节点，由发言人拟订方案（在区块链系统中，则是由发言人生成一个新区块），其他记账节点根据 PBFT 算法进行表态，如果超过 $\frac{2}{3}$ 的记账节点同意该方案，则共识达成，否则重新选择发言人，重新拟订方案。

（3）权威证明

权威证明（Proof of Authority，PoA）共识机制由选出的权威代表“验证者”来验证交易、生成区块。当有新交易产生时，统一将交易发送给“验证者”，由“验证者”来验证交易的有效性。每隔一定时间，“验证者”需要将交易打包成区块，并将经过数字签名的区块广播给网络中的其他节点，同步数据、达成共识。

使用 PoA 共识机制时，每个节点都可能被选为“验证者”。为了规范“验证者”的行为，需要采取一定的惩罚措施。例如，对于生成无效区块的“验证者”，可以对其进行罚款，或者降低其信用值，通过这些措施来抑制“验证者”的非法动机，鼓励其生成合法有效的区块，维护区块链系统的正常运行。

（4）消逝时间证明

消逝时间证明（Proof of Elapsed Time，PoET）共识机制在每一轮共识过程中，每个共识节点都需要等待一个随机选取的时间，等待时间与节点贡献到网络中的资源成反比，节点贡献的资源越多，随机等待的时间越短。首个完成设定等待时间的节点将完成等待时间的签名证明广播给网络中的其他节点，表明自己获得了本轮的记账权，可以生成一个新区块。

PoET 共识机制需要确保两个重要因素。其一，共识节点等待的时间是随机的，而不能是共识节点为了获得记账权而故意等待较短时间；其二，获得记账权的共识节点确实已经完成了等待时间。

表 1-1 对上述共识机制进行了对比。除了这些共识机制，业界还提出了许多其

他共识机制，如权益流通证明（Proof of Stake Velocity，PoSV）、活动证明（Proof of Activity，PoA）、恒星共识协议（Stellar Consensus Protocol，SCP）、焚烧证明（Proof of Burn，PoB）机制等。

表 1-1　常用共识机制对比

共识机制	区块链类型	交易终结性	交易速度	参与成本	可扩展性	容错率
PoW	公有链	概率性	慢	高	高	小于或等于 1/2
PoS	公有链	概率性	慢	高	高	小于或等于 1/2
DPoS	公有链	概率性	快	低	高	小于或等于 1/2
PBFT	私有链/联盟链	确定的	快	低	低	小于或等于 1/3
Ripple	私有链/联盟链	确定的	快	低	低	小于或等于 1/5
dBFT	私有链/联盟链/公有链	确定的	快	低	高	小于或等于 1/3
PoA	私有链/联盟链/公有链	概率性	快	低	高	—
PoET	公有链	概率性	慢	低	高	—

1.2.4　激励层

激励层的主要功能是提供激励措施来鼓励节点参与到区块链的共识过程，并将经济因素纳入区块链技术体系中，奖励遵守规则的节点并惩罚不遵守规则的恶意节点。不同的区块链系统可能采用不同的激励机制，这些激励机制大致分为两类。一类是发行机制，即每生成一个合法区块，共识节点会被奖励一定数量的“加密货币”。以比特币系统为例，从创世区块开始，矿工（共识节点）每生成一个合法区块，将获得一定数量的比特币作为奖励；最初每个区块奖励 50 个比特币，从 2012 年开始，每隔 4 年奖励的比特币数量减半，2012 年每个区块的奖励减为 25 个比特币，2016 年减为 12.5 个比特币，2020 年减为 6.25 个比特币，预计到 2140 年比特币将发行完毕（总共有 2100 万个）。另一类是分配机制，即每生成一个合法区块，共识节点会被奖励一定数量的交易费。以比特币系统为例，每笔交易均包含输入和输出两部分，输入和输出的差值为交易费，归属于将该交易成功添加到区块链上的共识节点。比特币系统早期交易费基本为 0，但随着交易的增多，交易费逐步升高，因为交易费会影响交易被共识节点处理（即加入区块链）的优先级，交易费越高，越优先被处理，交易费过低或为 0 的交易极少会被处理。交易费不仅是一种激励机制，而且是一种安全机制，可以从经济上降低攻击者通过制造大量无效交易来破坏区块链系统的风险。

1.2.5　合约层

合约层包含脚本、算法和智能合约，合约层将可编程性带入区块链，极大丰富了区块链的应用场景。智能合约是由事件驱动的、具有状态的、获得多方承认的、运行在区块链上且能够根据预设条件自动执行和终止的程序。简单来讲，智能合约是一种用计算机语言记录条款的合约，是传统合约的数字化版本，其优势在于利用程序算法代替人工仲裁和执行合同。智能合约的广泛应用是区块链 2.0 阶段的主要标志，以太坊是支持智能合约的区块链系统。以太坊实现了图灵完备的编程语言，任何人都可以编写智能合约程序，并通过以太坊虚拟机（Ethereum Virtual Machine，EVM）保证智能合约的有效执行[10]。开发者使用高级语言编写智能合约，EVM 将其解释成字节码后进行执行。以太坊提供了多种编写智能合约的高级语言，如 Solidity、Serpent、Lisp Like Language（LLL），其中 Solidity 是最受欢迎且使用最广泛的编程语言。

Solidity 深受 C++、Python 和 JavaScript 的影响，它是针对 EVM 而设计的一种面向合约的高级编程语言，支持继承、库和复杂的用户定义类型。基于 Solidity 的智能合约编写和运行流程如图 1-5 所示。

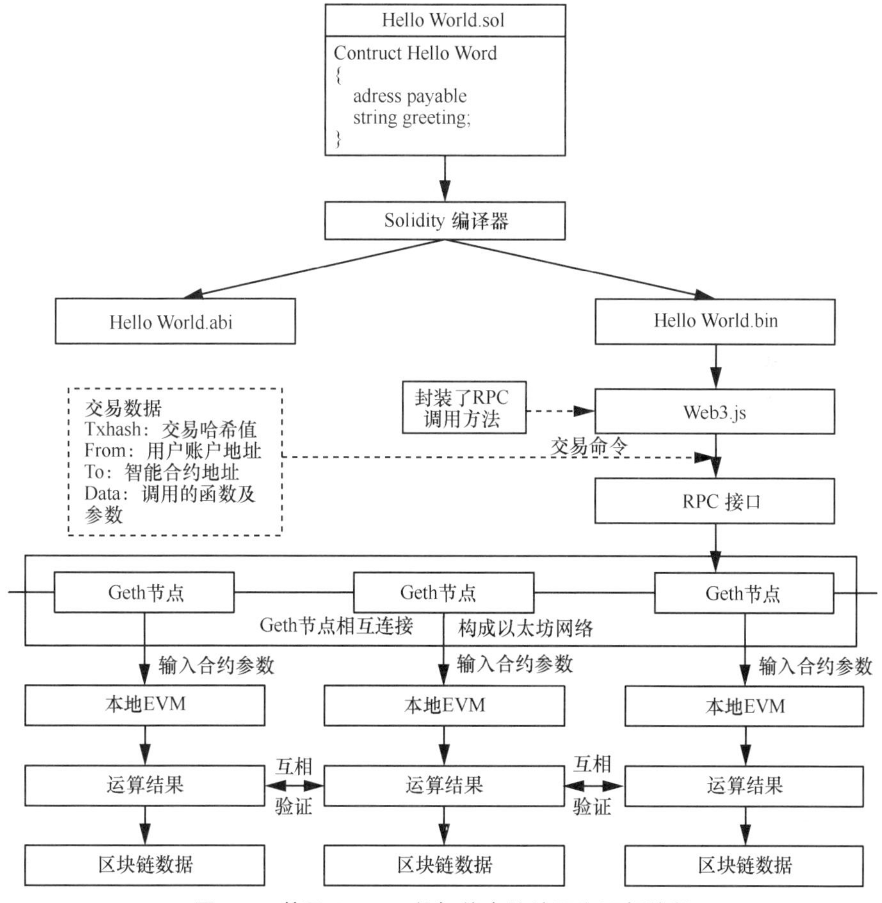

图 1-5　基于 Solidity 的智能合约编写和运行流程

① 编译智能合约。使用 Solidity 语言编写好的智能合约文件扩展名为“.sol”，经过编译器编译生成后缀名为“.abi”和“.bin”的两个文件，“.abi”文件是智能合约的接口描述文件，“.bin”文件是一个 EVM 指令集的二进制文件。

② 部署智能合约。编写好的智能合约通常以交易的形式存储在区块链上，交易中包含创建者账户、智能合约的代码和地址等。

③ 运行智能合约。虽然智能合约是存储在区块链上的代码，但区块链本身不能执行代码，代码的执行是在本地的 EVM 上完成的。可以将区块链理解为一个数据库，以太坊节点从数据库中读取智能合约代码，当有交易触发了智能合约，节点的 EVM 会在本地自动运行智能合约代码，运行结果会通过共识机制写入区块链。

1.2.6 应用层

应用层实现了各种基于底层区块链技术的应用场景和案例。随着区块链从 1.0 阶段逐步发展到 2.0 和 3.0 阶段，区块链的应用已经从金融领域扩展到物联网、医疗、交通、供应链、政务、数字版权等领域，逐步实现可编程社会和价值互联网的目标[11]。

对于开发者来说，只要了解区块链的基本原理以及区块链平台的使用方法，就可以尝试开发基于区块链的应用。应用层与底层区块链的交互主要有两种方式：一种是客户端向应用层发起请求，应用层将请求信息发送给区块链，区块链对请求进行处理，并将处理结果返回给应用层，之后再由应用层将处理结果返回给客户端；另一种是应用层将请求信息发送给区块链后，不去捕获处理结果，而是客户端通过查询的方式自行从区块链获取处理结果。第一种方式符合用户长久以来对应用的使用习惯，有较好的用户体验，但如果应用层被攻击，则可能返回虚假的处理结果；第二种方式是由用户自行去查询处理结果，可以减少对应用层的依赖，但对用户体验有一定影响。总的来说，两种方式各有优缺点，在实际应用开发中需要根据具体的业务需求来选择。

1.3 区块链的运行机制

区块链技术经过十几年的发展，已经出现了很多区块链系统和应用，这些区块链系统和应用大多借鉴了比特币系统的设计思路，因此本节将以比特币系统为例，介绍区块链的基本运行机制。

在比特币系统中，区块链的基本组成单位是区块，每个区块由区块头和区块体构成，区块头封装版本号、前一区块的哈希值、当前区块的哈希值、时间戳、随机数（Nonce）、默克尔树根等信息[3]。区块体中包含经过验证的交易记录，这些交易记录通过默克尔树的哈希过程生成唯一的默克尔树根，并存储到区块头中。

为了产生一个区块，比特币系统的矿工（共识节点）需要找到一个使区块的哈希值小于目标难度的理想 Nonce 值，最先找到 Nonce 值的矿工可以创建一个新区块。比特币系统的目标难度是可以动态调整的，每生成 2 016 个区块（大约需要两周时间）会调整一次目标难度，使产生一个区块所用的时间稳定在 10 min。目标难度的调整是由每个矿工自动完成的，每生成 2 016 个区块后，所有矿工按统一的公式自动调整目标难度。

当矿工成功找到合适的 Nonce 值后，会将新区块向全网进行广播。收到新区块后，每个矿工都会对新区块进行校验，只有确认无误后，才会继续向邻近节点传播新区块，直到全网节点都接收到新区块[12]；如果是无效区块，矿工会直接将其丢弃，因此只有有效的区块才能在网络中进行传播。节点收到新区块后，验证内容包括：区块数据结构的有效性；区块大小和各字段有效长度的合法性；是否拥有合适的 Nonce 值，使区块的哈希值满足目标难度；区块的第一个交易为 coinbase 交易，其他交易都不是；遍历区块中的所有交易，验证交易的合法性；重新根据区块中的交易计算默克尔树根，验证其与区块头中的默克尔树根信息是否一致；对时间戳进行校验[13]。

矿工节点对新区块验证通过后，会将其链接到区块链上。区块的链接是通过区块头中的前一区块哈希值实现的，矿工节点根据前一区块哈希值从当前区块链中查找新区块的父区块，找到父区块后，将新区块链接到父区块的后面。如果找不到父区块，新区块会被当作孤块存储在孤块池中。

图 1-6 展示了基于 PoW 共识机制的区块链运行过程。Alice 和 Bob 产生一笔新交易，他们使用自己的私钥对交易进行签名，被签名的交易会被广播到邻近节点；节点收到交易后，首先验证该交易，如果确认交易有效，则将其添加到本地交易池中，并继续广播给其他节点，如果交易无效，则被丢弃；每个矿工从交易池中选取一定数量的交易打包成一个区块，并尝试找到一个合适的 Nonce 值，使区块哈希值小于目标难度；最先找到 Nonce 值的矿工获得创建新区块的权利，该矿工在区块头中添加时间戳，并将带有时间戳的区块广播给区块链网络中的所有节点；其他节点收到该区块后，对其有效性进行验证，验证通过后，将其添加到区块链上。

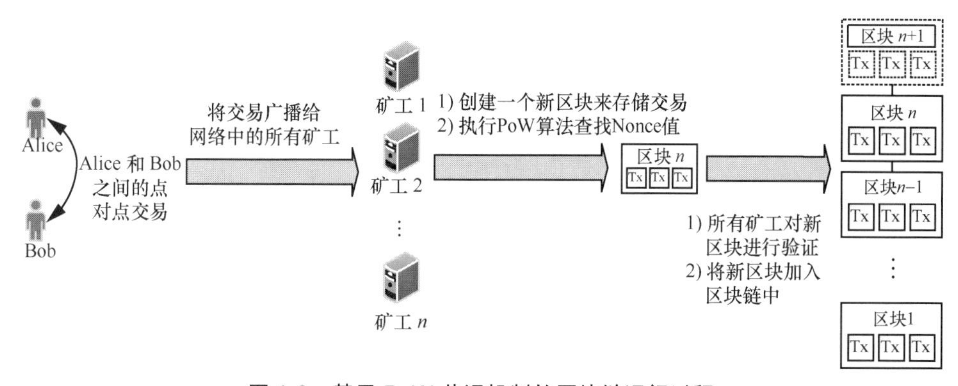

图 1-6　基于 PoW 共识机制的区块链运行过程

1.4 区块链的特征

区块链技术是多种已有技术的集成创新，主要用于实现多方信任和高效协同，去中心化、不易篡改性、匿名性和可追溯性是区块链技术的 4 大特征[14]。

（1）去中心化

去中心化是指区块链网络中的所有节点均是对等节点，所有交易对所有节点均是透明可见的，即每个节点都在本地维护一个完整的账本，账本记录了从创世区块开始的所有交易信息，并且共识算法保证了所有节点中的账本数据具有一致性[14]。去中心化特征使区块链上数据的验证、记账、存储、维护和传输，以及节点之间信任关系的建立，均采用分布式算法来完成。区块链技术通过去中心化架构，促使各个节点实现了信息的自我验证、传递和管理。

（2）不易篡改性

不易篡改性是指交易一旦在全网范围内经过验证并添加到区块链上，就很难被修改或者删除。区块链系统中的每笔交易都需要交易双方进行签名，且必须在全网达成共识之后，才被记录到区块链上，所以交易一旦写入，不易篡改、不易否认[15]。不易篡改性与区块的链式存储结构相关。首先，每个区块的区块头中都添加了上一个区块的哈希值，通过这种方式形成了一条链。在这样的设计下，单纯修改一个区块是没有意义的，如果想要修改某个区块中的数据，就需要重新生成它之后的所有区块，这大大增加了工作难度。其次，由于区块链是一种去中心化架构，所有节点均保存了完整的区块链数据，在少数节点是恶意节点的情况下，其对区块链上数据的篡改不能形成全网节点的共识，因此不能改变全网状态；而如果攻击者控制了大部分节点，由于攻击过程会被记录在区块链上，当人们发现这套系统被控制后，将不再使用该系统，攻击者很难从一个失去了价值的系统中获得收益。

（3）匿名性

匿名性是指区块链上各用户的身份信息不需要公开或验证，信息传递可以匿名进行。区块链系统对交易的确认是通过验证数字签名实现的，利用了交易双方的公钥和私钥，无须公开交易双方的身份，因此区块链系统中的用户通常以私钥作为唯一身份标识，拥有公钥和私钥的用户就可以参与区块链上的各类交易[16]。区块链系统不关注持有某个私钥的用户身份，也不会记录私钥和用户身份之间的匹配对应关系，区块链系统只知道某个私钥的持有者进行了哪些交易，但并不知道这个持有者是谁，进而保护了用户隐私，实现了区块链的匿名性[17]。

（4）可追溯性

可追溯性是指区块链上发生的任意一笔交易都是有完整记录的，可以在区块链上追查全部历史交易以及每一笔交易的详细细节。区块链作为一个分布式数据库，记录了每笔交易的输入、输出、交易时间等详细信息，每一个节点都有系统的全部交易数据，因此可以方便地追踪用户的历史交易活动。

1.5　区块链的分类

根据网络范围及参与节点的特性，可以将区块链分为公有链、联盟链和私有链3类。公有链是最先出现的区块链类型，任何节点均可自由加入其中，数据完全公开透明。联盟链和私有链统称为许可链，节点经过授权后才可加入其中，数据只对授权节点开放。私有链适用于某一机构内部，参与节点通常为机构中不同的人员或部门；联盟链一般是由利益共同体中的多个利益相关方作为节点的。

1.5.1　公有链

公有链是一个完全开放的区块链系统，任何节点无须许可便可自由地加入或退出区块链网络。公有链上的全部节点均可参与共识过程，通过共识机制对新区块的产生以及区块里记录的交易达成一致，共同维护区块链系统的正常运行。

比特币系统和以太坊系统是公有链的典型代表。比特币系统的工作流程为：当节点A与节点B之间发生转账交易时，交易会被广播到网络中的所有节点，节点收到交易后会验证交易双方（节点A与节点B）的数字签名，验证通过后将一段时间内接收到的交易打包成新区块，各节点通过PoW共识机制竞争算力来获得新区块的记账权，节点取得记账权后将新区块广播给网络中的所有节点，节点收到新区块后会验证其正确性，若新区块通过验证，会被链接到本地区块链上[18]。比特币系统已经充分验证了区块链技术的可行性和安全性，但比特币系统的扩展性有限，只能应用于金融领域。为了解决比特币系统的可扩展性问题，以太坊系统应运而生。以太坊系统的创新是智能合约，通过支持图灵完备的智能合约开发语言，极大地扩展了区块链技术的应用范围。开发者只需要将其业务逻辑编写成智能合约并部署在以太坊系统上，业务便可自动执行。

1.5.2　联盟链

与公有链对所有用户完全开放不同，联盟链只允许授权节点接入网络，适合彼此已经具有一定信任度的群体或机构使用，如多个银行之间的支付结算、供应链上下游企业之间的信息共享、多个政府部门之间的业务协同等。在需要多个组织之间达成共识的业务场景中，公有链的完全开放与去中心化特性并非必需，其低效率更无法满足需求，联盟链成为适合这些业务场景的区块链类型[19]。

全球主要的联盟链平台有超级账本（Hyperledger Fabric）、企业以太坊联盟、蚂蚁开放联盟链等，其中影响力较大的是 Hyperledger Fabric。Hyperledger Fabric 是由 Linux 基金会于 2015 年 12 月发起的针对企业级应用的开源区块链项目。除了 Fabric 框架外，Hyperledger 项目还包括 Burrow、Sawtooth、Indy 等技术框架，其应用可覆盖金融、物联网、供应链、制造和科技等行业领域。Hyperledger Fabric 系统包含负责执行链码（智能合约）的背书节点（Endorser）、负责对交易进行共识、排序、打包的排序节点（Ordering Service Node，OSD）以及负责验证交易和更新区块链的提交节点（Committer），其工作流程如下。

① 客户端产生交易并通过 P2P 网络将交易发送给多个背书节点。

② 背书节点收到交易后执行链码，并对执行结果进行背书签名，之后将执行结果和背书签名发送给客户端。

③ 客户端收到足够数量的背书节点的背书签名后，将交易、链码执行结果和背书签名发送给排序节点。

④ 排序节点之间运行共识算法对交易进行共识和排序，并将交易按序打包成区块，之后将打包好的区块发送给所有提交节点。

⑤ 提交节点验证区块中交易的正确性，验证通过后将区块添加到本地区块链上。

2017 年 3 月，摩根大通、微软、英特尔等 30 多家企业共同成立了企业以太坊联盟（Enterprise Ethereum Alliance，EEA），目前的成员数量已经达到数百个。EEA 的目标是为以太坊创建一系列关于最佳实践、安全性、隐私权、扩容性和互操作性的标准，将以太坊开发成企业级区块链平台。EEA 的研发以隐私、保密性、可扩展性和安全性为重点，同时探索能够跨越许可以太坊网络、公共以太坊网络以及行业特定应用层的混合架构。EEA 的成员之间进行开源合作，共同制定行业标准，共同开发基于以太坊的企业级区块链平台，在深度和广度上推动区块链技术的大规模应用，并能够根据企业的需要进行定制。

2020 年 4 月，蚂蚁区块链面向中小企业正式推出开放联盟链（OpenChain），首次全面开放蚂蚁区块链的技术和应用能力。OpenChain 基于自主研发的蚂蚁区块链技术，创新公有许可机制，致力于解决现有区块链平台费用高、开发难、无法大规模商用落地等问题。OpenChain 除了为用户提供区块链基础服务，如数据存证、区块和交易查询等，还提供合约管理、SDK 服务输出、AccessKey 管理、DApp 开发助手等功能，以更好地满足客户不同的业务需求。OpenChain 已经沉淀了数十种解决方案，覆盖商品溯源、版权保护、供应链金融、去中心化游戏、公益、保险、电子票据、跨境支付、资产数字化等场景，开发者只需根据业务特征选择相应模块即可快速部署区块链应用。

1.5.3 私有链

私有链仅在单个组织内部使用，如企业、国家机构等，区块链上的读写权限、参与记账权限等均由组织来决定，组织可以限制或授予对其他参与节点的访问权限。与联盟链相比，私有链的中心化程度更高，其数据的产生、共识和维护等过程完全由单个组织管理。由于私有链的节点是严格限制的、确定的、可控的，节点数量较少，因此达成共识的时间相对较短，交易速度更快，效率更高，成本更低。

Multichain 是一个典型的私有链平台，任何人都可以在上面创建和部署私有链，Multichain 的目标是帮助各类机构和组织更轻松地使用区块链技术。在 Multichain 平台上，各项参数可以完全自定义，交易和挖矿要得到机构和组织的许可才能进行。Multichain 采用 PoW 共识机制，通过对用户权限的综合管理解决了挖矿、隐私和公开性问题。该平台将挖矿活动限制在一组可信网络实体内，避免了单一实体对挖矿过程的垄断，这种被称为“多样性挖矿”的方案通过限定一段时间内同一矿工生成的区块数量来解决挖矿问题，弱化了“加密数字货币”的必要性，并且使矿工以随机轮转的方式来处理交易[20]。

1.6 区块链面临的挑战

1.6.1 隐私保护

1.6.1.1 存在的问题

区块链集成了非对称加密体系、P2P 网络、共识算法、智能合约等技术，保证了交易记录的一致性和不易篡改性。虽然区块链系统的账户地址通常是以非对称密钥的公钥经过一系列运算得到的，而非用户的真实身份信息，具有一定的隐私保护功能，但随着区块链技术的不断发展和广泛应用，其面临的隐私保护问题越来越突出。区块链的隐私保护问题主要与去中心化架构、数据存储机制以及通信方式等因素有关。

① 区块链采用去中心化架构，不需要在中心服务器上存储账户、密码、交易等敏感信息，能够避免传统服务器被攻击而导致的数据泄露风险。但为了在分散的区块链节点之间达成共识，所有的交易记录必须公开给每一个节点，这一特性在保障数据一致性和可验证的同时，也使攻击者很容易获得所有交易信息。攻击者通过分析区块链上记录的交易数据，发掘其中的规律，将账户地址与交易数据进行关联，

可以逐步降低区块链账户地址的匿名性，甚至有可能将匿名账户地址与用户的真实身份信息对应起来[21]。

② 区块链网络中的节点通常是个人计算机，采用 P2P 方式连接。与传统 C/S 架构中的专用服务器相比，区块链节点的性能较低、抗攻击能力较弱；并且区块链采用去中心化架构，很难保证地理位置分散的众多节点采用相同的安全措施，因此攻击者可能通过攻击安全薄弱的节点来入侵区块链网络[22]。

③ 在公有链中，用户加入区块链网络不需要任何身份认证，用户交易时使用的账户地址由用户自行创建，不需要第三方参与，账户地址本身与用户的真实身份信息无关。这种机制虽然增强了用户交易的匿名性，但使攻击者可以伪装成合法用户加入区块链网络，监听网络中各用户的交易信息[23]。

④ 很多区块链系统，如比特币区块链，采用未加密的通信协议，节点之间传播交易信息时可能泄露 IP 地址与账户地址之间的对应关系，造成用户隐私信息的泄露。此外，轻量级客户端通常使用第三方钱包平台，存在账户地址和交易记录等信息被窃取和泄露的风险[24]。

由此可见，区块链在用户身份、账户地址、交易记录等信息的隐私保护方面面临严峻挑战。近年来，许多研究者开始关注区块链的隐私保护问题，提出了一些解决方案。接下来将介绍一些常用的隐私保护解决方案，包括盲签名、群签名、环签名、同态加密以及零知识证明等。

1.6.1.2 常用解决方案

（1）盲签名技术

盲签名是一种特殊的数字签名技术，因签名的人看不到所签署的具体内容而得名。盲签名技术有两个显著特性：一是盲化性，签名者签署的是经过处理后的数据，而且签名者难以通过待签数据反推出原始数据；二是不可追踪性，签名请求者收到签名者的盲签名后，会进行解盲处理，解盲后的签名被公开后，签名者无法对这一签名进行关联和追踪，无法知道这是他哪次签署的[25]。盲签名技术的盲化性保证了签名消息的内容隐私性，不可追踪性保证了签名请求者的身份隐私性。

盲签名技术的核心是盲化和解盲。盲化是指对原始数据添加随机性数据，隐匿原始数据明文。解盲是指移除随机性数据，将盲签名恢复为可验证的签名。盲签名流程如图 1-7 所示。

① 签名请求者引入随机数作为盲化因子 blinding_factor，并调用盲化函数 blind 对原始待签名的数据 data 进行盲化处理，得到盲化后的数据 blinded_data，即 blinded_data=blind(data, blinding_factor)。

② 签名请求者将盲化后的数据 blinded_data 发送给签名者。

③ 签名者调用签名函数 sign，使用自己的私钥 private_key 对盲化后的数据

blinded_data 进行签名，得到盲签名 blinded_signature，即 blinded_signature=sign(blinded_data, private_key)。

④ 签名者将盲签名 blinded_signature 发送给签名请求者。

⑤ 签名请求者利用数据盲化步骤中的盲化因子 blinding_factor，调用解盲函数 unblind 对盲签名 blinded_signature 进行解盲处理，得到签名者对原始数据的签名 signature，即 signature=unblind(blinded_signature, blinding_factor)。

⑥ 签名请求者将原始数据 data 和签名 signature 发送给签名验证者。

⑦ 签名验证者调用验证函数 verify，使用签名者的公钥 public_key 对签名 signature 进行验证，即 verify(signature, public_key)。

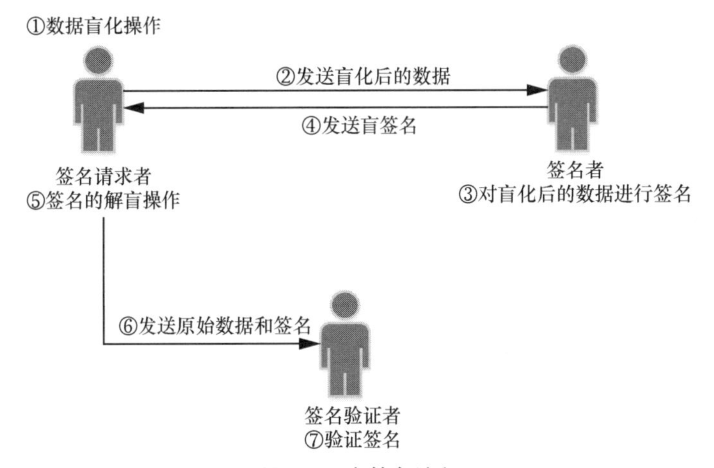

图 1-7　盲签名流程

盲签名技术可以应用于基于区块链的电子投票系统，在保护选票意向隐私性的同时有效维护投票者身份的合法性，并利用区块链的不易篡改性，防止任何人恶意修改和删除选票，保证了投票过程的完整性和公正性。具体操作时，投票者先对选票进行盲化处理，投票认证者仅能对盲化后的选票进行签名认证，无法知晓每张选票的具体内容，之后投票者对盲签名进行解盲，并将选票和解盲后的签名添加到区块链上。

（2）群签名技术

群签名技术是指一个群体中的任意成员能以匿名的方式代表整个群体对消息进行签名，除群管理员外，其他人只能用群公钥来验证签名是否属于该群体，但不能确定是群里的哪个成员进行了签名，从而保护了群成员的隐私[26]。

群签名技术一般需要具备一些安全特征。

① 完整性：有效的群签名能够被正确验证。

② 不可伪造性：只有群成员才能生成有效的群签名，其他任何人不能对群签名进行伪造。

③ 匿名性：给定一个群签名后，除了群管理员，其他任何人不能确定签名者是哪个群成员。

④ 不关联性：除了群管理员，其他任何人不能确定两个不同的签名是否为同一个群成员所签。

⑤ 可追溯性：在发生纠纷的情况下，群管理员可以跟踪任何一个合法群签名的签名者身份。

⑥ 反分裂：无论是群管理员还是群内任何成员，都不能伪造其他成员的群签名。

⑦ 反共谋攻击：即使一些群成员共谋，也不能产生一个合法的不能被群管理员跟踪的群签名。

群签名流程如图 1-8 所示。

① 群管理员初始化群参数设置，生成群公钥和群私钥，群私钥由群管理员保存，群公钥会向系统中的所有用户公开，包括群成员和验证者等。

② 群管理员与群成员协商，为其生成私钥，群成员的私钥均不相同。

③ 群成员使用自己的私钥对数据进行签名，生成群签名。

④ 验证者使用群公钥对收到的群签名进行验证，此时验证者仅知道签名者属于该群体，但不能确定签名者是哪个群成员。

⑤为了便于监管，群管理员利用群私钥可以追踪到签名者，即确定每个群签名是由哪个群成员生成的。

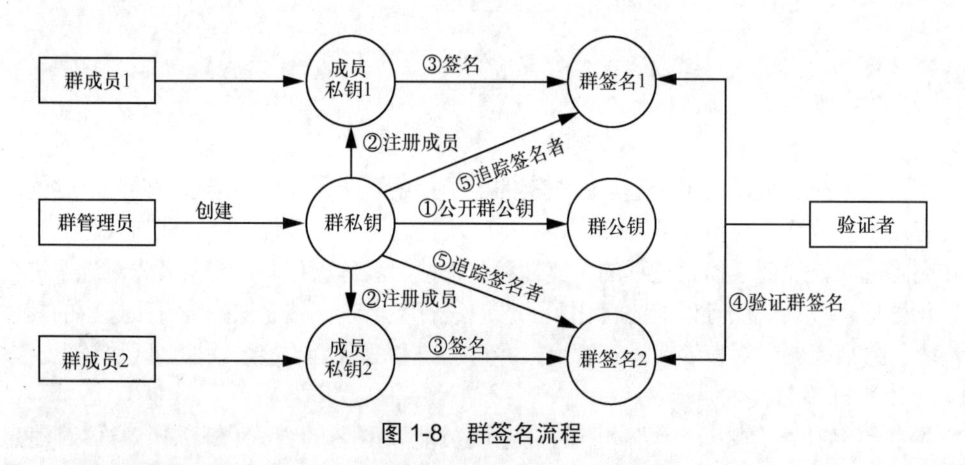

图 1-8　群签名流程

（3）环签名技术

环签名技术是一种简化的群签名技术，与群签名技术不同的是，环签名技术不需要群管理员的角色，因此无法追踪环签名对应的签名者身份信息。环签名技术允许自由选择成员集合，环中一个成员可以利用自己的私钥和集合中其他成员的公钥对数据进行签名[27]。验证者只知道签名来自这个环，但不知道环中的哪个成员是真正的签名者，对于验证者来说签名者是完全匿名的。

环签名流程如图 1-9 所示。

① 环成员初始化自己的公钥和私钥，并公开广播自己的公钥。

② 每个环成员监听并收集其他环成员广播的公钥，之后自主选择一组环成员（包括自己）的公钥，生成环公钥。

③ 环成员用自己的私钥和环公钥对数据进行签名，得到环签名。

④ 验证者使用环公钥对收到的环签名进行验证，如果验证结果表明该环签名是由环中成员所签的，则该环签名有效。

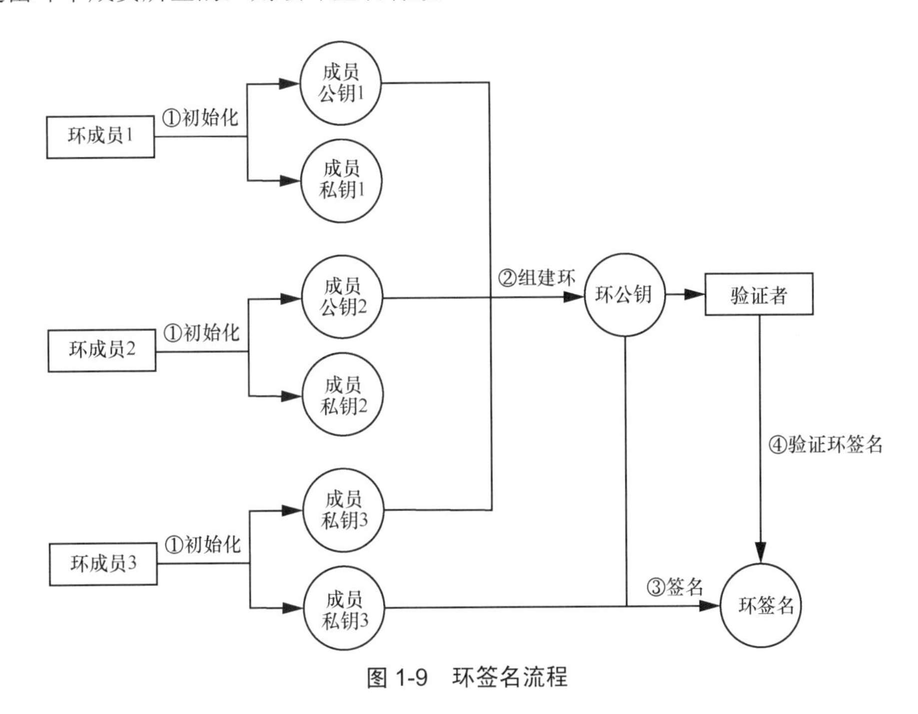

图 1-9 环签名流程

环签名是由群签名演化而来的，表 1-2 展示了群签名和环签名的相同点和不同点。

表 1-2 群签名和环签名技术对比

<table>
<tr><th>技术</th><th>相同点</th><th>不同点</th></tr>
<tr><td>群签名</td><td rowspan="2">① 将数字签名的可验证性和签名方的身份信息解耦；
② 同一群体中的成员使用各自不同的私钥对数据进行签名，验证者使用该群体的公钥对签名进行验证；
③ 验证者可以验证签名的有效性，并通过签名知道签名者所属群组，但无法准确推断出签名者为群体的哪一个成员</td><td>① 群签名由群管理员进行监督和管理；
② 群管理员可以利用群私钥确定群签名的签名者身份，保证了群签名的可追踪性，使监管仲裁成为可能</td></tr>
<tr><td>环签名</td><td>① 环签名没有管理员，所有环成员地位平等；
② 环签名本身无法追踪签名者身份，除非签名者自己公开身份或者在签名中添加额外的信息；
③ 环签名的数据大小和计算复杂度通常比群签名高</td></tr>
</table>

基于群签名和环签名的相同点和不同点，可根据实际业务选择解决方案。对于有监管需求或者上下级从属结构比较稳定的场景，可以优先使用群签名技术，由主管部门担任群管理员的角色，为所辖范围内的成员生成对应的私钥，在必要时可以介入进行监管调解；对于组织结构比较灵活、对匿名性要求比较高、不希望引入管理员的场景，环签名技术是更好的选择，成员可以自由选择群体中的成员，对外将自己展现成该群体的一员，增加成员的匿名性。

群签名和环签名主要应用在投票、竞标、竞拍等场景，以保障参与者的身份隐私。例如，将群签名和环签名应用在电子支付和拍卖等商业活动中，可以生成匿名交易，为交易方的身份提供隐私保护。将群签名和环签名技术应用于区块链，可以增强对用户的隐私保护。基于群签名/环签名的区块链隐私保护算法可以将真实签名者隐匿于众多用户中，降低用户身份信息与区块链账户地址和签名之间的相关性，保护用户隐私。例如，将群签名和环签名应用于基于区块链的电子投票系统，利用区块链技术实现投票的公开透明，同时利用群签名和环签名技术保证投票的可靠性和匿名性。群签名和环签名技术在联盟链中也有广泛应用。由金融区块链合作联盟开源工作组开发的联盟链底层平台 FISCO BCOS 通过集成群签名和环签名方案，为用户提供能够保证身份匿名性的工具。

（4）同态加密技术

同态加密技术是对经过同态加密的数据直接进行处理，其处理结果与对未加密的原始数据进行处理后再加密得到的结果相同[28]，可实现数据加密状态下的数据分析和处理，保护隐私数据的安全。假设明文 M 对应的密文为 M'，密文 M' 通过某种计算操作得到结果 C'，C' 解密后的结果为 C，而明文 M 直接通过相同的计算操作得到的结果为 D，如果使用同态加密技术，则 C 和 D 相同。

区块链系统中的用户往往不愿意将敏感信息直接放到区块链上进行运算，同态加密技术允许在保护数据隐私的同时对其进行运算，因此使用同态加密技术后，用户可以放心地使用区块链服务而不用担心信息泄露。

在区块链系统中，基于同态加密技术的交易处理过程如图 1-10 所示。

① 用户 Alice 产生了一笔交易，交易金额用 Data 表示。

② Alice 用密钥 Key 对 Data 进行加密，加密函数用 Encrypt 表示，则加密后的数据 Data′=Encrypt(Key, Data)，并将 Data′发送给共识节点。

③ 共识节点收到 Alice 发送的交易数据 Data′后，根据智能合约 f 对该交易数据进行处理，处理过程用 Evaluate 表示，处理结果用 CT 表示，则 CT=Evaluate(f, Data′)。

④ 共识节点将交易数据 Data′和处理结果 CT 发送给其他共识节点，使用共识机制达成共识后，将 Data′和 CT 以区块的形式添加到区块链上。

⑤ 共识节点将交易处理结果 CT 发送给 Alice。

⑥ Alice 用密钥 Key 对处理结果 CT 进行解密，得到解密后的处理结果 CT′，解密函数用 Decrypt 表示，则 CT′ =Decrypt(Key, CT)=Evaluate(*f*, Data)。在基于同态加密技术的区块链系统中，共识节点处理的数据以及区块链上记录的数据，都是用密钥加密后的数据，只有持有对应密钥的用户才能解密得到明文数据，其他用户无法获取明文数据，从而保证了用户交易数据的隐私性。

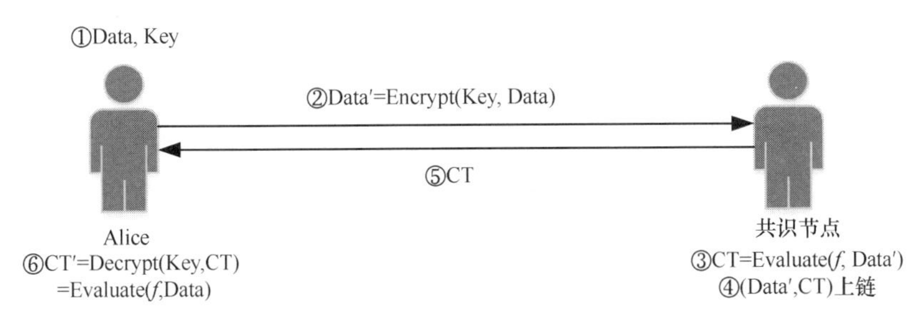

图 1-10　基于同态加密技术的交易处理过程

同态加密技术一般包括 5 种类型：加法同态、减法同态、乘法同态、除法同态和全同态。全同态指同时满足加法同态和乘法同态。目前，只有加法同态加密技术可以达到商用水平，其他类型的同态加密技术还处于发展中，但可以尝试应用在数据规模较小的区块链业务场景中。

（5）零知识证明技术

零知识证明技术指的是证明者能够在不向验证者提供任何有用信息的前提下，使验证者能够相信某个论断是正确的[29]。零知识证明技术是代数数论、抽象代数等数学理论的综合应用，通常具有三条性质：一是完备性，如果论述是真实的，证明者能够以绝对优势的概率使验证者相信该事实；二是可靠性，如果论述是错误的，证明者只能以可忽略的概率使验证者相信它是真实的；三是零知识性，证明过程执行完之后，验证者只能得到“证明者知道某个事实”，但证明者不会向验证者泄露任何有关该事实的有用信息。

零知识证明技术包括 zk-SNARK、zk-STARK、zkBoo、Sonic、BulletProofs 等，其中 zk-SNARK 应用最为广泛。zk-SNARK 是一种简洁的非交互式零知识证明技术。“简洁”是指证明者提交的证明材料只有 288 byte，验证者可以在几毫秒内完成验证；“非交互式”是指证明者和验证者之间不需要进行多次通信，证明者只需要发送证明材料给验证者进行验证。

zk-SNARK 为了实现零知识证明，需要两个公共参数，即证明密钥（proving key）和验证密钥（verification key）。证明者使用证明密钥来构造证明材料，验证者使用验证密钥对证明材料进行验证。例如，如果 Alice 知道 x 代表的数值，想在不透露 x 具体数值的情况下向 Bob 证明这个事实，则基于 zk-SNARK 的零知识证明过程如

图 1-11 所示。

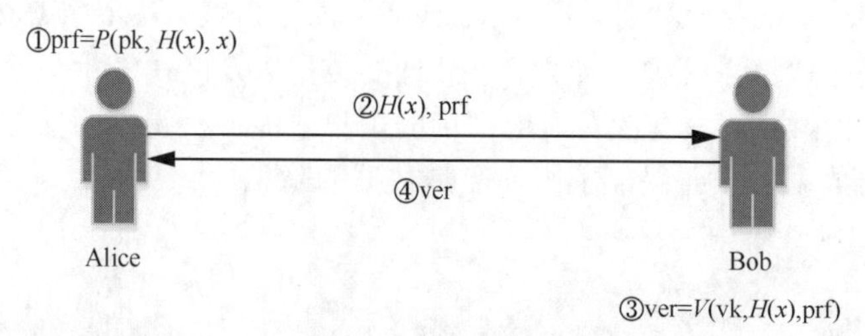

图 1-11　基于 zk-SNARK 的零知识证明过程

① Alice 作为证明者，先用哈希函数求出 x 对应的哈希值 $H(x)$，之后将 x、$H(x)$、证明密钥 pk 作为证明函数 P 的输入，产生证明材料 prf，即 prf = P(pk, $H(x)$, x)。

② Alice 将 $H(x)$和 prf 发送给 Bob。

③ Bob 将 $H(x)$、prf、验证密钥 vk 作为验证函数 V 的输入，得到验证结果 ver，即 ver=V(vk, $H(x)$, prf)。ver 为 true 时，表明 Alice 确实知道 x 的值；ver 为 false 时，表明 Alice 不知道 x 的值。

④ Bob 将验证结果 ver 发送给 Alice。

在此过程中，Alice 在不透露 x 具体数值的情况下向 Bob 证明其知道 x 的数值。

ZCash 是广泛应用 zk-SNARK 的“数字货币”，成功实现了“加密数字货币”交易过程中交易金额和交易方身份的完全隐藏。在 ZCash 系统中，参与交易的用户是证明者，共识节点是验证者，应用 zk-SNARK 技术后，共识节点可以在隐藏交易双方公钥和金额的情况下，通过参与交易的用户提供的证明材料来验证交易的有效性。交易有效是指交易发送方的当前余额不小于交易金额，发送方交易后的剩余金额等于当前余额减去交易金额，同时发送方减少的金额等于接收方增加的金额。

1.6.1.3　常用解决方案对比

随着区块链技术的不断发展，未来区块链技术将在更多领域发挥作用，应用范围会越来越广。为了让更多用户安全放心地使用区块链技术，必须加强对区块链隐私保护的研究。上文主要介绍了 5 种常用的隐私保护技术，包括盲签名、群签名、环签名、同态加密和零知识证明技术，表 1-3 对这 5 种技术进行了对比。每种技术都有优缺点，从不同方面保护区块链隐私，因此，为了在区块链系统中实现更全面的隐私保护效果，通常会综合运用多种技术。

隐私保护技术存在安全性、性能、扩展性等不足，还不能完全解决区块链隐私保护方面存在的问题，因此隐私保护技术仍存在较大发展空间，发展目标是在保留区块链去中心化、防篡改、可信任等特性的同时，安全、高效地保护用户和数据的隐私。

表 1-3　常用隐私保护技术对比

技术	技术特点	隐藏内容	优点	缺点
盲签名	盲化性、不可追踪性	交易内容、签名请求者身份	抗追踪性强	易受非法签名请求者滥用
群签名	匿名性、可追踪性	签名者身份（一定程度）	在匿名基础上受管理者监督	匿名程度有限
环签名	完全匿名性、不可追踪性	签名者身份（完全匿名）	匿名性、不关联性	开销大、可扩展性差
同态加密	对加密的数据进行计算	交易内容	隐藏交易细节、抗交易图分析	计算、存储开销大
零知识证明	完备性、可靠性、零知识性	交易双方的身份、交易内容	安全性高、完整隐秘性	计算、存储开销大，效率低

1.6.2　吞吐量

1.6.2.1　存在的问题

随着区块链应用范围的不断扩展，越来越多的交易涌向区块链系统，其吞吐量低的问题就凸显出来了。吞吐量用每秒处理的交易数量（Transaction Per Second，TPS）来表示，TPS=每个区块包含的交易数量/出块时间。以比特币系统为例，一个区块的大小上限为 1 MB，约每 10 min 产生一个区块，平均每一个比特币交易的大小约为 250 byte，因此每个区块最多包含 4 194 个交易，每秒能处理的交易量约为 7 笔。这与很多金融系统相比实在太少，VISA 系统平均每秒能处理 2 000 笔交易，峰值能达到 56000 笔，支付宝峰值时每秒能处理 8 万多笔交易。吞吐量低是比特币等区块链系统面临的一个主要问题，大大限制了其应用场景。为了加快区块链的发展，扩大区块链的使用范围，满足真实应用场景实时处理数万笔交易的需求，必须不断提升区块链系统的交易吞吐量。

1.6.2.2　常用解决方案

区块链系统的吞吐量与每个区块包含的交易数量和出块时间有关，因此本小节将分别介绍与每区块交易数相关的解决方案和与出块时间相关的解决方案。

1. 与每区块交易数相关的解决方案

（1）增加区块大小

在交易大小一定的情况下，增加区块大小是最直接的增加每区块交易数的方法。但由于节点带宽有限，区块越大，传播一个区块所用的时间就越长，为了不影响系统的正常运行，可能需要增加出块时间。此外，如果区块不能及时传播给全网的共识节点，会导致孤块率和空块率大幅上升，分叉概率增加。这些因素使区块大小不能无限制增加，增加区块大小的解决方案对吞吐量的提升非常有限。

（2）降低交易大小

在区块大小一定的情况下，降低交易大小也可以增加每区块交易数。在区块链系统中，交易一般包括输入、输出和数字签名三部分。交易输入指明了转账者的地址和转账金额，交易输出指明了接收者的地址和接收金额，数字签名是转账者用自己的私钥生成的，表明自己能够使用这些资金。相比于数字签名，普通用户更关注每笔交易的输入和输出，因为输入和输出与每个账户的资金变动有关，而数字签名占用了大量字节，约为交易大小的60%～70%。为了降低交易大小，业界提出了隔离见证（Segregated Witness，SegWit）的解决方案。SegWit就是把交易中的数字签名，放在一个新的数据结构中，只在交易中放一个指向数字签名的指针，以此来降低交易大小，每个区块可以容纳更多笔交易，从而达到提升吞吐量的目的。SegWit的提出主要是为了提升比特币系统的吞吐量，但这种提升非常有限，难以满足比特币系统交易数量的增长速度。

（3）闪电网络

闪电网络（Lighting Network）的基本思路是当交易双方需要进行频繁交易的时候，先在链上冻结一定数量的比特币，之后建立微支付通道，交易就可以在链下实时进行，交易双方可以随时关闭微支付通道，关闭时的余额信息会写入比特币区块链上。

在介绍闪电网络的运行机制之前，需要首先介绍三个概念：多重签名、nLockTime和Sequence Number。多重签名指多个用户对同一笔交易进行签名，只有经过多个用户同时签名的交易才是有效的交易。在闪电网络中，所有的链下交易都必须经过交易双方的多重签名，以保证该交易得到交易双方的共同认可。nLockTime和Sequence Number是比特币交易的两个字段。nLockTime与交易有关，每个交易有一个nLockTime值。nLockTime = 0，代表这笔交易不会被锁定，节点收到这笔交易后，立即会将其放入交易池，之后开始打包、共识等过程；nLockTime > 0时，交易会被节点锁定一段时间之后才进行处理。如果nLocktime的值在1到5亿之间，其值代表区块高度，该交易只会被添加到区块高度大于或等于nLockTime的区块中；如果nLocktime的值大于5亿，表示从1970年01月01日开始算，加上nLocktime s之后的一个未来时间点，只有时间超过了这个时间点，该交易才会被打包成区块。Sequence Number与资金有关，每笔资金有一个Sequence Number值。Sequence Number是个整数，表示该笔资金从产生（作为某个交易的输出）开始，经过Sequence Number个区块之后，才能被使用（作为某个交易的输入）。

闪电网络的目标是实现安全的链下交易，其核心机制为RSMC（Revocable Sequence Maturity Contract）和哈希时间锁合约（Hashed Time-lock Contract，HTLC），前者解决了链下交易的确认问题，后者解决了微支付通道的建立问题。RSMC是可撤销的基于 Sequence 成熟度的合约。RSMC 类似于准备金机制，交易双方之间先建立一个微支付通道，双方都预存一部分资金到微支付通道，每次交易后，交易双方共同对新的资金分配方案进行签名确认，同时作废旧的分配方案；任何一方在任何时候都可以提出提现，提现需要提供一个双方都签名过的资金分配方案，如果一方有证据表明另外一方提供的资金分配方案之前被作废了（非最新的交易结果），则会对造假的一方进行处罚。考虑如下场景，假设 Alice 和 Bob 之间经常有资金往来，则基于 RSMC 的交易过程总共有 4 步。

① Alice 和 Bob 共同发起一笔保证金交易（Funding Transaction），即他们各拿出一笔资金，将其转入一个公共账户，这个公共账户中的资金需要 Alice 和 Bob 的共同签名（多重签名技术）才能使用。在如图 1-12 所示的保证金交易中，Alice 和 Bob 分别将 0.5 比特币（BTC）存入公共账户。

图 1-12　保证金交易示意

② Alice 和 Bob 分别生成退款交易（Refund Transaction），并为对方生成的退款交易签字。退款交易的作用是在一方跑路的情况下，另一方可以从公共账户中拿回自己的资金，以防资金被死锁在公共账户里，因此退款交易一般由交易双方持有，不会广播到区块链上。如图 1-13 所示，Alice 生成的退款交易是 C1a + RD1a，Bob 生成的退款交易是 C1b+RD1b，两者是对称的。假设 Alice 想主动中断交易，把资金拿回来，会将 C1a + RD1a 广播到区块链上，此时会先处理 C1a，把 Bob 的 0.5 比特币立即返还给 Bob，而 Alice 的 0.5 比特币仍然留在公共账户里，只有当 C1a 所在的区块后面被追加了 1 000 个区块之后（seq = 1 000），RD1a 才会被处理，Alice 才能拿到自己的 0.5 比特币。通过这种方式，RSMC 实现了谁主动中断交易，谁延迟退钱，以此来鼓励用户尽量都在链下完成交易。

③ Alice 与 Bob 开始交易，假设 Alice 要付给 Bob 0.1 比特币，则公共账户的资金分配就从 0.5:0.5 变成了 0.4:0.6。此时，如图 1-14 所示，Alice 会生成 C2a 与 RD2a，废除 C1a 与 RD1a；Bob 会生成 C2b 与 RD2b，废除 C1b 和 RD1b。C2a、RD2a、C2b、RD2b 统称为更新交易（Updated Transaction 或 Commitment Transaction）。Alice 和 Bob 每进行一次链下交易，则重新调整一次更新交易。更新交易只会在 Alice 和 Bob 之间传递，不会广播到区块链上。

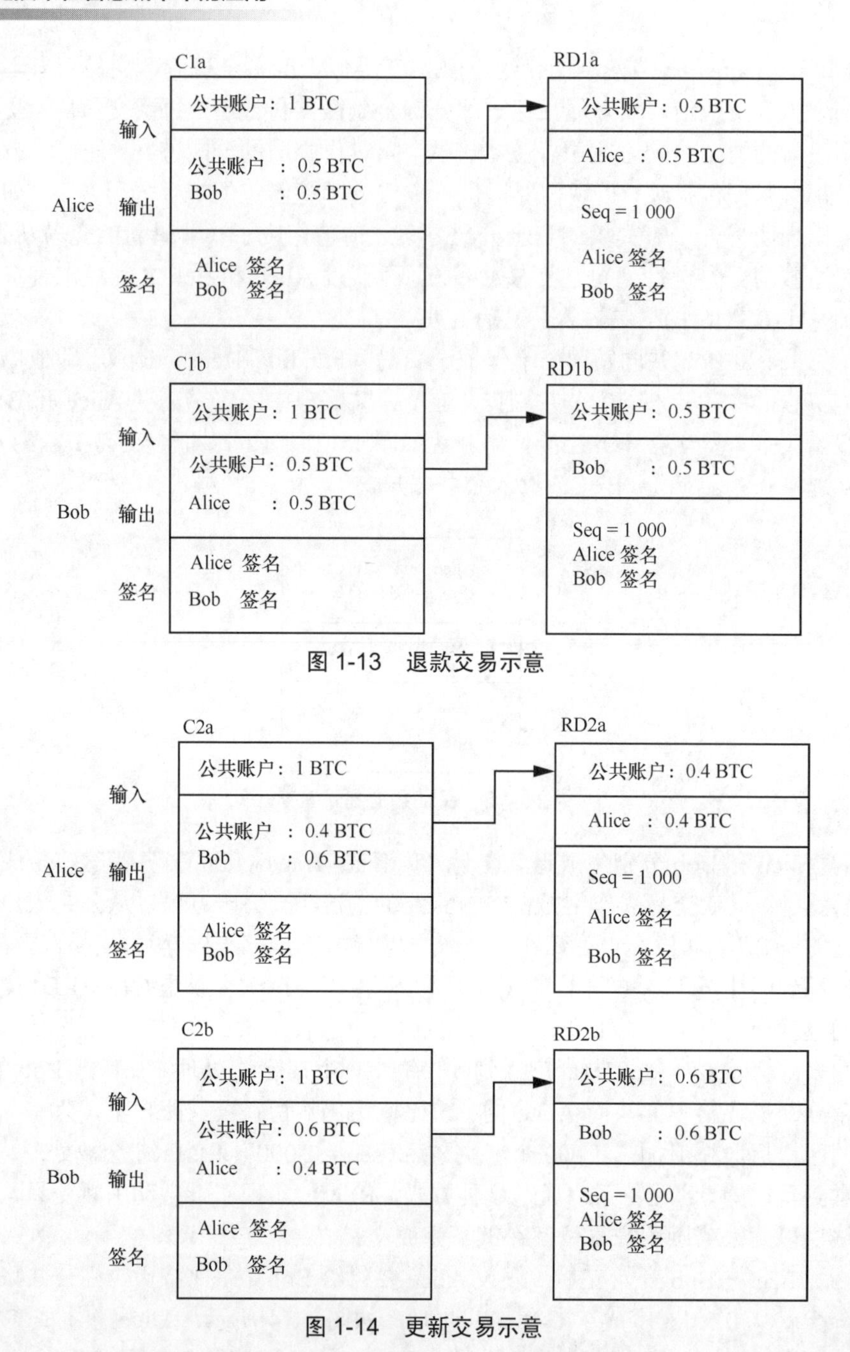

图 1-13 退款交易示意

图 1-14 更新交易示意

④ Alice 与 Bob 交易完成后，会共同发起一笔结算交易（Settlement Transaction），该交易的 Sequence Number 为 0，双方可以立即拿到自己的资金。在如图 1-15 所示的结算交易中，Alice 和 Bob 分别能拿到 0.2 比特币和 0.8 比特币。

输入	公共账户：1 BTC
输出	Alice:　0.2 BTC Bob　:　0.8 BTC
签名	Alice 签名 Bob　签名

图 1-15　结算交易示意

RSMC 巧妙地通过多重签名机制和基于 Sequence Number 的延迟惩罚机制实现了双向微支付通道，交易双方可以在微支付通道上进行实时交易，完全不受区块链出块速度的影响，将交易速度降为毫秒级，交易量也提高多个数量级。此外，在 RSMC 的 4 种交易类型中，只有第①步的保证金交易和第④步的结算交易会被广播到区块链上，在链上进行处理，其他交易均是在链下处理，大大降低了共识节点需要处理的交易量。

HTLC 指交易双方约定转账方先冻结一笔资金，并提供一个哈希值，如果在一定时间内（由 nLockTime 指定）收款方可以给出哈希值的原值，则这笔资金转给收款方，否则资金将退回给转账方。例如，Alice 需要给 Diana 转账一个比特币，但他们之间没有微支付通道，如图 1-16 所示。这种情况下，利用 HTLC，借助 Alice 和 Bob、Bob 和 Carol、Carol 和 Diana 之间的微支付通道，可以完成 Alice 和 Diana 之间的交易。

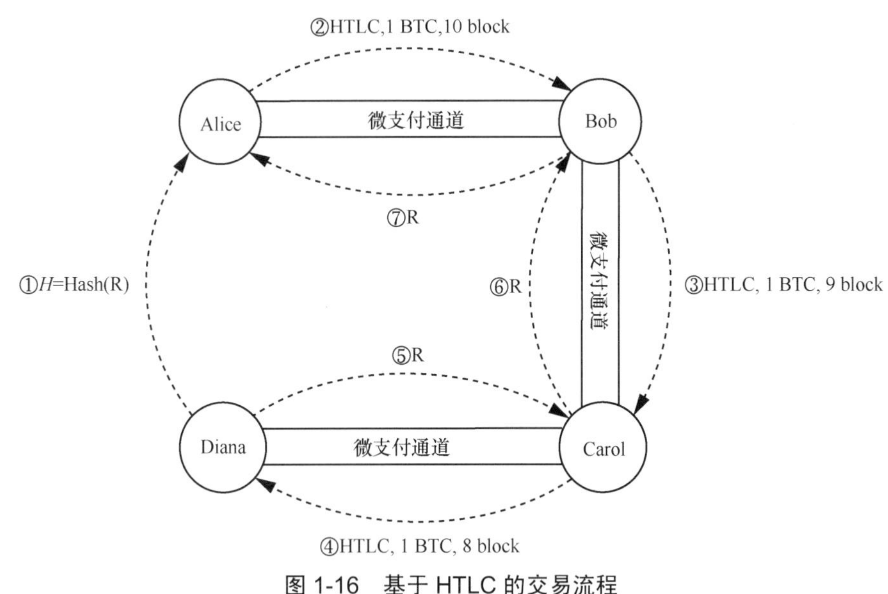

图 1-16　基于 HTLC 的交易流程

基于 HTLC 的交易过程为：①收款方 Diana 构建了一个字符串 R 和对应的哈希值 H，并把 H 发送给 Alice；②Alice 和 Bob 之间达成一个 HTLC 合约，在区块链上锁定 Alice 的一个比特币，如果 Bob 能在 10 个区块的时间内（nLockTime=10）给出 H 对应的字符串 R，则锁定的比特币转给 Bob，否则锁定的比特币退回到 Alice 的账户；③Bob 和 Carol 之间达成一个 HTLC 合约，在区块链上锁定 Bob 的一个比特币，如果 Carol 能在 9 个区块的时间内（nLockTime=9）给出 H 对应的字符串 R，则锁定的比特币转给 Carol，否则锁定的比特币退回到 Bob 的账户；④Carol 和 Diana 之间达成一个 HTLC 合约，在区块链上锁定 Carol 的一个比特币，如果 Diana 能在 8 个区块的时间内（nLockTime=8）给出 H 对应的字符串 R，则锁定的比特币转给 Diana，否则锁定的比特币退回到 Carol 的账户；⑤Diana 将字符串 R 发送给 Carol，得到一个比特币；⑥Carol 将字符串 R 发送给 Bob，得到一个比特币；⑦Bob 将字符串 R 发送给 Alice，得到一个比特币。通过上述过程，最终实现了 Alice 转账给 Diana 一个比特币。

（4）分片技术

分片技术的核心思想是分而治之，将全网的共识节点划分为不同的分组，每个分组被称为一个分片，每个分组由多个共识节点组成，网络上的交易被分配给不同的分组，因此，原来每个共识节点要处理网络的所有交易，现在每个分组只需要处理一部分交易，不同的分组处理不同的交易，使网络中的交易可以被多个分组并行处理和验证，原本可以生成一个区块的时间里，现在可以同时生成多个区块，从而实现吞吐量的提升。

分片技术最大的优势在于它可以做到线性扩展，吞吐量的大小与分组的数量几乎呈线性相关，分组越多，并行处理的交易量越多，吞吐量也就越大。分片技术主要分为三类：网络分片（Network Sharding）、交易分片（Transaction Sharding）和状态分片（State Sharding）。

网络分片是将所有的共识节点分成多个分组。为了避免恶意节点过度分配到单个分组，造成分组被恶意节点控制，网络分片需要设计一种机制来安全、合理、有效地对共识节点进行分组。一种可行的解决方案是引入随机性，随机地对共识节点进行分配，从而形成多个分组。

交易分片是将不同的交易分配给不同的分组，通过这种方式，交易可以被多个分组并行处理、验证并达成共识，显著提高交易的处理速度。常用的交易分片方式有两种：基于交易哈希值的交易分片和基于账户的交易分片。基于交易哈希值的交易分片方式是根据交易哈希值来决定将其分配给哪个分组。假设区块链系统有 4 个分组，将哈希值的后两位为 00、01、10、11 的交易分别分配给第一、第二、第三、第 4 个分组。这种方式会面临双花攻击问题，即恶意用户使用相同的输入创建两笔不同的交易，造成双重花费（Double Spending），如果这两笔交易被分到了两个不同的分组，每个分组都会认为自己收到的交易是有效的，从而造成了双花攻击。为了防止双花攻击，在交易验证过程中，分组之间必须进行相互通信。由于双花交易可能会在任意一个分组中出现，因此每个分组在对交易进行验证时，都必须与其他所有分组进行通信，这种相互之间的高昂通信成本可能降低交易处理的速度和效率。基于账户的交易分片是根据交易输入的账户地址来决定将其分配给哪个分组。这种方式将相同账户地址的所有交易分配给同一个分组进行处理，确保造成双花攻击的两笔交易会在同一个分组中被验证，使双重花费可以在不进行跨分片通信的情况下被轻松发现。

状态分片是指不同的分组存储不同的区块链数据部分，每个共识节点只负责存储自己所在分组的数据，而不是存储完整的区块链状态。状态分片主要面临两大挑战。其一，由于每个分组只存储区块链的部分状态，分组之间需要通过频繁的跨分片通信和状态交换来获取存储在其他分组中的信息，只有这样才能验证交易是否有效。例如，某一笔交易的输入和输出涉及多个账户，这些账户的状态存储在不同的分组中，因此处理和验证这笔交易的分组需要与其他相关的分组进行通信，以确认该交易是否有效，并将处理结果与其他相关的分组共享。如何确保跨分片通信成本不会超过状态分片所获得的性能增益仍然是一个值得深入研究的问题。其二，状态分片面临数据的可用性挑战。如果一个分组遭到了某种攻击而导致其脱机，由于每个分组只存储了区块链的部分状态，其他分组不能再验证那些依赖于脱机分组的交易，在这种情况下，区块链系统是无法正常运行的。为了解决这个问题，需要在分组之间进行区块链状态的冗余备份，但这会降低状态分片的有效性，因此，如何平衡状态分片的有效性、安全性和可靠性是另一个值得深入研究的问题。

总的来说，三种分片方式有各自的优缺点。网络分片和交易分片更容易实现，而状态分片更加复杂；同时，在网络分片和交易分片中，每个共识节点需要存储区块链的全部状态，各个分组之间不需要频繁地通信来获取其他分组存储的状态信息，而对于状态分片，每个共识节点只存储一部分的区块链状态数据，提高了数据存储的有效性。在使用分片技术时，需要根据应用场景的实际需求选用合适的分片方式。

2. 与出块时间相关的解决方案

在区块链系统中，区块生成一般包括两个步骤：Leader 节点选举和交易打包。Leader 节点选举负责选择一个或多个 Leader 节点，交易打包是由选定的 Leader 节点将交易打包以生成新区块。为了最大限度地减少 Leader 节点选举过程中的冲突，Leader 节点选举的频率一般比较低。例如，在比特币区块链系统中，平均每 10 min 选举产生一个 Leader 节点。在传统的区块链系统中，每选举产生一个 Leader 节点，会由该节点生成一个新区块。Leader 节点选举和交易打包这两个步骤的耦合导致了区块链系统较长的出块时间。为了缩短出块时间、提升系统吞吐量，应该将 Leader

节点选举和交易打包这两个步骤进行解耦。根据 Leader 节点选举机制的不同，与出块时间相关的解决方案可以分为三类：固定的 Leader 节点、动态的单个 Leader 节点、动态的多个 Leader 节点。Hyperledger Fabric 使用的是固定的 Leader 节点，Bitcoin-NG 使用的是动态的单个 Leader 节点，ByzCoin 使用的是动态的多个 Leader 节点。

（1）Hyperledger Fabric

Hyperledger Fabric 是联盟链的典型代表，系统初始化后，每个节点具有的功能都是确定的，参与共识的节点之间通过运行 PBFT 算法来完成对交易和区块的验证和共识。Hyperledger Fabric 系统包含负责执行链码（智能合约）的背书节点（Endorser）、负责对交易进行共识、排序、打包的排序节点（Ordering Service Node，OSD）以及负责验证交易和更新区块链的提交节点（Committer），其工作流程为：

① 客户端产生交易并通过 P2P 网络将交易发送给多个背书节点；

② 背书节点收到交易后执行链码，并对执行结果进行背书签名，之后将执行结果和背书签名发送给客户端；

③ 客户端收到足够数量的背书节点的背书签名后，将交易、链码执行结果和背书签名发送给排序节点；

④ 排序节点之间运行共识算法对交易进行共识和排序，并将交易按序打包成区块，之后将打包好的区块发送给所有提交节点；

⑤ 提交节点验证区块中交易的正确性，验证通过后将区块添加到本地区块链上。

（2）Bitcoin-NG

Bitcoin-NG 将 Leader 节点选举和交易打包过程解耦，在每个周期内，Leader 节点选举的过程与比特币的挖矿过程相同，之后由选定的单个 Leader 节点将交易快速打包成区块，以提升区块链系统的吞吐量。Bitcoin-NG 的区块链结构如图 1-17 所示。

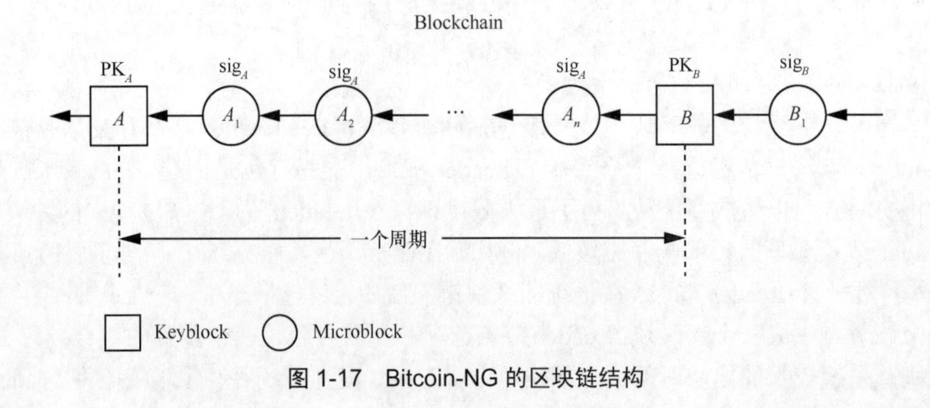

图 1-17　Bitcoin-NG 的区块链结构

与比特币区块链系统不同的是，Bitcoin-NG 有两类区块：关键区块（Keyblock）和微区块（Microblock）。Keyblock 用来选举 Leader 节点，为了保证系统安全性，平均每 10 min 利用 PoW 机制产生一个 Keyblock。Keyblock 只有区块头，没有区块体，不打包任何交易信息。Keyblock 的区块头包括前一个区块的哈希值、当前区块的哈希值、时间戳、用于调整挖矿难度的 Target 值、满足挖矿难度的 Nonce 值，以及生成该 Keyblock 的节点的公钥，用于验证后续的 Microblock。

一个节点成功生成一个 Keyblock 后就成为新的 Leader 节点，可以快速生成多个 Microblock。Microblock 用来记录交易信息，为了提升交易处理速度，平均每 10 s 产生一个 Microblock。Microblock 由生成 Keyblock 的节点生成，与比特币系统的区块结构类似，包含区块头和区块体，区块体由交易构成，区块头包含前一个区块的哈希值、当前区块的哈希值、时间戳、用节点私钥生成的数字签名，该数字签名可以用 Keyblock 中包含的公钥进行验证。

为了激励矿工按照规则进行挖矿并打包交易，同时也为了防止一些矿工作恶，Bitcoin-NG 引入了 40%～60%激励机制。这个激励机制是指当前周期内所有 Microblock 的全部交易费的 40%归属于当前 Leader 节点，剩余的 60%归属于下一个 Leader 节点。以图 1-17 为例，节点 A 作为 Leader 节点期间，生成了 n 个 Microblock，即 $A_1, A_2,\cdots,A_n$，这 n 个 Microblock 的全部交易费的 40%归属于节点 A，60%归属于节点 B。在 Bitcoin-NG 系统中，节点所获得的奖励不能立即使用，必须等待 100 个周期，在这 100 个周期内，如果有用户发现某 Leader 节点生成的 Microblock 中包含双花交易等攻击，则没收该 Leader 节点的全部奖励。

Bitcoin-NG 可以提升区块链系统的吞吐量，但由于 Keyblock 和 Microblock 在同一条链上，Microblock 的生成速度不能过快，速度过快会导致频繁出现分叉，不仅浪费资源和时间来修剪分支，而且延长了交易的确认时间，这种情况使 Bitcoin-NG 对吞吐量的提升非常有限，大概可以提升到比特币系统的 30～60 倍（主要取决于 Microblock 的大小和生成 Microblock 的速度），也就是说吞吐量可以达到 200～400 TPS。此外，Bitcoin-NG 仍然使用 PoW 机制来选举 Leader 节点，对电力资源造成了很大的浪费。

（3）ByzCoin

在每个周期内，Bitcoin-NG 由选定的单个 Leader 节点来产生 Microblock，为了防止双花交易等攻击，一个 Microblock 只有在经过 100 个周期后才能被确认。为了降低区块的确认时间，有研究人员提出了 ByzCoin 的解决方案。ByzCoin 由选定的共识委员会基于 PBFT 算法来快速生成 Microblock，并且 Microblock 被添加到区块链的同时即刻完成确认。

ByzCoin 的共识委员会选举过程如图 1-18 所示。首先选定一个固定大小的滑动窗口，窗口会随着新 Keyblock 的产生而向前移动，但窗口大小保持不变。图 1-18

中的滑动窗口大小为 7，该滑动窗口包含最近生成的 7 个 Keyblock，共识委员会的成员由生成这些 Keyblock 的节点组成。在滑动窗口内，可能存在一个节点生成多个 Keyblock 的情况，则该节点会获得对应数量的凭证。图 1-18 中，滑动窗口内的 7 个 Keyblock 是由三个节点生成的，则这三个节点组成了共识委员会，拥有的凭证分别为 2 个、2 个、3 个。节点拥有的凭证数量反映了其在共识委员会内的投票权。

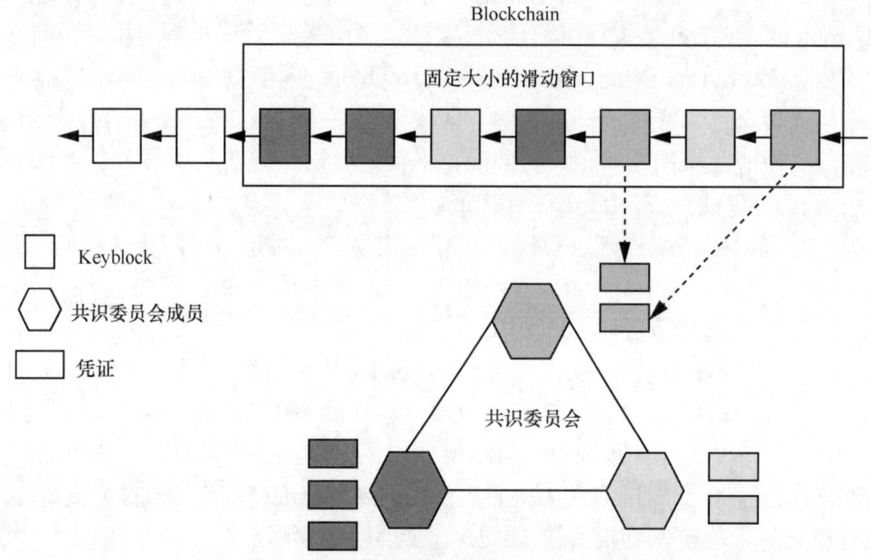

图 1-18　ByzCoin 的共识委员会选举过程

在每个周期内，ByzCoin 的共识委员会利用 PBFT 算法验证交易的真实性、生成 Microblock，Microblock 经共识委员会成员联合签名后才能通过确认，并被添加到区块链上。基于滑动窗口机制、PBFT 和联合签名机制的 ByzCoin 方案，大大提高了交易的吞吐量，将出块时间由 10 min 缩短到 15～20 s。

1.6.2.3　常用解决方案对比

为了加快区块链的发展，扩大区块链的应用领域，满足真实应用场景实时业务处理的需求，必须不断提升区块链的交易吞吐量。上文主要介绍了 6 种提升吞吐量的技术，包括 SegWit、闪电网络、分片技术、Hyperledger Fabric、Bitcoin-NG、ByzCoin，表 1-4 对这 6 种技术进行了对比。可以看出，每种技术在提升吞吐量的同时，会弱化区块链的其他特性，如去中心化、安全性、隐私性、全局共识、不易篡改性等。因此，没有一种技术具有区块链的所有良好特性，在应用区块链时，要认真分析应用场景的需求和特点，选择合适的吞吐量提升技术。

表 1-4 吞吐量提升技术对比

技术	区块链类型	共识算法	交易终结性	容错率	全局共识	不易篡改性
SegWit	公有链	PoW	概率性	小于或等于 1/2	高	高
闪电网络	公有链	多签名机制（链下）	确定的（链下）	—	高	高
分片技术	公有链	PBFT	确定的	—	低	高
Hyperledger Fabric	联盟链/私有链	PBFT	确定的	小于或等于 1/3	高	高
Bitcoin-NG	公有链	PoW	概率性	小于或等于 1/2	高	高
ByzCoin	公有链	PBFT	确定的	小于或等于 1/4	高	高

1.7 智慧城市概述

智慧城市是在城镇化、信息化与智能化融合的背景下提出的，是在城市现有信息化基础上，将云计算、物联网等新一代信息技术充分运用在城市的管理、教育、医疗和交通运输等方面，把城市的系统和服务打通、集成，实现信息化、工业化与城镇化的深度融合，对包括民生、环保、公共安全、城市服务、工商业活动在内的各种需求智能地做出响应，提升资源利用效率，优化城市管理和服务，改善公民生活质量，为公民创造更美好的城市生活，使城市发展更加和谐、更具活力。建设智慧城市是实现城市可持续发展的需要，是信息技术发展的需要，是提高国家综合竞争力的选择，因此各国、各地区政府不约而同地提出了智慧城市建设方案。

美国是智慧城市建设的先行国家。2008 年，IBM 公司总裁兼首席执行官彭明盛提出了“智慧地球”概念。2009 年，美国把“智慧地球”提升为美国国家战略，在以艾奥瓦州为首的 50 个州先后启动智慧城市计划。2009 年 9 月，艾奥瓦州迪比克市与 IBM 共同宣布，将建设美国第一个智慧城市，采用新技术将迪比克市完全数字化，连接城市的各种资源，可以监测、分析和整合各种数据，并智能化地做出响应，服务于公民的需求。2016 年 2 月，美国总统科学与技术顾问委员会提交《科技与未来城市报告》，拟以信息通信技术等科技力量推动美国的智慧城市建设，此后，美国以交通、能源、建筑与住房、水资源、城市农业、制造业等方面的建设为重心，致力于建设更高效、便民的智慧城市。

欧洲的智慧城市更多地关注信息通信技术在城市生态环境、交通、医疗、智能建筑等民生领域的作用，希望借助知识共享和低碳战略来实现减排目标，推动城市低碳、绿色、可持续发展，体现节能环保的建设理念，发展低碳住宅、智能交通、智能电网，提升能源效率，应对气候变化，建设绿色智慧城市。欧盟在 2007 年的《欧盟智慧城市报告》中提出“智慧城市”的创新构想。2010 年，欧盟发布了“欧洲 2020 战略”，把智慧型增长作为未来三项重点任务之一。智慧型增长意味着要充分利用新一代信息通信技术，强化知识创造和创新，发挥信息技术和智力资源在经济增长和社会发展中的重要作用，进而实现城市的协调、绿色、可持续发展。2011 年，欧盟推出了“智慧城市和社区行动计划”。2012 年 7 月 10 日，欧盟委员会启动了“智慧城市和社区欧洲创新伙伴（Smart Cities and Communities European Innovation Partnership，SCC-EIP）行动”，该计划旨在能源、交通和信息通信领域建立战略伙伴关系，集成欧洲在新能源、智能交通和信息通信（如物联网）等领域的先进技术，在特定城市开展示范项目，促进欧洲各城市更好地开展未来城市体系和基础设施的建设。2015 年，欧盟开始统筹专项基金来支持智慧城市建设和智慧社区新伙伴发展。2017 年，欧盟委员会将信息通信技术列为欧洲 2020 年的战略发展重点，制定了《物联网战略研究路线图》。

日本把智慧城市建设作为解决环境与能源等问题的新方法，从节约能源、提高效率方面考虑进行智慧城市建设。2009 年 7 月，日本政府推出“I-Japan 智慧日本战略 2015”，旨在将数字信息技术融入生产生活的各个方面，尤其是在电子化政府治理、医疗健康信息服务、教育与人才培育三大公共事业，到 2015 年实现数字化社会，把新一代信息技术应用到城市建设中。日本将发展智慧城市作为国家经济增长战略和重点措施，提供了“未来城市环境构想”“智慧社区构想”和“ICT 智慧城镇构想”三种类型的智慧城市建设构想。2008 年，“未来城市环境构想”选定 13 座城市，2011 年，“未来城市环境构想”又选定 11 座城市；2010 年，“智慧社区构想”选定 4 座城市，2011 年，“智慧社区构想”又选定 8 座城市；2012 年，日本总务省在《活用信息技术的城市建设与全球化恳谈会报告书》中提出“ICT 智慧城镇构想”，尝试将 ICT 技术运用到生活设施智能化建设，首次选定 5 座城市，2013 年，“ICT 智慧城镇构想”追加选定 21 座城市。此外，日本政府还在国际上积极宣传其智慧城市的研究与实证项目，以争取国际智慧城市的行业市场。2016 年 1 月，日本内阁在《第五期科学技术基本计划》中提出了“超智能社会”概念，“超智能社会”旨在利用数字技术解决日本经济社会可持续发展的关键问题，不仅要提升核心产业竞争力，而且要实现国民生活智能化，从衣、食、住、行各方面提升生活的便捷性，同时提高灾害的防御和应对能力。

韩国在 2004 年提出了“U-Korea”计划，该计划旨在建立泛在社会（Ubiquitous Society），以建设智能网络为基础，打造绿色、数字、无缝连接的生态智慧型城市，使韩国民众随时可享受便利、安全、智能的城市服务。2006 年，韩国政府启动了以首尔为代表的“U-City”计划，首尔、釜山和仁川等众多城市参与其中，该计划分为发展期（2006～2010 年）与成熟期（2011～2015 年）两个阶段执行，共计 10 年完成，旨在将信息网络融入民众生活，通过普及化的信息通信技术建设绿色、数字化的智慧城市。2009 年，仁川市与美国思科公司合作，以网络为基础，全方位改善城市管理效率，努力打造一个绿化的、资讯化的、便捷的生态智慧型城市。2011 年 6 月，首尔发布了“智慧首尔 2015”计划，到 2014 年，公民可使用智能手机、平板电脑实现发放证书、缴纳税金等 81 项首尔市行政服务，可以方便开展远程教育、医疗、税务，还能实现家庭建筑能耗的智能化监控等。

新加坡通过智慧城市建设实现了从“智慧岛”到“智慧国”的转变，早在 20 世纪 90 年代，新加坡就提出了“IT2000”计划，旨在将新加坡建设成为智慧岛。2006 年，新加坡启动了为期十年的“智慧城市 2015”计划，希望将新加坡建设成一个以资讯通信驱动的智能化国度和全球化都市，“智慧城市 2015”计划的目标全部提前实现，部分还超额完成，新加坡成为全球资讯通信业最为发达的国家之一。2014 年，新加坡启动了为期十年的“智慧国家 2025”计划，该计划是“智慧城市 2015”计划的升级版。为把新加坡打造成为“智慧国”，新加坡政府将构建“智慧国平台”，建设覆盖全岛数据收集、连接和分析的基础设施与操作系统，根据所获数据预测公民需求，提供更好的公共服务。正是由于政府大力地支持国家信息化建设，新加坡成为全球实践智慧城市建设的标杆国家。在政务领域，新加坡建立了公民、企业、政府合作的“以公民为中心”的电子政府体系，政府门户网站公开了 50 多个政府部门的 5 000 多个数据集，让公民和企业能随时随地参与到各项政务活动中；在交通领域，推出了电子道路收费系统智能交通系统；在医疗领域，开发了综合医疗信息平台；在教育领域，通过利用资讯通信技术，大大提升了学生对学习的关注度。

我国的智慧城市建设核心是以人为本，基于我国的实际国情，服务于我国的新型城镇化进程，助力提升我国城镇化建设的质量和水平。我国智慧城市建设大体上经历了 4 个阶段：第一阶段为探索实践期，从 2008 年年底智慧城市概念提出到 2014 年 8 月，主要特征是各部门、各地方政府按照自己的理解来推动智慧城市建设，相对分散和无序；第二阶段为规范调整期，从 2014 年 8 月至 2015 年 12 月，主要特征是在国家层面成立了“促进智慧城市健康发展部际协调工作组”，各部门不再单打独斗，开始协同指导地方智慧城市建设；第三阶段为战略攻坚期，从 2015 年 12 月到 2017 年 10 月，主要特征是提出了新型智慧城市理念并上升为国家战略，智慧城市成为国家新型城镇化的重要“抓手”，重点是推动政务信息系统的整合共享，打破信息孤岛和数据分割；第四阶段为全面发展期，从 2017 年 10 月党的十九大召开至今，主要特征是各地新型智慧城市建设加速落地，建设成果逐步向区县和农村延伸。党的十九大报告提出建设智慧社会。智慧社会是智慧城市概念的中国化和时代化，更加突出城乡统筹、城乡融合发展，为深入推进新型智慧城市建设指明了发展方向。

为推动智慧城市的健康发展，2012 年住房和城乡建设部启动了国家智慧城市试点工作，首批国家智慧城市试点工作在 90 个城市开展。2013 年科技部和国家标准化管理委员会启动了国家智慧城市技术和标准试点工作，首批试点工作在全国共选择了 20 个城市。开展智慧城市技术和标准试点，是科技部和国家标准化管理委员会为促进中国智慧城市建设健康有序发展和推动中国自主创新成果在智慧城市中推广应用而共同开展的一项示范性工作，旨在形成中国具有自主知识产权的智慧城市技术与标准体系和解决方案，为中国智慧城市建设提供科技支撑。截至 2020 年 4 月，住房和城乡建设部公布的智慧城市试点数量已经达到 290 个，加上相关部门所确定的智慧城市试点数量，我国智慧城市试点数量累计近 800 个。

近年来，为推动我国智慧城市健康有序发展，我国陆续发布了一系列相关政策文件，指导智慧城市建设。2014 年 8 月，由国家发展和改革委员会牵头研究制定的《关于促进智慧城市健康发展的指导意见》经国务院同意正式发布，这是我国第一份对智慧城市建设作出全面部署的权威文件。针对新时期的城市发展形势和人民需求，2015 年 10 月，党的十八届五中全会提出创新、协调、绿色、开放、共享的发展理念，为城市发展赋予了新的内涵，为智慧城市建设提出了新的要求。2015 年 12 月，中共中央网络安全和信息化委员会办公室（中央网信办）、国家互联网信息办公室提出了“新型智慧城市”概念。“新型智慧城市”是以为民服务全程全时、城市治理高效有序、数据开放共融共享、经济发展绿色开源、网络空间安全清朗为主要目标，通过体系规划、信息主导、改革创新，推进新一代信息技术与城市现代化深度融合、迭代演进，实现国家与城市协调发展的新生态。“新型智慧城市”被提出后，深圳市、福州市和嘉兴市获得中央网信办、国家互联网信息办公室批准创建新型智慧城市标杆市，先行试点开展新型智慧城市建设。2016 年 3 月，中共中央办公厅、国务院办公厅印发了《中华人民共和国国民经济和社会发展第十三个五年规划纲要》，明确提出要“建设一批新型示范性智慧城市”。2016 年 11 月，国家发展和改革委员会、中央网信办和国家标准化管理委员会共同发布了《关于组织开展新型智慧城市评价工作务实推动新型智慧城市健康快速发展的通知》。2017 年，国家发展和改革委员会联合中央网信办、国家标准化管理委员会制定《新型智慧城市评价指标（2016）》，2019 年，在原有评价体系基础上修订形成《新型智慧城市评价指标（2018）》，评价工作旨在摸清智慧城市发展现状，为国家决策提供参考，为地方明确智慧城市建设工作方向、促进智慧城市建设经验共享和推广提供有力支撑。

随着国家治理体系和治理能力现代化的不断推进，“创新、协调、绿色、开放、共享”发展理念的不断深入，以及网络强国战略、国家大数据战略、“互联网+”行动计划的实施和“数字中国”建设的不断发展，智慧城市建设迎来了前所未有的发展机遇。我国智慧城市建设如火如荼、蓬勃发展，日益成为贯彻新发展理念的典范，城市服务质量、治理水平和运行效率得到较大提升，公民获得感、幸福感和安全感不断增强，已经成为我国城市发展的新理念、城市运行的新模式、城市管理的新方式和城市建设的新机制。

智慧城市作为信息技术的深度拓展和集成应用，未来的发展趋势主要有 4 方面。

（1）数据资源更加开放透明

智慧城市建设的核心是要推进技术融合、业务融合、数据融合，实现跨层级、跨地域、跨系统、跨部门、跨业务的协同管理和服务，数据资源的融合共享和开发利用是关键。打破数据孤岛，积极推动跨层级、跨部门政务数据共享，开放城市需求、消费、服务、管理等各方面数据，能够创造更加公开透明的城市管理环境，提高城市管理效率，促进城市创新发展。

（2）智慧城市建设更加注重“以人为本”

智慧城市建设的过程中，要以最大程度利企便民，让企业和群众少跑腿、好办事、不添堵为建设的出发点和落脚点，聚焦解决人民群众最关注的热点难点焦点问题，优化服务方式，切实提升公民的满意度。技术革新和大数据运用在满足公民需求的同时，还可以将公民与专家、投资者、政策相关机构等充分合作，发挥群众智慧，驱动整个城市的改革创新。例如，阿姆斯特丹智慧公民实验室，将不同专业背景的公民、科学家、设计者聚在一起，共同探索治理城市问题的创新工具和解决方案。

（3）技术革新

城市数字化基础设施是智慧城市建设的保障和支撑，未来将进一步发挥数字科技对城市治理能力提升的驱动作用，将互联网、大数据、物联网、云计算、人工智能、区块链、5G 等新一代信息技术与城市管理服务相融合，促进社会服务的数字化、网络化、智能化、协同化和多元化，提升城市治理和服务水平。

（4）可持续发展

真正的智慧城市是可持续发展的城市，包含经济、社会和环境的可持续发展，未来将进一步推动城市治理模式从单向管理转向双向互动，从单纯的政府监管向更加注重社会协同治理转变，实现“人人参与、自觉维护”的数字城市管理和“群众监督、人人有责”的生态环境保护。

区块链是分布式数据存储、点对点传输、共识机制、加密算法等技术的有机结合，可以助力智慧城市建设，我国大力支持区块链在智慧城市中的应用。2019 年 10 月 24 日，中共中央政治局就区块链技术发展现状和趋势进行第十八次集体学习，习近平总书记指出，要抓住区块链技术融合、功能拓展、产业细分的契机，发挥区块链在促进数据共享、优化业务流程、降低运营成本、提升协同效率、建设可信体系等方面的作用。2020 年 4 月，国家发展和改革委员会明确新型基础设施主要包括信息基础设施、融合基础设施以及创新基础设施，其中区块链与人工智能、云计算等被列为信息基础设施代表。

区块链技术可以助力打造高度协同的城市生态，促进城市高效、透明、安全、可信运转。

① 数据是智慧城市建设的关键，数据共享对于智慧城市至关重要，区块链为智慧城市数据共享和打破数据孤岛创造良好的技术条件。区块链尤其适合跨企业和跨系统之间的数据共享，将原始数据上链流通，通过区块链记录数据的来源、所有权、使用权、可共享范围、访问权限等信息，为政府开放政务数据、企业开放企业数据、公民开放个人数据，提供可追溯、可交易、可信任的共享机制，促进实现跨层级、跨地域、跨系统、跨部门的协同管理和服务。

② 边缘计算是提高智慧城市系统处理时效的有效手段，区块链的分布式数据存储机制和点对点网络拓扑结构能够与边缘计算较好地融合。区块链不易篡改的数据存储特点能够提高边缘节点的数据安全性，身份认证和权限控制能够为暴露在公共区域的边缘节点提供准入机制，数据加密管理能够为边缘节点提供隐私保护功能。

③ 区块链通过密码学的数据加密机制确保智慧城市的数据安全，采用加密传输方式可以有效避免传输过程中的数据泄露问题，采用分布式数据存储方式有效避免单点故障，采用块链式数据结构使数据难以被篡改，提高智慧城市的数据安全性。

④ 区块链技术能够最大限度地激活公民参与城市治理的积极性。例如，可以使用区块链记录公民上传的各类违法违规信息，对公民的有效监管行为给予一定的奖励，从而提高公民对城市管理的参与度和积极性，同时通过将区块链上记录的违法违规信息与个人征信、银行信贷等进行关联，可以对公民的行为形成一定的约束力。

未来，区块链技术逐步走向成熟，其在数据采集、处理、传输、存储、使用、收益分配等各环节的作用将得到更加充分的展现，既能有效推进城市数据的共采共享与可信流转，又能充分保障数据安全。区块链技术的普及应用将重塑社会信任，成为维系智慧城市有序运转的重要技术支撑，强有力地推动智慧城市向更深层次、更高水平发展。

1.8 本章小结

近几年来，区块链技术得到了广泛关注，被认为是继蒸汽机、电力、互联网之后，下一代颠覆性的核心技术。区块链作为构造信任的一项新技术，可能彻底改变整个人类社会价值传递的方式。本章首先梳理了区块链的发展历史；然后从体系架构、运行机制、特征、分类、面临的挑战和可能的解决方案等方面详细阐述了区块链技术的基本原理和机制；最后对区块链技术赋能智慧城市进行了论述。

参考文献

[1] 蔡晓晴, 邓尧, 张亮, 等. 区块链原理及其核心技术[J].计算机学报, 2021, 44(1): 84-131.

[2] 吴嘉婧, 刘洁利, 林丹, 等. 区块链交易网络研究综述[J]. 中山大学学报(自然科学版), 2021.

[3] CUI G, SHI K, QIN Y, et al. Application of block chain in multi-level demand response reliable mechanism[C]//Proc IEEE ICIM. 2017: 337-341.

[4] XU R, ZHANG L, ZHAO H, et al. Design of network media's digital rights management scheme based on blockchain technology[C]//Proc IEEE ISADS. 2017: 128-133.

[5] XU X, WEBER I, STAPLES M, et al. A taxonomy of blockchain-based systems for architecture design[C]//Proc IEEE ICSA. 2017: 243-252.

[6] METI. Survey on blockchain technologies and related services[R]. 2017.

[7] NAKAMOTO S. Bitcoin: a peer-to-peer electronic cash system[J].

[8] LARIMER D. Delegated proof-of-stake[R]. 2014.

[9] CASTRO M, LISKOV B. Practical Byzantine fault tolerance[C]//Proc OSDI. 1999: 173-186.

[10] KOSBA A, MILLER A, SHI E, et al. Hawk: the blockchain model of cryptography and privacy-preserving smart contracts[C]//Proc IEEE SP. 2016: 839-858.

[11] HURLBURT G. Might the blockchain outlive Bitcoin[J]. IT Prof, 2016, 18(2): 12-16.

[12] YUAN Y, WANG F Y. Towards blockchain-based intelligent transportation systems[C]//Proc IEEE ITSC. 2016: 2663-2668.

[13] TSCHORSCH F, SCHEUERMANN B. Bitcoin and beyond: a technical survey on decentralized digital currencies[J]. IEEE Commun Surveys Tuts, 2016, 18(3): 2084-2123.

[14] CHENG S, ZENG B, HUANG Y. Research on application model of blockchain technology in distributed electricity market[C]//Proc IOP Conf Earth Environ. 2017: 12-65.

[15] 丁伟, 王国成, 许爱东, 等. 能源区块链的关键技术及信息安全问题研究[J]. 中国电机工程学报, 2018, 38(4): 1026-1034.

[16] 颜拥, 赵俊华, 文福拴, 等. 能源系统中的区块链: 概念、应用与展望[J]. 电力建设, 2017, 38(2): 12-20.

[17] 张俊, 高文忠, 张应晨, 等. 运行于区块链上的智能分布式电力能源系统:需求、概念、方法以及展望[J]. 自动化学报, 2017, 43(9): 1544-1554.

[18] WOOD G. Ethereum: a secure decentralised generalised transaction ledger[R]. Ethereum Project, 2014.

[19] ANDROULAKI E, MANEVICH Y, MURALIDHARAN S, et al. Hyperledger Fabric: a distributed operating system for permissioned blockchains[C]//Proc ACM EuroSys. 2018: 1-15.

[20] SCHWARTZ D, YOUNGS N, BRITTO A. The Ripple protocol consensus algorithm[R]. 2014.

[21] 张奥, 白晓颖. 区块链隐私保护研究与实践综述[J]. 软件学报, 2020, 31(5): 170-198.

[22] 祝烈煌, 高峰, 沈蒙, 等. 区块链隐私保护研究综述[J]. 计算机研究与发展, 2017, 54(10): 2170-2186.

[23] 曹雪莲, 张建辉, 刘波. 区块链安全、隐私与性能问题研究综述[J]. 计算机集成制造系统,

2021.

[24] 李旭东, 牛玉坤, 魏凌波, 等. 比特币隐私保护综述[J]. 密码学报, 2019, 6(2): 133-149.

[25] CAI Z, QU J, LIU P, et al. A blockchain smart contract based on light-weighted quantum blind signature[J]. IEEE Access, 2019, 7: 138657-138668.

[26] WANG Z. Blockchain-based edge computing data storage protocol under simplified group signature[J]. IEEE Trans Emerging Topics in Computing, 2021.

[27] LI X, MEI Y, GONG J, et al. A blockchain privacy protection scheme based on ring signature[J]. IEEE Access, 2020, 8: 76765-76772.

[28] YAN X, WU Q, SUN Y. A homomorphic encryption and privacy protection method based on blockchain and edge computing[J]. Wireless Communications and Mobile Computing, 2020, 3: 1-9.

[29] KUS KHALILOV M C, LEVI A. A survey on anonymity and privacy in bitcoin-like digital cash systems[J]. IEEE Communications Surveys & Tutorials, 2018, 20(3): 2543-2585.

第2章 区块链在智慧公民中的应用

2.1 智慧公民概述

城市因人而存，因人而兴，人是城市的核心构成，人的素质和能力对城市建设起着无比关键的作用，是城市建设的核心要素。只有充分发挥人的主观能动性，才能不断推进智慧城市的建设。

智慧城市的建设，不仅要依靠人的推动，而且要以人为本，关注公民的基本需求，让公民切实感受到智慧城市发展带来的便利。虽然学术界和产业界对智慧城市的定义和理解多种多样，但有一点是达成共识的，即“智慧城市不能是一堆冷冰冰的工程项目，而应该是有温度的、可感可触的城市。未来智慧城市的发展，应该更加强调关注公民的基本需要，关注智慧产业的发展，关注生态环境可持续发展”。因此，智慧城市的建设要以智慧公民为目标，将城市的智慧化和人的智慧化协调统一起来，使人的智慧和城市的智慧共促共进，逐步实现全面以人为本的智慧城市。

智慧城市经过十多年的发展，极大改善了公民的生活质量，提高了公民的生活品质。例如，城市泛在无线网络的建设使公民能够在机场、火车站、咖啡馆、图书馆等地方随时随地通过智能终端连接网络，给公民的日常生活带来了很大的便利；数字惠民服务的不断完善，为公民提供了就近实现一体化生活工作的解决方案，如厦门等地的公民只要用手机登录“掌上公交”App，就能知道要坐的公交车现在在什么地方、还要多久到站等信息，方便公民合理规划自己的出行时间。

公民的智慧化离不开大数据的支持，只有在对公民各个维度的信息进行充分收集和分析的基础上，才能不断提供方便公民的应用与服务。随着越来越多、越来越丰富的个人数据进入互联网中，如何安全高效地存储、管理、应用这些数据成为公民智慧化过程中的一大挑战。只有解决了这些挑战，公民才能安心地使用各种服务和应用。

2.2 区块链赋能公民数据的安全存储

2.2.1 行业现状

数据存储方式主要有两种，分别为集中式存储和分布式存储。在集中式数据存储系统中，由一台或多台计算机或服务器组成中心节点，数据集中存储在这个中心节点上，对数据的处理也由中心节点来完成。单点故障是集中式数据存储方式面临的主要风险。因为数据的存储和处理完全由中心节点控制，一旦中心节点出现故障或遭受网络攻击，就会导致系统瘫痪，出现信息泄露和被篡改等问题，因此，要对中心节点进行实时监控和维护，并且随着数据量的激增，还需要不断对中心节点进行扩容[1]。

为了避免存储节点出现单点故障，在分布式数据存储系统中，分布着多个存储节点，如图 2-1 所示，为了更好地管理和协调数据在多个存储节点中的存储，分布式数据存储系统一般还包括一个中心控制节点、存储节点之间以及存储节点和中心控制节点之间均通过通信协议来传递消息以协调行动。在用分布式数据存储系统存储公民个人数据时，可以将公民个人数据划分成多个数据块存储在多个存储节点，还可以将每个数据块冗余存储在多个存储节点[2]。同时，在中心控制节点上记录每个存储节点的信息和状态，以及数据存储索引等信息。

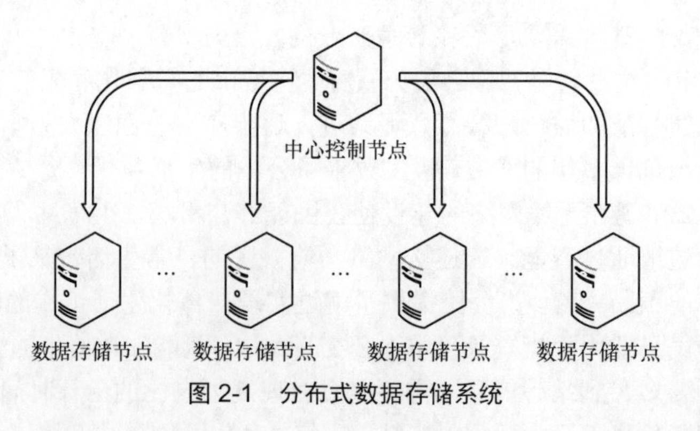

图 2-1 分布式数据存储系统

虽然分布式数据存储系统有效避免了存储节点的单点故障问题，但其仍面临两大挑战。首先，为了增强数据安全，分布式数据存储系统会将同一个数据块冗余存储在多个存储节点，由于存在数据被篡改或传输错误等风险，导致同一个数据块的多个副本之间出现不一致的情况，影响了数据的可用性；其次，分布式数据存储系统通过部署多个存储节点解决了数据存储的单点故障问题，但并未解决中心控制节点的单点故障问题，一旦中心控制节点被攻击，攻击者将会获得数据存储的索引信息，可以很容易从相应的存储节点获取所需要的数据。

2.2.2　基本原理

分布式数据存储系统主要存在数据不一致和中心控制节点的单点故障问题，区块链可以很好地解决这两个问题[3]。首先，区块链的链式存储结构保证了数据的不易篡改，并通过共识算法保证所有节点存储的数据是一致的；其次，区块链是一种去中心化架构，链上数据存储在所有节点中，不存在单点故障问题[4]。

如图 2-2 所示，基于区块链的公民数据存储系统一般包括公民节点、存储节点和共识节点[5]。公民节点产生数据，并就近连接一个或多个共识节点，存储节点提供分布式数据存储服务，共识节点用来保证区块链中数据的一致性。每个节点都有一个节点 ID、一对公钥和私钥，以及唯一的 IP 地址和端口号，用于与其他节点通信[6]。存储节点周期性地将其节点 ID、IP 地址和端口号、公钥和剩余存储空间等信息广播给共识节点，共识节点根据这些信息评估每个存储节点的可靠性和可用性。

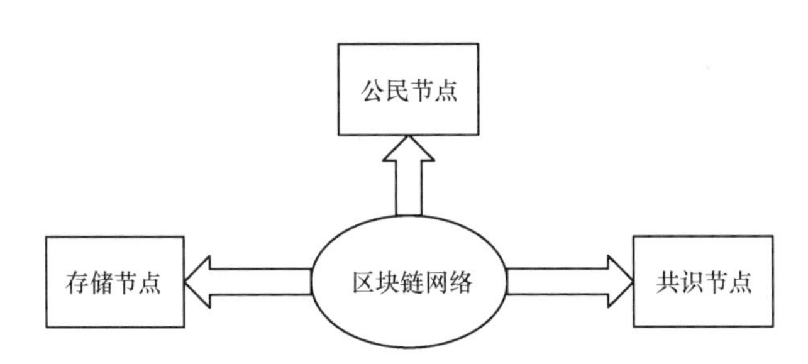

图 2-2　基于区块链的公民数据存储系统

当公民有数据需要存储时，首先对数据进行加密，加密后的数据被划分成若干数据块，并由公民节点对数据块进行数字签名；之后，公民节点向与其连接的共识节点发送数据存储请求，其中包括数据块的数量和大小等信息。共识节点收到数据存储请求后，根据要存储的数据块的数量和大小，以及各个存储节点的可靠性和可用性，选择一定数量的存储节点来存储数据块，并将存储节点的 IP 地址和端口号发送给公民节点。公民节点将经过数字签名的数据块发送给共识节点选择的存储节点，存储节点收到数据块后，首先用公民节点的公钥验证数字签名，用以确认收到数据的真实性和完整性。验证无误的数据块被存储节点存储在本地，存储完成后向共识节点发送数据存储元数据，其中包括公民节点 ID、数据块的名称和大小、数字签名、存储节点 ID、存储时间等信息。共识节点收到数据存储元数据后，将其广播给区块链网络中的共识节点，共识节点之间通过一定的共识算法将数据存储元数据以区块的形式存储在区块链中。

当公民想要获取其数据时，向与其连接的共识节点发送数据获取请求。共识节点根据数据块名称找出与其相关的数据存储元数据，并将存储节点信息发送给公民节点。公民节点从存储节点获取数据块后，首先验证数字签名以确认收到的数据块的真实性和完整性，之后对数据块进行整合与解密，即可恢复原始数据。

2.2.3 应用案例

（1）华为区块链身份认证系统

身份认证与公民的生活息息相关，公民日常生活的很多场景都需要进行身份认证，如购票、就医等。身份认证的发展可以分为三个阶段：身份认证 1.0 阶段采用身份证件，其特点是线下身份认证；身份认证 2.0 阶段采用中心化数字认证技术，如 eID，特点是线上单点身份认证；身份认证 3.0 阶段采用区块链身份认证技术，其特点是线上联合身份认证。

为了帮助企业或组织更好地完成身份认证工作，华为提出了区块链身份认证方案。如图 2-3 所示，本节以公民匿名共享租车服务为例，来介绍华为区块链身份认证方案。如果公民想要将自己的身份认证信息存储在华为区块链中，可以向负责身份管理的政府机构（如公安部门）提出申请；政府机构查验该公民的身份信息，通过验证后，将该公民的身份认证结果存储到华为区块链中，并将用于访问身份认证结果的密钥 1 返回给公民；公民需将密钥 1 妥善保管，因为公民可以用密钥 1 向华为区块链申请身份认证结果的临时访问权限，华为区块链收到绑定密钥 1 的申请后将返回给公民一个一次性的可以访问身份认证结果的密钥 2；当该公民需要匿名共享租车服务时，不必出示自己的详细身份信息，只需将可以访问身份认证结果的密钥 2 发送给共享租车企业；共享租车企业通过密钥 2 访问存储在华为区块链中的身份认证结果，只要获得身份认证结果为真，就可以向该公民提供租车服务；密钥 2 使用一次后就会失效，公民下次要使用匿名服务时，需要再次通过密钥 1 向华为区块链申请一个新的密钥 2，用于授权服务商查看自身的身份认证结果。

将区块链技术应用于身份认证过程，可以为企业或组织提供安全、高效的身份认证服务，并且在身份认证过程中，不用频繁出示公民的真实身份信息，有效防止个人信息泄露。目前，除了华为提出的区块链身份认证方案，依托区块链技术优化身份管理和认证的系统还有腾讯 TUSI 物联网联合实验室发布的身份区块链产品、MYKEY 区块链自主身份系统、派拉身份管理系统等。

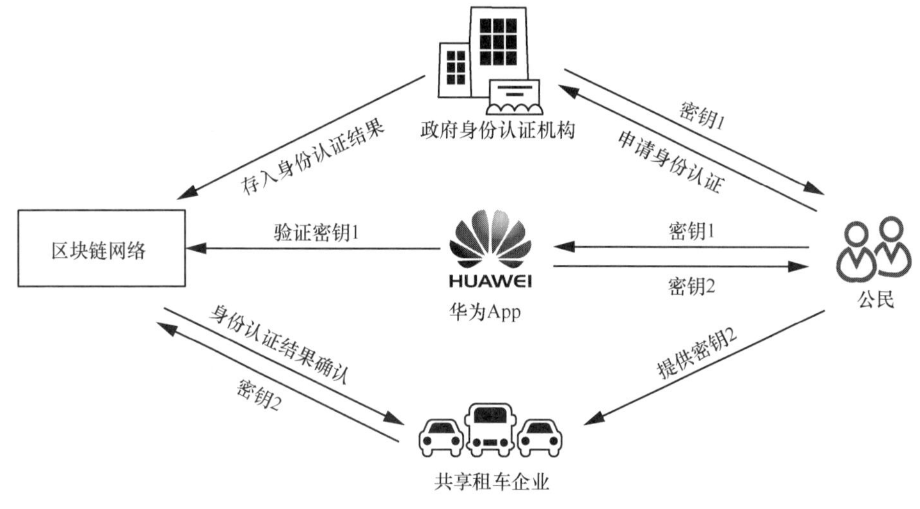

图 2-3　华为区块链身份认证方案

（2）基于区块链的健康码系统

2020 年新冠肺炎疫情给全球人民的生产生活造成了很大影响。在新冠肺炎疫情防控过程中，健康码起了很大的作用。健康码帮助公安部门及时了解不同人群的健康状况，为建立完善的风险评估模型和出台有效的疫情防控政策提供依据。为了更好地在全国各级政府和相关部门之间共享公民健康信息，健康码采用了基于联盟链的健康链架构，是区块链技术在医疗领域中应用的一次有效实践。

2.3　区块链赋能公民数据的访问控制

2.3.1　行业现状

在大数据时代，公民的个人数据不断被收集和分析，刺激技术创新和经济增长。公民数据已经成为商业企业，尤其是互联网企业的宝贵资产。企业使用和分析收集到的公民数据来提供个性化服务、优化公司决策、预测未来趋势等。

目前，公民数据是由第三方企业进行收集、存储、使用和分析的，这种方式使拥有公民数据的企业可以为用户提供个性化服务，更贴合用户需求，带来更好的用户体验。例如，京东、淘宝等线上购物平台，通过收集用户浏览商品的数据，有针对性地向用户推荐更多同类型的商品以供其选择，并且为不同的用户推荐不同的商品[7]。

由第三方企业收集、存储、使用和分析公民数据的方式虽然可以让公民享受到信息互联互通的便利，但也面临着信息让渡带来的安全问题。一方面，公民无法对自己的数据进行有效控制。公民数据被第三方企业收集和存储后，其去向、使用范围、使用方式和被开发程度被视作商业机密，是不受公民控制的。例如，Google 和 Facebook 等企业，广告收入在其总收入中占比很大，其经常在未经用户许可的情况下分析收集的用户数据，用以吸引广告商进行精准广告投放，来增加其广告收入。另一方面，在数据由第三方企业管理的模式下，一旦第三方失信，将数据非法出售给其他组织或机构，就会发生数据泄露事件，越来越多的数据泄露事件导致用户隐私无法得到有效保护，严重危害了用户隐私。2018 年，Facebook 发生“泄露门”事件，Facebook 上 5 000 万名用户个人信息数据通过一款性格测试软件被泄露给一家名为剑桥分析的公司，在未经用户同意的情况下，剑桥分析公司对这些用户隐私数据进行分析，并在 2016 年总统大选期间针对某些用户进行定向宣传。2020 年，医疗偿债公司 AMCA 的 1 960 万患者数据在未经授权的情况下被访问，包括社会保险号、银行账户、信用和医疗信息，波及其他 21 家医疗机构。同年 2 月，化妆品公司雅诗兰黛将一个缺乏保护措施的数据库暴露在互联网上，该数据库存储了 4.4 亿条记录，其中包含大量的审计日志和邮件地址。

为了更好地保护数据安全和公民隐私，公民必须行使对个人数据的主权，其个人数据的访问控制权必须由自己掌握，只有经公民授权许可的企业或机构才有权访问和使用其数据。

2.3.2 基本原理

只有当公民可以完全控制自己的数据，自行授权和许可谁可以访问自己的隐私数据时，数据安全和公民隐私才可以得到有效保护，应用区块链技术可以助力实现这一目标。

在基于区块链的数据访问控制系统中，利用区块链来辅助完成访问控制功能，任何对数据的访问都要得到数据拥有者的授权许可。如图 2-4 所示，基于区块链的数据访问控制系统一般包括 4 类系统成员，即数据源、数据拥有者、数据请求者和第三方权威机构。数据源是数据拥有者的数据生成设备和存储设备的集合，存储生成的原始数据和数据对象标签；数据拥有者可以通过数据源查看属于自己的数据对象，并控制其访问权限；数据请求者是数据的请求方，经过数据拥有者的授权后，可以访问数据源以获取需要的数据；第三方权威机构负责核验数据拥有者和数据请求者的身份信息，确保其身份的真实性。为了完成访问控制功能，基于区块链的数据访问控制系统一般包括三个服务模块，即数据管理模块、消息传输模块和区块链存储模块。数据管理模块规定了数据生成、存储和传输的格式等；消息传输模块负责系统成员间的消息传递；区块链存储模块用来存储数据访问控制相关的信息[8]。

在基于区块链的数据访问控制系统中，数据请求和授权的具体过程如下。

① 数据源生成数据对象后，将数据对象标签发送给数据拥有者，数据对象标签中包括描述数据对象属性的元数据、数据源的标识和签名、访问路径等信息。通过数据对象标签，数据拥有者能够知道自己拥有的数据对象的详细信息，并且可以自由访问数据对象。

② 数据请求者在系统中广播自己的数据请求，数据请求中包括第三方权威机构开具的身份证明、描述所请求数据对象属性的元数据、数据用途、访问时间等信息，并被区块链存储模块存储在区块链中。

③ 区块链存储模块通过“发布–订阅”模式将数据请求发送给数据拥有者。在“发布–订阅”模式中，区块链存储模块扮演发布者的角色，数据拥有者扮演订阅者的角色。数据拥有者提供过滤条件，由区块链存储模块收集和过滤已经写入区块链的数据请求，并将符合过滤条件的数据请求通过消息传输模块发送给数据拥有者。

④ 数据拥有者同意授权某个数据请求时，向数据请求者发送一个授权标识，授权标识中包括所请求的数据对象标签和数据请求者身份信息。

⑤ 数据请求者收到授权标识后，可以通过其中的数据对象标签获得访问数据所需要的信息，因此，数据请求者可以直接联系数据源来获取所需要的数据。

⑥ 数据传输完成后，数据源向系统声明数据请求者已经凭借授权标识对数据对象进行了访问，随后区块链存储模块将授权标识和数据源的数据访问结束声明写入区块链中，数据拥有者可以随时查验这些记录。

通过图 2-4 所示的基于区块链的数据访问控制系统，公民可以与任何授权的数据请求者共享他们的数据，并跟踪和监控数据请求者的访问过程[9]。

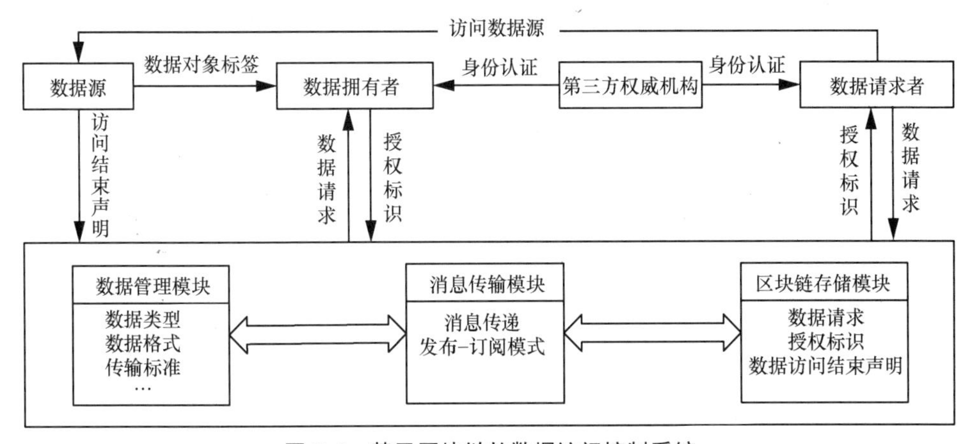

图 2-4　基于区块链的数据访问控制系统

2.3.3 应用案例

2020 年 9 月 3 日，济南市以山大地纬软件股份有限公司自主研发的大纬链为基础，推出了统一政务区块链平台——泉城链，旨在实现将数据还于公民和数据可信共享等目标。泉城链上线启用后，济南市的每一位公民、每一家企业都可以拥有一个泉城链账户和“数字保险箱”，通过“泉城办”等手机应用 App，获取自己的链上数据，安全便捷地管理自己的数据资产，并将数据自行授权给第三方使用，真正做到“自己的数据自己掌握，让谁用自己说了算”。

目前，济南市公安、人社、民政、医疗保险、公积金中心和档案馆 6 个部门已在泉城链中向公民返还了 35 项数据资产，这 35 项数据已融合成 11 项数字资产，包括户口信息、身份证信息、居住证、个人违法违规记录、死亡证明、结婚证、低保证明、公积金信息、单位公积金信息、就业登记信息、医保参保缴费证明。

泉城链上线之前，公民到公积金中心大厅办理业务时，需要把纸质材料交给窗口服务人员，窗口服务人员需要将纸质材料中的相关数据输入计算机系统。泉城链上线之后，公民可以将相关数据授权给窗口服务人员，其计算机可以直接对相关数据进行处理，简化了业务处理流程。

作为济南市统一政务区块链平台，泉城链与现有数据系统互为补充，有助于进一步加快政务数据流通，推动数据跨部门、跨行业、跨区域安全共享，助力政府的“一次办成”改革，赋能政务服务、民生服务、商业服务和社会治理，最大限度提高数字泉城的运行效率，持续推动济南营商环境优化提升，助力经济社会稳健发展。随着泉城链的应用不断深入，济南将在全国率先建立基于区块链的政务数据开放标准，打造数据惠民的“济南经验”。

2.4 区块链赋能公民数据的可靠交易

2.4.1 行业现状

在大数据时代，数据成为一种很有价值的资产。大型互联网企业拥有多维度的用户数据，学术界和一些小企业拥有的数据量却很少，而大数据是训练系统模型、分析市场趋势和提供创新服务的基础，因此催生了数据交易行业。我国现在有十几个由政府或企业运营的数据交易中心，如贵阳大数据交易所、西咸新区大数据交易所、武汉东湖大数据交易中心、京东万象大数据交易平台等。这些数据交易中心还处于发展早期，数据交易产业链尚不成熟。

传统的数据交易模型如图 2-5 所示。数据交易中心充当中介的角色，指定数据集的规范和数据需求的规范，提供标准合同，并在出现争议时进行仲裁。数据所有者向数据交易中心提交规范化的数据集，数据需求者向数据交易中心提交规范化的数据需求，数据需求者找到合适的数据集后，与数据所有者签订合同，完成数据交易后进行结算付款[10]。

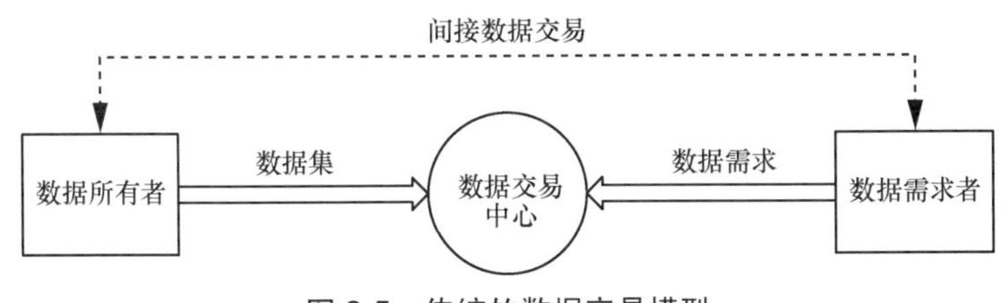

图 2-5　传统的数据交易模型

传统的数据交易模型本质上遵循传统的市场交易理念，而数据是一种特殊的商品，这种集中式数据交易模式存在两大挑战。其一，数据版权难以保护，当前的数据集交易中，数据所有者通常将数据集以在线或离线的方式传递给数据需求者，假设一个数据所有者向不同的数据需求者出售同一个数据集，后来该数据所有者发现数据集已经被公开放在互联网上，数据所有者无法知道是哪个数据需求者违反了交易合同。其二，在传统数据交易模型中，数据所有者与数据需求者需要依靠集中式的数据交易中心完成数据交易，一方面增加了数据交易成本，因为数据所有者与数据需求者需要缴纳一定的管理费用，另一方面，当数据交易中心系统遭受非法网络攻击时，存在单点故障风险，导致数据交易无法正常进行。

2.4.2　基本原理

区块链是一种去中心化架构，借助区块链技术，可以在无可信第三方的情况下，数据所有者与数据需求者直接完成数据交易，有效避免了单点故障的发生。此外，区块链中的数据具有不易篡改性，如果用区块链存储数据交易记录，可以做到数据交易全程可追溯，实现一个可扩展和安全可靠的数据交易市场。

如图 2-6 所示，基于区块链的数据交易系统一般包括数据拥有者、数据需求者、数据代理和系统管理者，他们共同维护一个基于区块链的数据交易网络。数据拥有者拥有一个或多个数据集；数据代理是数据集的收发中心，向数据拥有者购买数据集，并存储和出售这些数据集的访问权限；数据需求者发布数据需求，向数据代理购买数据集的访问权限；系统管理者负责制定系统成员共同遵守的规范，包括数据格式和访问数据集的接口标准等[11]。

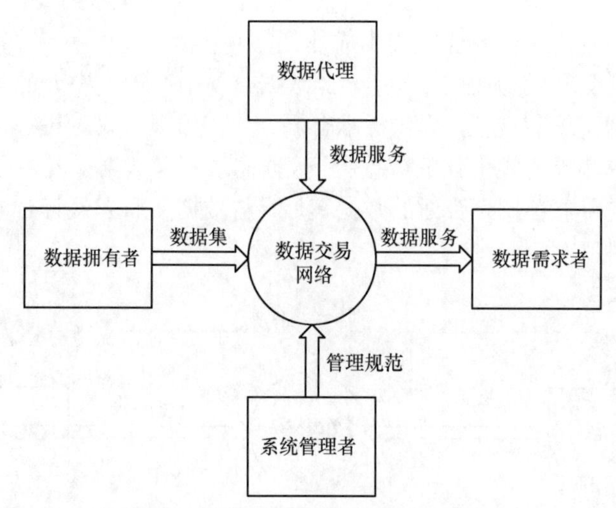

图 2-6　基于区块链的数据交易系统

在基于区块链的数据交易系统中，数据交易过程分为两步，如图 2-7 所示，第一步是数据拥有者将数据集出售给数据代理，第二步是数据代理为数据需求者提供数据服务，向数据需求者出售数据集的访问权限。接下来将分别对两个步骤进行详细介绍。

数据拥有者向数据代理出售数据集的详细过程为：

① 想要出售数据集的数据拥有者通过数据交易网络发布一份招标文件，招标文件中包括对所出售数据集的描述、对数据代理的要求（如存储能力等）以及出售价格等信息；

② 对此招标文件感兴趣的数据代理可以向数据拥有者递交投标文件，投标文件中包括存储能力和购买价格等信息；

③ 数据拥有者根据收到的投标文件，选择一个或多个合适的数据代理，在出售价格等方面达成共识后，共同签署一份智能合约，自动完成数据交易和结算付款等过程，同时数据交易日志将被记录到区块链中，数据拥有者可以查看所有的交易日志，确保自己的权益没有受到侵害；

④ 数据代理通过创建新的数据服务的方式，将其购买的数据集呈现给数据需求者。

数据代理向数据需求者出售数据集的访问权限的详细过程为：

① 数据代理购买到数据拥有者的数据集后，首先对数据集进行清理与整合，之后，数据代理发布新的数据服务，数据服务中包括所提供数据集的描述、访问此数据集的接口以及价格等信息；

② 如果数据需求者选择了此数据服务，需要与数据代理共同签署一份智能合约；

③ 该数据需求者可以按照智能合约的规定通过提供的接口访问数据集，其访问日志将被记录到区块链中；

④ 数据代理可以查看这些访问日志，以确保数据需求者的访问是合法的。

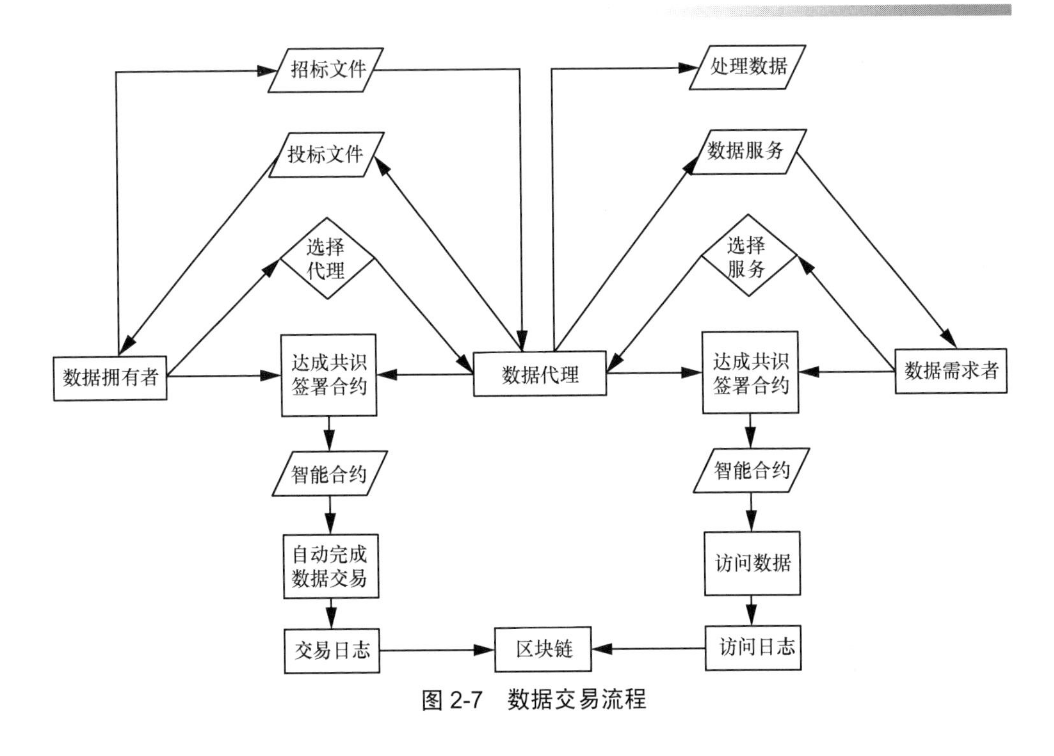

图 2-7　数据交易流程

2.4.3　应用案例

2017 年，浙江大学与上海数据交易中心有限公司（以下简称上海数据交易中心）开展合作，双方基于杭州趣链科技有限公司的区块链平台，打造了数据交易清算原型系统，利用区块链的可追溯和不易篡改等特性，对每笔数据交易进行确权和记录，构建了开放、去中心化、可信的数据交易环境。

在该数据交易系统中，由需方、供方、交易中心和清算节点构成联盟链，通过智能合约将数据交易相关的会员信息、交易品信息、订单信息和交易账本存储在区块链中。如图 2-8 所示，数据供方节点和需方节点通过交易系统进行数据交易，交易过程中产生的日志记录会定期进行汇总，并经交易中心节点背书签名后写入区块链中。清算节点根据订单结算规则计算交易双方的结算金额，并通过账本同步至交易双方节点。区块链中记录的数据供方和需方节点之间的交易信息形成了交易数据链，确保数据交易安全、高效、可信。同时，通过采用分区共识机制和交易访问权限控制，保证交易参与方只能访问与其相关的交易信息，保护交易参与方的商业机密。

基于区块链的数据交易系统不仅构建了高安全性、可信的交易环境，激发数据交易主体参与的积极性，而且利用区块链技术重塑数据市场的交易规则，促进数据交易市场的规模化增长，真正推动数字经济快速发展，助力各行业利用大数据实现转型升级。目前，除了上述数据交易系统外，依托区块链技术的数据交易系统还有万加物联科技有限公司开发的“万加链”、数据通科技有限公司开发的BDES等。

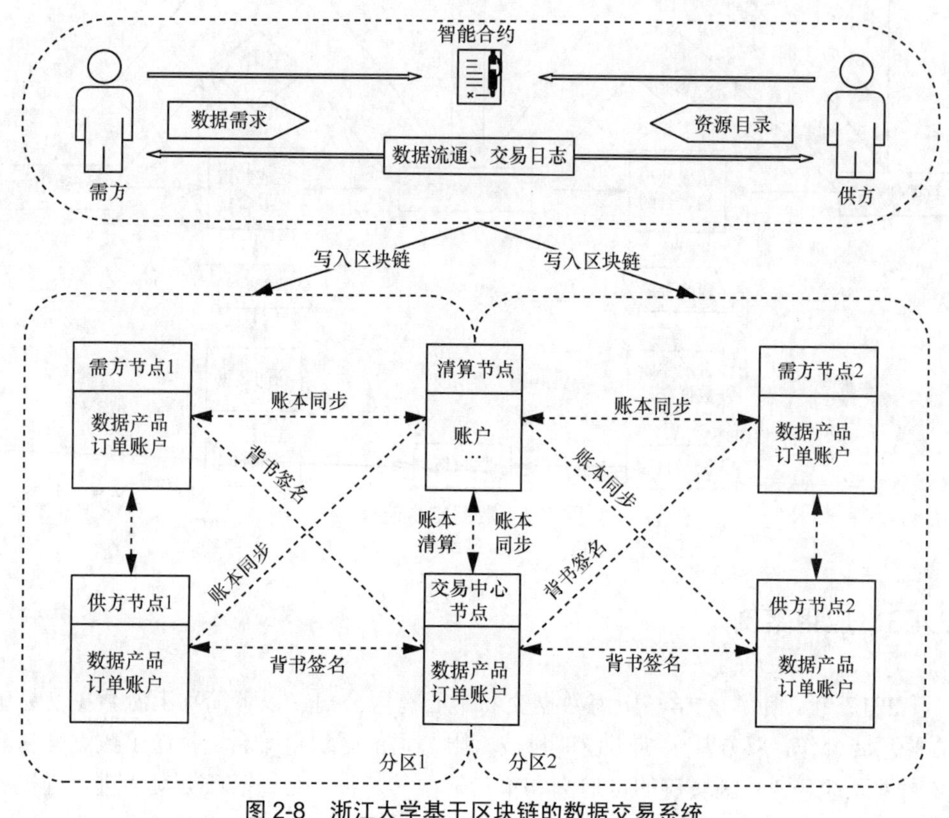

图 2-8　浙江大学基于区块链的数据交易系统

2.5　区块链赋能公民活动

2.5.1　活动场景一：公民遗嘱管理

2.5.1.1　场景现状

遗嘱是指人生前在法律允许的范围内，按照法律规定的方式对其遗产或其他事务所做的个人处理，并于当事人死亡时发生效力。遗嘱文件是一种受法律保护的文件。立遗嘱使个人对遗产的分配拥有绝对的自主权，遗嘱的内容就是当事人对处理遗产及其他事务的意愿表述。一般情况下，遗嘱的内容应至少包括遗产的名称和数量、遗嘱继承人或受遗赠人、遗产的分配方案、某项遗产的用途和使用目的、遗嘱执行人等。遗嘱可以帮助个人实现去世后的资产按其意愿进行分配，立遗嘱可以减少个人去世后的财产纠纷。

根据《中华人民共和国继承法》的规定，遗嘱有五种有效形式，分别为公证遗嘱、自书遗嘱、代书遗嘱、录音遗嘱和口头遗嘱，其中除自书遗嘱以外，其他形式的遗嘱在创立时必须要有合法的见证人在场见证。

遗嘱被创立后一般由公证处、律师事务所等权威机构或者当事人信任的个人保管。期间如需变更或撤销遗嘱，应当以书面形式明示或者以立新遗嘱的方式变更或撤销原遗嘱，立有多份遗嘱且内容互不相同的，原则上以最后所立遗嘱为准。自当事人死亡之日起遗嘱开始被执行，遗嘱执行过程大致包括：出示遗嘱，向有关人员公布遗嘱内容；编制遗产清册，并予宣布；继承人或其他人对遗嘱没有争议时，按遗嘱的要求处理遗产。

目前，遗嘱以硬复制的形式存储在保险箱中，或者以软复制的形式存储在服务器中，但由于遗嘱一般涉及财产分割或者其他权益的分配，如果有人对分配结果不满意，则其有足够的动机去篡改遗嘱。一旦遗嘱被篡改，而此时当事人已经去世，这份遗嘱的真伪几乎无法再做鉴定。

2.5.1.2　基于区块链的解决方案

为了使遗嘱能够按照立遗嘱人生前的意愿进行执行，必须保证遗嘱的真实性，因此，如何防止遗嘱不被恶意篡改是需要解决的问题。区块链技术的去中心化、不易篡改和开放透明等特性，满足了遗嘱对于真实性和防篡改的要求。

与传统的遗嘱系统类似，基于区块链的遗嘱系统一般包括创建遗嘱、更新遗嘱和执行遗嘱等过程。基于区块链的遗嘱创建过程如图 2-9 所示。当有人想要创建遗嘱时，可以先到有关部门进行遗嘱公证，然后在系统中注册成为用户，保留用户 ID 和密码，并递交公证后的遗嘱。系统根据遗嘱的内容自动生成对应的智能合约，当事人确认该智能合约是否与自己的意愿一致，如果一致则进行数字签名。为了提高区块链的存储效率，一般将原始的遗嘱存储在链下的数据库或者分布式文件系统（如 IPFS）中，而将遗嘱元数据和智能合约存储在区块链中，遗嘱元数据包含遗嘱的存储位置和摘要等信息。智能合约只有在当事人死亡后才能被执行，因此，智能合约中有一个触发其执行的死亡标志，该标志可以被用来确认立遗嘱人的生死状况。一旦当事人去世，则死亡标志发生变化，随即触发智能合约自动执行[12]。

当事人想要更新遗嘱时，向系统发送更新遗嘱请求。系统首先获取当事人的公钥，通过该公钥核实当事人遗嘱是否已存在，若存在则验证当事人的用户 ID 和密码，通过验证后就获得了编辑其遗嘱的权限。系统根据遗嘱的存储位置，从链下的数据库或者分布式文件系统中获取现存的遗嘱，并传输给当事人。当事人更新完遗嘱后，系统将最新的遗嘱存储在链下，重新生成智能合约，并由当事人对其进行数字签名。

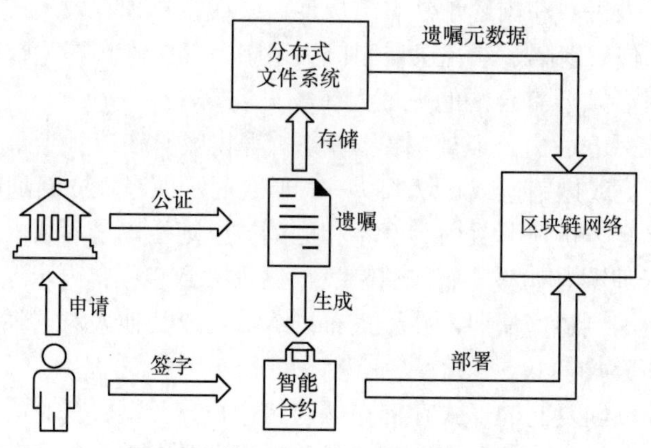

图 2-9　基于区块链的遗嘱创建过程

当立遗嘱人去世后，遗嘱继承人可以向系统提交立遗嘱人的有效死亡证明，该证明通过第三方机构（如公安部门）的验证后，可以触发相关智能合约中的死亡标志发生变化，之后智能合约会自动执行，立遗嘱人的资产自动分配给各个继承人。如果有人对遗产分配有疑问，可以通过立遗嘱人的公钥查看原始遗嘱以及对应的智能合约。

2.5.1.3　应用案例

（1）遗嘱司法证据备案查询系统

中华遗嘱库的遗嘱司法证据备案查询系统通过区块链技术提供遗嘱的司法存证服务。在中华遗嘱库订立遗嘱时，上传的数据信息与证据文件会进行电子签名，并将与该遗嘱相关的信息自动与国家授时中心授权的可信认证时间绑定，通过司法鉴定的遗嘱通过第三方云存储和区块链等技术保障遗嘱的电子取证和存证。中华遗嘱库的遗嘱司法证据备案查询系统还与中国司法大数据研究院下属的司法电子证据云平台进行了对接，中华遗嘱库中的遗嘱数据会同步生成一个唯一的数据字符串上传到司法电子证据云平台。当处理遗嘱纠纷时，当事人可以下载遗嘱数据和其对应的字符串，作为证据递交法院，同时该平台也支持法官在庭审现场进行在线调取、播放和验证遗嘱。截至 2020 年 12 月，中华遗嘱库已在全国设立了 11 个登记中心，60 个服务中心，为 25.6 万人提供了遗嘱服务，登记保管了 19 万余份遗嘱。

（2）财传遗嘱链

财传遗嘱链是由大科数据（深圳）有限公司与安徽合望律师事务所合作开发的遗嘱区块链系统。每一份遗嘱在创建的时候，需要利用人脸识别技术，确保由立遗嘱人本人对其所立遗嘱进行电子签名，并通过区块链进行遗嘱存证，满足遗嘱对于真实性和防篡改的要求。通过财传遗嘱链创建的遗嘱安全有效，完全具备法律效力。

（3）爱老遗嘱库

2017 年，布萌数字资产网络和北京亿律网络科技有限公司联合中国社会组织促进会、北京爱老无忧科技服务有限公司、北京市齐致律师事务所共同发起成立了爱老遗嘱库，它是一个基于区块链的遗嘱订立平台，提供从法律咨询、遗嘱订立、遗嘱保管、数据库管理以及遗嘱执行、争议调解等全方位一站式服务。区块链技术提供安全的标准化服务流程，为材料审核、心理评估、遗嘱订立等服务提供银行级别的保护，整个流程由权威司法鉴定中心存证，由权威证书颁发机构（Certificate Authority，CA）签发证书，确保立遗嘱人的电子签名真实有效。所有数据在区块链上加密存储，保护用户隐私和所立遗嘱的数据安全，避免了遗嘱篡改等风险隐患。依托区块链技术，不仅为老人提供了便捷安全的立遗嘱平台，而且为老人的真实意愿提供了切实有力的法律依据。爱老遗嘱库已服务许多家庭。

基于区块链的遗嘱存证系统可以助力财富的安全传承，减少因财富传承带来的家庭纠纷，促进财富传承的发展。

2.5.2　活动场景二：志愿服务管理

2.5.2.1　场景现状

志愿服务是指在不求回报的情况下，为改善社会和促进社会进步而自愿付出个人的时间和精力所做的服务工作。志愿者通过参与志愿服务，不仅可以提升自己各方面的能力，而且可以促进社会进步，增进社会和谐。志愿服务的范围非常广，包括扶贫开发、社区建设、环境保护、大型赛会、应急救助和海外服务等。

我国的志愿服务开始于 1978 年，是随着改革开放而发展起来的。1993 年，共青团中央开始组织实施中国青年志愿者行动，中国志愿服务进入了快速发展阶段。中国青年志愿者行动实施以来，全社会对志愿服务的认知程度已大大提高，公民越来越广泛地参与到各种志愿服务活动中。据统计，2008 年累计有超过 506 万名志愿者参与到抗震救灾和灾后重建活动中，170 余万名志愿者直接服务北京奥运会。

在中国，全国志愿服务信息系统（中国志愿服务网）是面向广大社会公众、志愿服务组织、志愿服务队伍的社会化服务平台。通过该系统，社会公众可以注册成为志愿者，参与自己感兴趣的志愿服务队伍和项目，记录、转移、增加自己的志愿服务时长；志愿服务队伍可以按照规范的流程发布项目、招募志愿者、开展服务，实现供需有效对接；全国各行业各区域志愿服务数据实时或定时汇集，党政管理部门可以全面了解志愿服务情况、开展数据决策分析。在国外，人们通常使用“时间银行”系统来记录志愿服务时长，该系统诞生于20世纪80年代，由美国人埃德加·卡恩提出。

目前，志愿服务系统中的数据是由志愿活动管理部门的工作人员录入的，由于系统中记录的志愿服务时长可能与相关机构和个人的工作绩效评估有关，存在人为篡改志愿服务时长记录的可能性，无法完全确保系统中记录的志愿服务时长等信息的真实性。而随着志愿者人数的逐年增加，志愿服务信息被篡改等志愿服务管理漏洞将极大影响志愿者的积极性。

2.5.2.2 基于区块链的解决方案

区块链的透明性和不易篡改性等特性，可以助力开发一个更加高效、开放、透明的志愿服务时长记录和管理系统。如图 2-10 所示，基于区块链的志愿服务时长管理系统一般包括志愿者信息中心、政府部门、地方志愿者组织机构和志愿者。志愿者信息中心的主要责任是管理时间币，每个时间币相当于一定时长的志愿服务；政府部门，如共青团中央等，根据志愿活动的计划安排向志愿者信息中心申请相应数量的时间币；地方志愿者组织机构，如志愿者协会等，负责注册、发起和实施志愿活动，并根据活动的实际情况向政府部门申请相应数量的时间币，并在活动结束后将时间币发放给志愿者；志愿者根据地方志愿者组织机构发布的志愿者招募信息，自愿参加志愿活动，活动结束后获得相应的时间币作为奖励[13]。

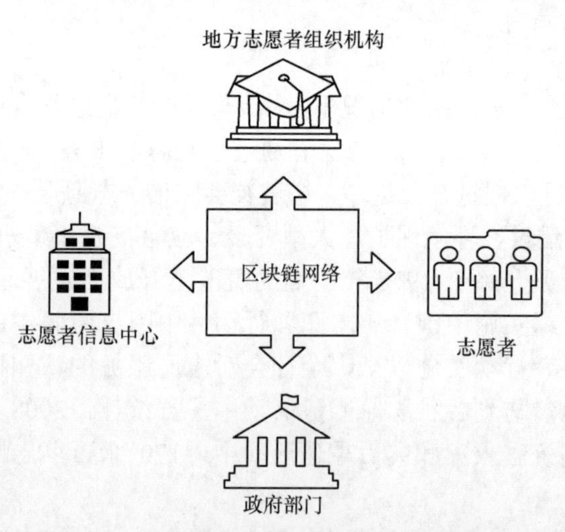

图 2-10 基于区块链的志愿服务时长管理系统

在基于区块链的志愿服务时长管理系统中，志愿者信息中心、政府部门、地方志愿者组织机构和志愿者均有其公钥和私钥，每个系统成员账户中的时间币均与其公钥绑定在一起，拥有私钥的系统成员可以使用其账户中的时间币。时间币在系统成员之间的流转记录被存储在区块链中，系统中的所有成员均有权查询区块链上的数据，共同监督和维护系统的可信运行。

时间币在系统成员之间的流转过程如图 2-11 所示。志愿者信息中心根据政府部门的申请，将相应数量的时间币转入其账户，转入时志愿者信息中心将时间币与政府部门的公钥进行绑定，并用自己的私钥进行数字签名。政府部门收到时间币后，根据地方志愿者组织机构实施的志愿活动的实际情况，将相应数量的时间币转入地方组织机构的账户。在转入时，政府部门要将时间币与地方志愿者组织机构的公钥进行绑定，并用自己的私钥进行数字签名。之后，地方志愿者组织机构根据每个志愿者的实际贡献大小，为其分配时间币。一段时间后，剩余未分配的时间币被政府部门退还给志愿者信息中心。

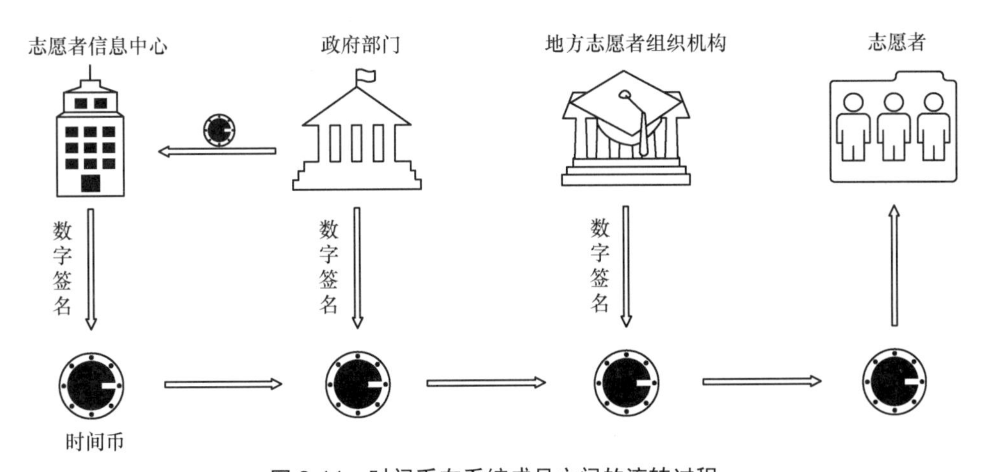

图 2-11　时间币在系统成员之间的流转过程

当志愿者账户中存储的时间币数量符合智能合约的条件时，会自动执行志愿服务时长认证过程，回收相应数量的时间币，并为其颁发相应等级的志愿者奖章。该奖章可以作为学校录取、部门考核和优秀员工考核等的参考依据，优先获得实习、就业和公共服务等机会。

综上所述，基于区块链的志愿服务时长管理系统具有以下优点。

① 数据公开透明：系统中的所有成员均可以查看和监督区块链上记录的时间币流转数据。

② 可追溯性：区块链中记录了每个时间币流转的全过程，为政府统计志愿服务时长等工作提供依据。

③ 防篡改：区块链确保了存储在其上的时间币流转数据不易被篡改或删除。

④ 自动化和智能化：借助于智能合约，可以自动完成志愿者的服务时长认证工作，当服务时长满足某些条件时，智能合约自动为志愿者颁发相应等级的志愿者奖章。

2.5.2.3 应用案例

（1）志愿服务跟踪系统

截至 2020 年 3 月，中国最大的志愿服务平台“志愿汇”入驻了 40 多万家志愿服务组织，后台注册用户已经达到了 7 400 多万名，1 100 多所高校以“志愿汇”的数据作为学生实践学分的依据。为了管理如此巨大的用户数量和志愿服务时长，志愿汇与 EveriToken 公司合作推出了基于区块链的志愿服务跟踪系统。通过区块链来存储志愿者的活动记录、服务时长和公益积分等信息，不仅使志愿服务更加公开透明和可追溯，而且使系统更加可信。该系统为拥有访问权限的各方（包括政府和资助方等）提供实时审计跟踪。为了对志愿者进行有效激励，志愿汇上线了益币商城，2019 年有 33 539 名志愿者在益币商城兑换福利，共达 1 153 000 多益币量。截至 2020 年 3 月，益币商城中各类激励措施的申领量达到了 3 000 多万次。

（2）公益链

2019 年 12 月，专家学者、优秀企业家、基金会负责人和资深媒体人共同在北京鸟巢文化中心发起公益链项目。该项目采用区块链技术来存储数据，采用“超级节点-子节点”模式来处理和传输数据，确保记录的数据成为不易被篡改或删除的安全可信的公益数字凭证。公益链上记录的志愿服务时长等信息经用户确认后，用其私钥进行数字签名，同时这些信息被相关机构签名，并广播给全网所有节点，完成信息的上链过程。公益链未来的发展目标是借助区块链等先进技术，推动创建一个开放、透明和信任的新型公益生态。

2.5.3 活动场景三：出生证明管理

2.5.3.1 场景现状

出生证明一般指出生医学证明。出生证明的作用主要有：证明在中华人民共和国境内的出生人口出生时的健康及自然状况；证明出生人口的血亲关系；作为新生儿获得国籍的医学凭证；作为户籍登记机关进行出生人口登记的医学凭证；作为新生儿依法获得保健服务的医学凭证；为其他需要出生证明的事项提供依据。

出生证明主要有两种存在形式，即纸质出生证明和电子出生证明。电子出生证明是纸质出生证明的电子证照，与纸质出生证明具有同等法律效力，可广泛应用于公安、人社、卫计、司法等部门的多个业务场景。有了电子出生证明后，公民办理业务时，不用提交纸质出生证明，相关部门可以直接在线上进行电子出生证明的查验，不再需要进行纸质出生证明的真伪鉴定和异地信息协查。电子出生证明试点项目实施后，新生儿父母通过手机进行身份认证后，可以预约申领出生证明，线下签发纸质出生证明的同时，会在线上同步签发电子出生证明。

为了对出生证明进行安全管理和使用，首先要保证出生证明的真实性，防止不法分子对其进行伪造；其次要规范出生证明的持有人和使用人，防止因出生证明的非法使用而造成的欺诈行为。但是，出生证明由有关部门进行集中式存储管理，无法绝对满足其安全性需求。因此，本小节将探讨利用区块链技术来增强出生证明的真实性、完整性和安全性。

2.5.3.2　基于区块链的解决方案

图 2-12 展示了基于区块链的电子出生证明管理系统。为了方便出生证明的跨境验证，该系统的区块链网络由多个国家的出生证明签发机构组成。新生儿出生后，需要由其父母尽快到所在国家的出生证明签发机构办理出生证明。办理出生证明时，需要采集两类信息，分别为新生儿身份信息（如新生儿的名字、出生日期、父母的名字等）和生物特征信息（如指纹、虹膜等），这两类信息以二维码的形式存入出生证明；之后，使用哈希算法对出生证明进行计算，生成对应的哈希值，经所在国家的出生证明签发机构数字签名后，将出生证明的哈希值存储到区块链中。当公民办理业务需要验证出生证明时，首先使用哈希算法计算该出生证明的哈希值，将其与区块链中存储的哈希值进行比对；之后提取公民的生物特征信息，并将其与出生证明中存储的生物特征信息进行比对；如果两次比对均一致，则表明出生证明通过验证，此出生证明真实有效[14]。

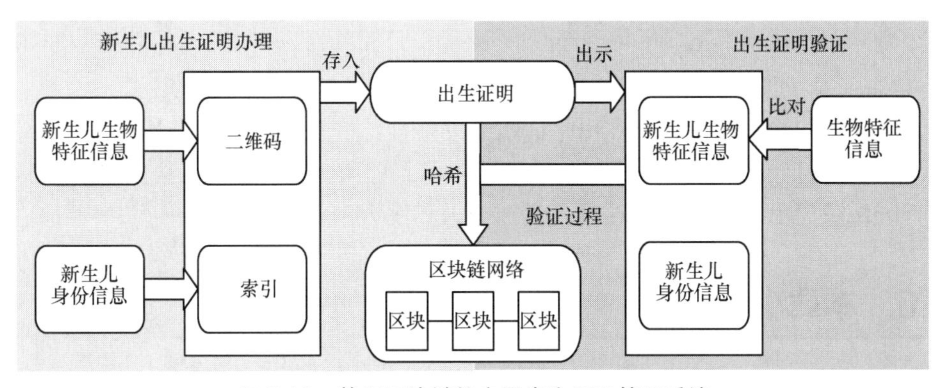

图 2-12　基于区块链的电子出生证明管理系统

2.5.3.3 应用案例

（1）爱尔兰与荷兰的新生儿区块链系统

2018年，爱尔兰AID:Tech公司与荷兰非营利性组织PharmAccess共同为坦桑尼亚援助了一个新生儿区块链系统，旨在确定孕妇身份并为其提供必要的护理。该系统为每位孕妇提供一个数字身份，用于确保她们能够获得怀孕期间所必需的叶酸等补剂。同时，孕妇从登记、医疗预约到分娩的整个过程相关数据都被如实记录在区块链中，以追踪妇女的孕期情况。这套系统不仅可以提供产前服务，而且可以提供产后护理、药物治疗以及预约等服务。2018年7月13日到19日，已经接连有3名区块链记录在案的婴儿降生。

（2）印度的出生证明区块链项目

印度是世界第二人口大国，庞大的人口数量给人口普查和数据统计等工作的开展带来了一定难度；同时，父母为了申请一张出生证明，往往需要多次到政府机构登记各种文件信息，整个过程烦琐且容易出错；此外，印度还存在一些非法组织，通过伪造出生证明来帮助一些人更好地申请移民。为了更好地管理出生证明，印度西孟加拉邦的地方政府与荷兰的区块链应用公司Lynked.world合作，使用区块链技术来优化出生证明的管理，出生证明经签发部门数字认证后，存储在区块链中。公民办理业务时，可以向第三方组织或机构开放出生证明的访问权限用于身份验证。2018年12月，Divit Biyani成为首个在西孟加拉邦获得基于区块链的出生证明的印度婴儿。此后，越来越多的印度婴儿拥有了基于区块链的出生证明。

（3）巴西的出生证明区块链项目

在巴西，科技公司Growth Tech与IBM合作开发了使用区块链来记录出生证明的项目。在该项目中，出生证明的办理有3个步骤：首先由医院出具“活产声明”；之后父母在平台上为婴儿创建一个数字身份，最后公证处根据“活产声明”和数字身份等信息，为婴儿办理出生证明，并将其记录在区块链上。Alvaro de Medeiros Mendonca是巴西第一批使用区块链技术记录出生证明的新生婴儿之一。

区块链技术不仅可以提高出生证明的安全性，而且简化了孩子长大后的入学、结婚、贷款和移民等事务的办理。除了爱尔兰、巴西、印度，还有很多国家在实施基于区块链的出生证明试点项目，包括美国和澳大利亚等。

2.6 本章小结

人是智慧城市的核心，是推动智慧城市建设的根本力量，也是智慧城市建设的终极目标，智慧城市的建设应当以人为本。智慧城市发展至今已经为公民带来了许多的便利，但随着数字化程度不断深入，越来越多的公民数据进入互联网，这给数据的安全存储、访问控制和交易管理带来了很大挑战，只有解决了这些挑战，才能更好地践行以人为本，建设好智慧公民。本章首先对智慧公民进行了概述，然后从公民数据的安全存储、访问控制、可靠交易和公民活动 4 方面，详细阐述了存在的问题，并对基于区块链的解决方案的基本原理和应用案例进行了梳理总结。在数据存储方面，利用区块链的数据不易篡改和永久保存特性，任何人都不能任意修改公民的个人数据，使公民数据的存储更加安全可靠；在访问控制方面，通过区块链和智能合约进行公民数据的访问控制，实现了将数据所有权和控制权归还给公民，有效保护了公民数据隐私；在数据交易方面，将数据交易信息存储到区块链中，数据的整个交易过程将变得更加透明和可追溯；在公民活动方面，区块链技术给遗嘱管理、志愿服务管理和出生证明管理等公民活动带来了许多便利。

参考文献

[1] LAI A, ZHANG C, BUSOVACA S. 2-SQUARE: a Web-based enhancement of SQUARE privacy and security requirements engineering[J]. International Journal of Software Innovation, 2013, 1(1): 41-53.

[2] ARMBRUST M, FOX A, GRIFFITH R, et al. A view of cloud computing[J]. Communications of the ACM, 2010, 53(4): 50-58.

[3] CHEN Z, ZHU Y. Personal archive service system using blockchain technology: case study, promising and challenging[C]// Proc IEEE AIMS. 2017: 93-99.

[4] YAN Z, GAN G, RIAD K. BC-PDS: Protecting privacy and self-sovereignty through blockchains for OpenPDS[C]// Proc IEEE SOSE. 2017: 138-144.

[5] FUKUMITSU M, HASEGAWA S, IWAZAKI J, et al. A proposal of a secure P2P-type storage scheme by using the secret sharing and the blockchain[C]// Proc IEEE AINA. 2017: 803-810.

[6] DO H G, NG W K. Blockchain-based system for secure data storage with private keyword search[C]// Proc IEEE SERVICES. 2017: 90-93.

[7] ZYSKIND G, NATHAN O, PENTLAND A. Decentralizing privacy: using blockchain to protect personal data[C]// Proc IEEE SPW. 2015: 180-184.

[8] HASHEMI S H, FAGHRI F, CAMPBELL R H. Decentralized user-centric access control using PubSub over blockchain[J]. arXiv preprint arXiv:1710.00110, 2017.

[9] HASHEMI S H, FAGHRI F, RAUSCH P, et al. World of empowered IoT users[C]// Proc IEEE IoTDI. 2016: 13-24.

[10] KIYOMOTO S, RAHMAN M S, BASU A. On blockchain-based anonymized dataset distribution platform[C]// Proc IEEE SERA. 2017: 85-92.

[11] CHEN J, XUE Y. Bootstrapping a blockchain based ecosystem for big data exchange[C]// Proc IEEE Big Data Congress. 2017: 460-463.

[12] SREEHARI P, NANDAKISHORE M, KRISHNA G, et al. Smart will converting the legal testament into a smart contract[C]// Proc IEEE NETACT. 2017: 203-207.

[13] BUCHMANN N, RATHGEB C, BAIER H, et al. Enhancing breeder document long-term security using blockchain technology[C]// Proc IEEE COMPSAC. 2017: 744-748.

[14] ZHOU N, WU M, ZHOU J. Volunteer service time record system based on blockchain technology[C]// Proc IEEE IAEAC. 2017: 610-613.

第3章 区块链在智慧医疗中的应用

3.1 智慧医疗概述

智慧医疗是近几年来新兴起的专用医疗名词，指利用先进的物联网技术，通过打造健康档案等医疗信息平台，实现患者与医务人员、医疗机构、医疗设备之间的互动，逐步实现信息化。智慧医疗基于移动互联网、穿戴式设备、医疗数据平台等技术，在医疗的各个细分流程，如检查、诊断、治疗、处方和医疗医嘱、病历生成等过程全面实现信息化，包括医院的信息化、医疗信息的互联网化、药剂医疗设备的互联网化、远程健康监护乃至远程医疗等，建立起全新的医院、患者、医生多方共赢的模式。

由于公共医疗管理系统的不完善，医疗领域存在医疗体系效率较低、医疗服务质量欠佳、看病难且贵等问题，这些问题已经成为影响社会和谐发展的重要因素。这些问题主要是医疗信息不畅、医疗资源分布不均衡、医疗监督机制不全等导致的。为了解决这些问题，需要采用智慧医疗模式，建立一套智慧的医疗信息网络平台，使患者用较短的等疗时间和较少的医疗费用就可以享受安全、便利、优质的诊疗服务，从根本上解决"看病难、看病贵"等问题，真正做到"人人健康，健康人人"。

智慧医疗的发展离不开新技术的支持。我国鼓励利用区块链技术探索数字经济模式创新，探索"区块链+"在医疗健康领域的应用，为打造便捷高效、稳定透明的医疗服务提供动力，为加快医疗信息化建设、推动经济高质量发展提供支撑。2018

年 8 月，国家卫生健康委员会（后简称国家卫健委）发布《关于进一步推进以电子病历为核心的医疗机构信息化建设工作的通知》，要求发挥互联网、大数据、云存储、云计算、区块链、机器人等有关技术在医疗管理工作中的优势，逐步使患者在就诊过程中享受到更智能、更高效、更便捷、更安全、更富有人性化的个体化诊疗。2020 年 10 月，国家卫健委发布《关于加强全民健康信息标准化体系建设的意见》，指出要探索医疗健康区块链技术应用标准化建设，探索研究区块链在医疗健康领域应用场景，加快研究制订医疗健康领域区块链信息服务标准，加强规范引导区块链技术与医疗健康行业的融合应用。通过区块链技术对医疗健康数据进行改造后，将实现用户真正拥有自己的医疗健康数据的目标，诊疗数据可以在不同医院、药方之间流通。在国家政策的引导和区块链等技术的共同驱动下，基于全民健康信息化和健康医疗大数据的个人智慧医疗体系正在形成，跨空间、跨部门的医疗数据融合应用雏形逐步形成。

3.2 区块链赋能医疗数据的安全存储

3.2.1 行业现状

根据 2020 年的统计数据，中国大约有 408 万名医生，65 岁及以上人口达 1.91 亿，确诊为慢性病患者的人数超过 3 亿。因此，人们对于健康保健的需求日益加大，中国大健康产业进入“全民需求时代”。根据前瞻产业研究院预测，2023 年全国大健康产业规模将达到 14.09 万亿元。由此可见，医疗服务行业已经成为关系民生的一项重大产业。与此同时，医疗服务行业中的大量医疗活动使医疗数据呈爆炸式增长，“医疗大数据”开始走进大众视野，引起广泛关注。

健康医疗大数据是国家基础战略资源。国家卫健委将“医疗大数据”定义为：在人们疾病防治、健康管理等过程中产生的与健康医疗相关的数据。由于医疗行业的快速发展，医疗机构每天有大量检查数据、电子病历、医疗费用等数据产生、存储和流动，同时由于物联网的迅速发展以及智能监测和智能穿戴设备的普及，该领域的数据量越来越大，增速越来越快。

如图 3-1 所示，从不同的角度可以对医疗大数据进行分类。根据数据来源不同，可以将医疗大数据分为个人数据和物资数据；根据数据是否在医院内部采集和流转，可以将医疗大数据分为院内数据和院外数据。

医疗大数据有如下特点。

① 体量大：一张 CT 图像的数据量约为 100 MB，一个标准病理图接近 5 GB。

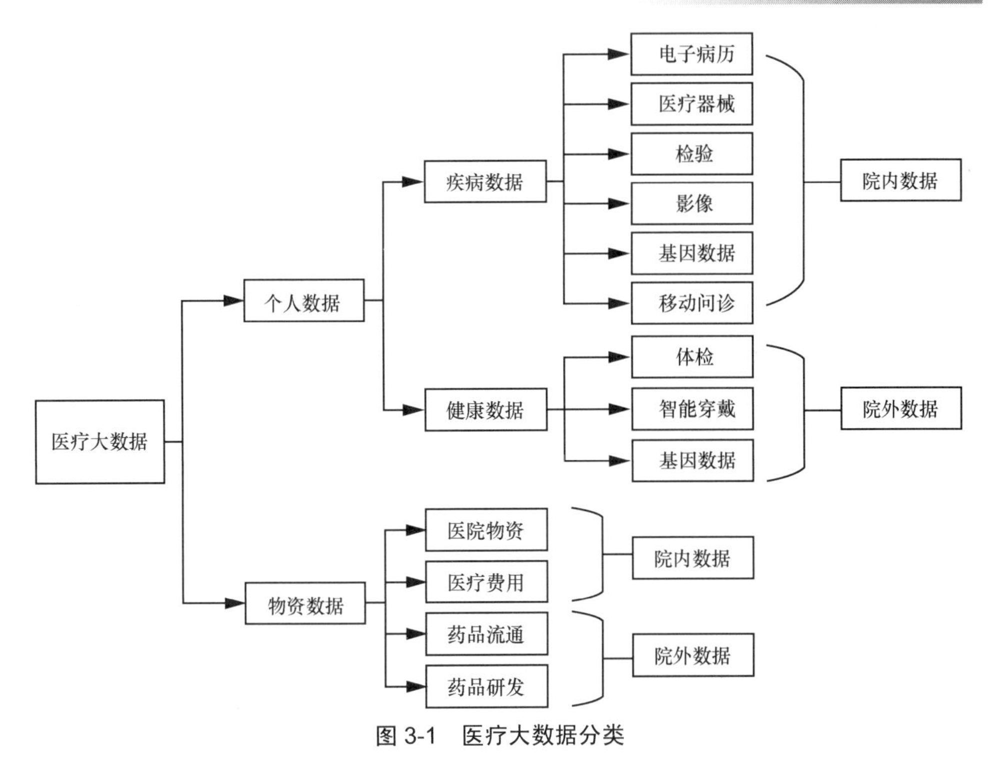

图 3-1　医疗大数据分类

② 多态性：数据来源多样，涵盖形式丰富，包括文本、医学影像等类型。

③ 不完整性：医疗数据的收集和处理过程经常相互脱节，数据记录存在偏差、残缺现象，许多数据的表达、记录具有不确定性。

④ 冗余性：每天都会大量产生医学数据，同一个人在不同医疗机构可能产生相同的数据，整个医疗数据库包含大量重复和无关紧要的数据。

⑤ 隐私性：数据隐私性是医疗大数据的一个重要特点，公民的患病情况、诊断结果、基因数据等医疗健康数据的泄露会对其产生负面影响，且涉及侵犯公民隐私权。

医疗健康领域正步入医疗健康大数据时代，数据是最重要的生产资料，通过对数据分析挖掘所获得的信息，在科技决策、优化资源配置、节省资本等方面具有无可比拟的价值和潜力。但医疗产业在不断发展的过程中同样面临着以下三个问题。

（1）信息化程度低，缺乏统一标准与全面收集

目前医疗信息化不断发展，一些三甲医院的信息化建设水平不断提高，但很多中等偏下医院的信息化程度较低。此外，在医疗信息化建设过程中，数据收集缺乏统一标准，且收集的大多是零散数据，异结构化、半结构化数据偏多，缺乏记录患者完整医疗信息的数据系统，这些都导致无法对医疗数据进行充分的采集与利用。

（2）传统手写病历或普通电子病历的弊端

如今是互联网高速发展的时代，仍然有很多医院还在使用手写病历。医生问诊

时间紧迫，手写出来的病历往往很难让人看懂，同时也有写错的可能，导致查阅病历或医嘱时效率低、风险高。此外，纸质病历不便携带，患者可能不慎遗失而不得不重新检查，这有可能错过最佳就诊时间。电子病历可以避免手写病历的很多弊端，其单方面保存在某个医院中，无法保障安全存储和不易篡改，这会影响电子病历在处理医疗事故纠纷等情况下的有效性。

（3）医疗数据安全难以保障

一份完整的电子病历包含各种信息，如患者基本信息、诊断信息、医嘱信息、检验检查信息、药品信息、收费信息、主治医生信息等，这些医疗数据的泄露会对个人隐私带来极大的危害。尤其是基因数据和虹膜数据等重要健康数据，一旦发生大规模泄露，将产生灾难性后果。目前的医疗数据是由其收集机构采用中心化方式进行集中存储的，内部失误、外部攻击、单点故障等问题都会影响医疗数据的安全性。

3.2.2 基本原理

医疗大数据发展迅速，随之而来的问题也在一定限度上阻碍了医疗行业的进一步发展。近年来，相关学者基于医疗数据的特点，将区块链应用于医疗领域，利用区块链的去中心化、不易篡改等特性为医疗大数据的安全存储赋能。

采用区块链技术去中心化记录的医疗数据可以有效保证其完整性[1]。加入同一个区块链网络的各个医疗机构通过共识机制相互协作，共同记录和维护一个医疗数据库，各个医疗机构都能平等地参与记录医疗数据，并在记录过程中相互验证，监督数据的真实性和合法性。每个医疗机构都有链上数据的完整备份，避免了因单个医疗机构受到攻击而导致的数据丢失问题。而且医疗数据一旦上链，就可在全球范围内进行访问，无须担心病历丢失或者携带不便等问题。

区块链技术的不易篡改性可以有效保证医疗数据的安全性。区块链技术采用非对称加密等密码学技术来传输医疗数据，通过“时间戳”和链式结构来存储医疗数据，每个医疗数据都有时间戳标记，不仅实现了信息可追溯，保证了医疗数据的严谨性，而且增强了数据的安全性，任何一个医疗机构都无法单方面对医疗数据进行篡改。

如图 3-2 所示，基于区块链的医疗数据存储系统一般包括数据采集、数据验证、数据存储三个环节。

（1）数据采集

医疗行业的数据采集主要分为医院采集和传感器采集。医院采集是指医院收集公民在就诊过程中产生的数据及电子病历等信息，并及时将收集到的数据广播给区块链中的节点。传感器采集是指由分布在人体身上的人体传感网络（Body

Sensor Network，BSN）和体外传感设备共同实时测量采集公民的身体健康数据。BSN 由部署在人体上或人体内不同部位的多个生物传感器节点组成。这些生物传感器节点主要用于测量和采集公民的各种生理信号，如血压、血氧水平等，并通过内置的无线网络模块将采集到的信息发送到网关设备[2]。网关设备负责汇聚人体的生理信号，并通过无线或有线数据传输协议（如 IEEE 802.15.6 近距离无线通信协议[3]）将汇总后的数据发送给区块链网络中的所有节点。医院采集的数据和传感器采集的数据共同构成了公民健康档案，全面反映了公民的健康状况。健康档案经过信息处理、数据融合等技术的处理，可以有效提高医疗领域的监护和治疗水平。

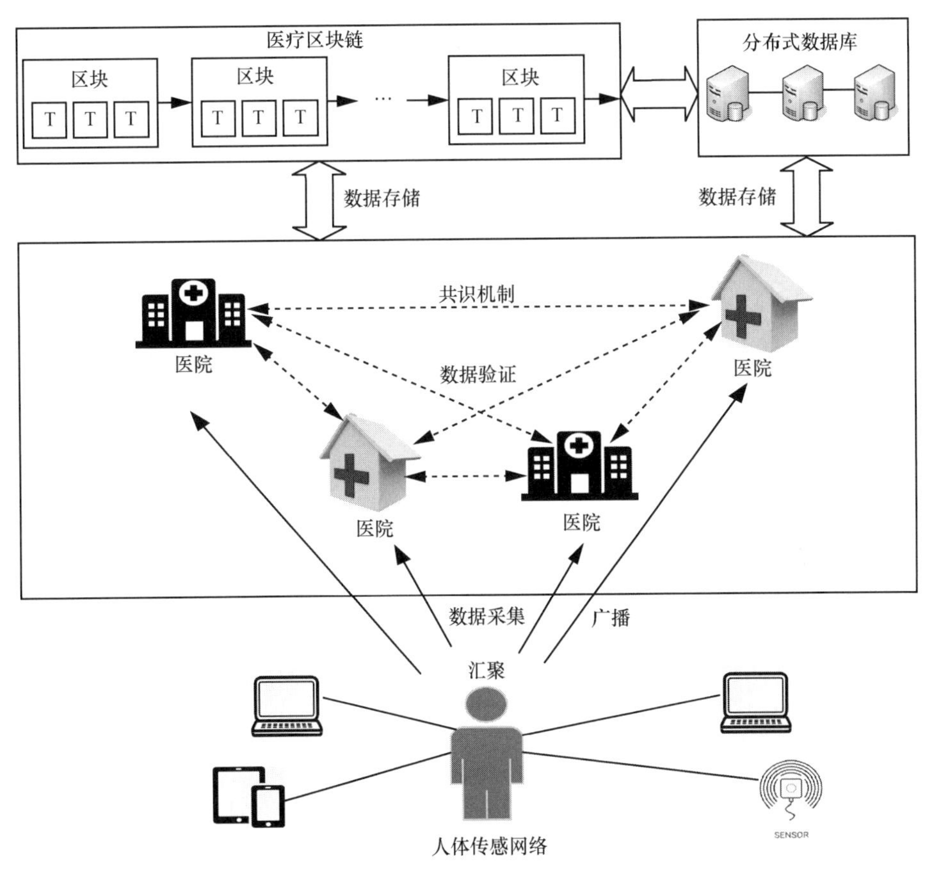

图 3-2　基于区块链的医疗数据存储系统

（2）数据验证

在医疗领域，可以由一些医疗机构组成一个医疗保健联盟，共同组成一个区块链网络，医疗保健联盟中的每个医疗机构都是区块链网络的一个节点。所有区块链节点利用共识机制、数字签名和区块–链式存储结构来维护一个存储公民健康档案的健康区块链[4]。当区块链节点接收到网关设备或者医院发送的公民医疗数据时，先验证其真实性和有效性，通过验证的数据才被添加到健康区块链中，无效或不真实的数据会被区块链节点丢弃。

（3）数据存储

医疗数据经过采集和验证后，就需要区块链节点进行存储。医疗数据具有体量大、多态性等特点，将其全部存储在区块链上是不现实的。因此，一般情况下，原始的医疗数据会被存储在链下的分布式数据库中，只将医疗数据的索引和摘要等少量信息存储在区块链上[5]。为了能够有效存储医疗数据，链下的分布式数据库不仅需要高度可扩展，而且需要能够存储各种不同类型的数据。同时，存储在其中的医疗数据需要被加密和数字签名，以保护公民的隐私并确保信息的真实性可以被随时验证。当医疗数据被存储到链下的分布式数据库中时，需要将用户的唯一标识符、数据类型、指向存储位置的指针、存储的时间戳等信息添加到区块链中。

3.2.3 应用案例

（1）“医联体+区块链”试点项目

2017 年 8 月 17 日，阿里健康宣布与常州市合作“医联体+区块链”试点项目。该项目将区块链技术应用于常州市医联体底层技术架构体系中，旨在实现当地医疗机构之间安全、可控的数据互联互通，用低成本、高安全的方式，解决长期困扰医疗机构的“信息孤岛”和数据安全问题。

如图 3-3 所示，“医联体+区块链”试点项目涉及社区医院、上级医院以及卫生健康委员会（卫健委）等政府管理部门。该项目通过以下措施来保证医疗数据的安全。首先，区块链内的数据存储、流转环节都是密文存储和密文传输的，即便被截取或者盗取也无法解密；其次，为常州医联体设计的数字资产协议和数据分级体系，通过协议和证书，约定上下级医院和政府管理部门的访问和操作权限；最后，审计单位利用区块链防篡改、可追溯的技术特性，定位医疗敏感数据的全程流转情况。

通过将社区医院体检筛查、高危人群向上转诊、康复期向下转诊等环节的数据存储在区块链中，可以实现业务数据互联互通，改善医生和患者的体验，同时保证了分级诊疗、双向转诊的落实。社区医院与上级医院之间通过区块链实现居民健康信息的流转和授权。医联体内各级医院的医生，在被授权的情况下可以了解病人的过往病史和体检信息，病人不需要做不必要的二次基础检查，减少了医疗花费。

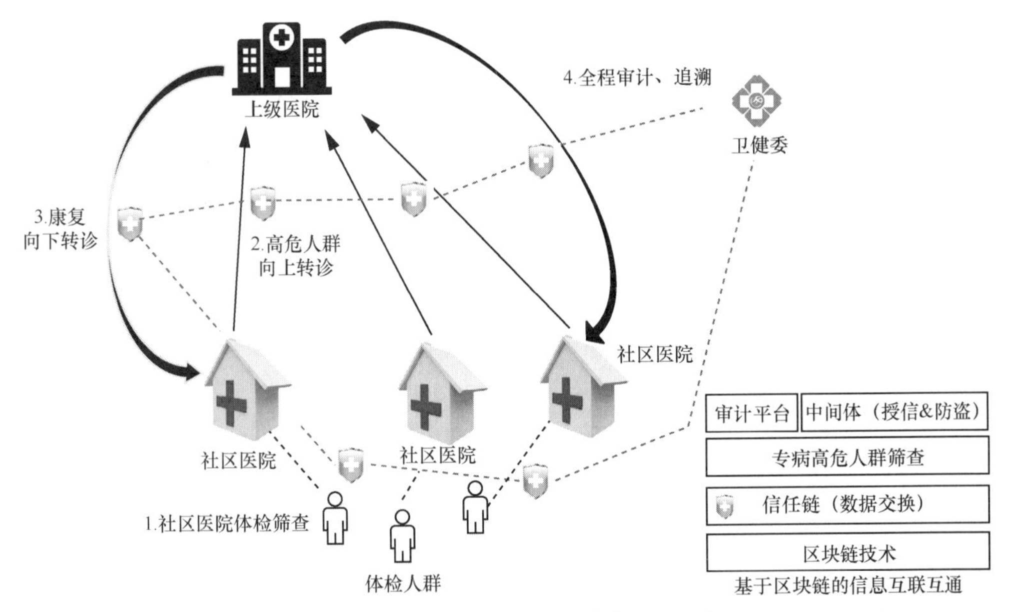

图 3-3　“医联体+区块链”试点项目示意

（2）“华医链”医疗健康服务平台

2019 年，智慧医疗全链条服务提供商华医康道与百度公司合作推出了区域医疗健康区块链服务平台“华医链”，运用区块链技术赋能智慧医疗场景，服务医疗产业全链条，保障医疗互联网服务的数据安全、诊疗安全和用药安全。“华医链”将每一条诊疗行为（包括患者信息、检验检查报告、诊断记录、电子处方等信息）完整记录并实时存储在区块链上，确保线上问诊安全可靠，并通过区块链电子处方审核功能，对电子处方流转的每一个节点实时监管，保障电子处方合法合规，有效保证患者的隐私性、数据的安全性、医疗账本的不易篡改性、医疗事务协同的一致性，也方便监管部门进行集约化管理。

借助于区块链技术，“华医链”集合了区域医院互联互通、电子处方审核、药品监管溯源等功能于一体，实现从诊疗、处方开具、审核处方、配送、患者用药的全流程处方监管与追踪，确保医疗机构处方信息、医保结算信息与药品零售消费信息的互联互通、实时共享，提升了医疗质量，保证了医疗安全。2019 年，“华医链”医疗健康服务平台已服务于北京医院、解放军总医院第六医学中心、解放军陆军特色医学中心（大坪医院）等，覆盖全国 26 个省市，它应用于电子处方审核流转、互联网医院全过程存证、药品追溯、医院到患者的端到端数据加密传输、智能穿戴设备数据采集与可信流转等场景。

（3）圣拉斐尔医院的医疗区块链项目

为了建立起最全面最真实的公民医疗档案，欧盟希望每个人从出生开始，其所有的医疗数据直接上云，意大利圣拉斐尔医院尝试通过区块链技术实现这一愿景。该医院利用区块链技术将所有的医疗数据上链，旨在让公民在任何时间去任何医院就医时，都可以直接调出自己的病历，方便医疗保险和就医过程。

3.3 区块链赋能医疗数据的多方共享

3.3.1 行业现状

在医疗领域，如果能完整记录一个人的历史医疗数据（如过敏史、用药史、家族病史和基因情况等），将极大简化诊治流程。医生在接诊病人时可以直观地了解病人服用过的药物、以前医生的医嘱、之前所患的病症和诊治方法，这些信息可以帮助其更精确、高效地进行诊断，误诊的风险也会下降，医疗水平和协调性也将得到进一步提高。但是，长期以来，医疗领域存在严重的信息孤岛问题。就目前的医疗系统而言，各个医疗机构的系统之间互不相通，病人信息无法共享，甚至同一个医院不同科室之间也互不相通。不同医疗机构分别掌握了不同患者或者同一患者在不同阶段的医疗数据，由此产生了重复检查、过度医疗，不仅耗时、耗力、耗钱，还降低了行业效率，阻碍行业快速发展[6]。

为了提高医疗行业效率，实现政府倡导的“让数据多走几步，人少走几步”的目标，我们需要不断提升医疗行业的信息化水平，平衡区域医疗资源，在可控范围内打破信息孤岛现象，形成基于互联网应用的医疗行业生态链。但要实现真正意义上的互联互通和数据共享目标，还有很长的路要走，至少需要解决以下两大问题。

（1）医疗数据存储缺乏标准体系

目前，公民的个人医疗数据是由不同的医院或企业等机构来进行管理的，多而复杂的医疗数据缺乏标准体系，各个医疗机构之间的存储方式有所不同，数据互操作性差，难以协调管理。即使实现了医疗数据的互通共享，也难以有效融合并有效利用。此外，各种医疗设备所收集的数据也多种多样，缺乏统一的标准格式，这不仅影响收集的医疗数据的有效性，而且给使用和分析数据造成了一定的困难。

（2）医疗数据所有权不清晰

公民的个人医疗数据是有价值的，本质上应该归公民所有，但目前这些医疗数据存储在不同的医疗机构系统中，公民无法掌控和管理自己的医疗数据，无法对自己的数据进行访问控制和权限设定，导致公民无法获得自己完整的历史诊疗记录和数据，这对公民就医造成了很大困扰，因为医生无法详尽了解到其病史记录。

由于现阶段公民无法有效管理自己的医疗数据，在做医学研究时，存在医疗机构在未得到所有者授权的情况下将公民的医疗数据共享给第三方使用的情况。但大多数公民不希望这种情况发生，根据美国盖普洛民意调查，66%的人反对将医疗数据开放给医疗数据挖掘商，其中最大的理由就是数据挖掘行为产生的个人隐私泄露问题。此外，医疗机构也可能因为敏感的医疗数据使用涉及的法律风险而尽量避免数据互通。因此个人医疗数据所有权不清晰导致的数据互通无法有效进行成为制约医学研究工作的重要因素[7]。

3.3.2 基本原理

目前医疗数据共享的问题来源于对公民敏感信息的隐私保护与安全共享之间的矛盾，导致缺少一个既保护隐私，又公开透明的医疗数据共享平台。如果能够在共享医疗数据的同时保护公民的隐私，那么医疗数据共享的问题将迎刃而解。

区块链作为一种多方维护、全量备份、信息安全的分布式账本技术，是解决医疗数据共享问题的一个很好的突破点。区块链的去中心化架构、分布式共识等特性推动了医疗数据在患者、医生、医学研究人员、第三方医疗机构等部门之间的可信共享。医疗数据的安全可信共享可以更好地助力智慧医疗的发展，实现多方共赢[8]。例如，门诊医生可以从共享的医疗数据中获取病人的历史诊疗数据，为其精准治疗提供依据；第三方医疗机构或医学研究人员可以通过患者医疗数据对特定类型的疾病进行建模分析，从而更好地达到辅助决策、治疗和健康咨询等目的；制药厂也可以利用大量的患者医疗数据来研制新药。

应用区块链技术，不仅可以实现医疗数据的可信共享，而且可以保护公民隐私。区块链通过数字签名、哈希算法等密码学技术对敏感医疗数据的共享和传输进行加密处理，提供隐私保护功能。患者在不同医疗机构之间的历史就医记录都可以上传到基于区块链的共享平台上，这些数据由患者自己管理，其他医疗机构想要访问这些数据时，需要获得患者本人的许可[9]。区块链上的智能合约可以用于实现访问控制机制。例如，通过智能合约技术可以为单个患者的医疗数据分配多个私钥，并且制定一定的规则来控制对数据的访问，只有获得授权的医生、护士等个人或机构才能访问该数据；区块链系统也可以和地理信息系统（Geographic Information System，GIS）数据结合使用，只有患者在某家医院就医时，该医院的医生才可以读取患者的历史病历；区块链系统也可以和时间信息结合使用，在某个治疗时间段内，相关医生和护士才能够读取患者的病历。

区块链有助于解决医疗领域的数据共享、隐私保护和访问控制等问题，基于此，业界提出了 MedRec 架构[10-11]。如图 3-4 所示，MedRec 主要涉及病人和医疗服务提供者两类实体，由三个智能合约组成，分别是注册合约（Register Contract，RC）、汇总合约（Summary Contract，SC）和病人–提供者关系合约（Patient-Provider

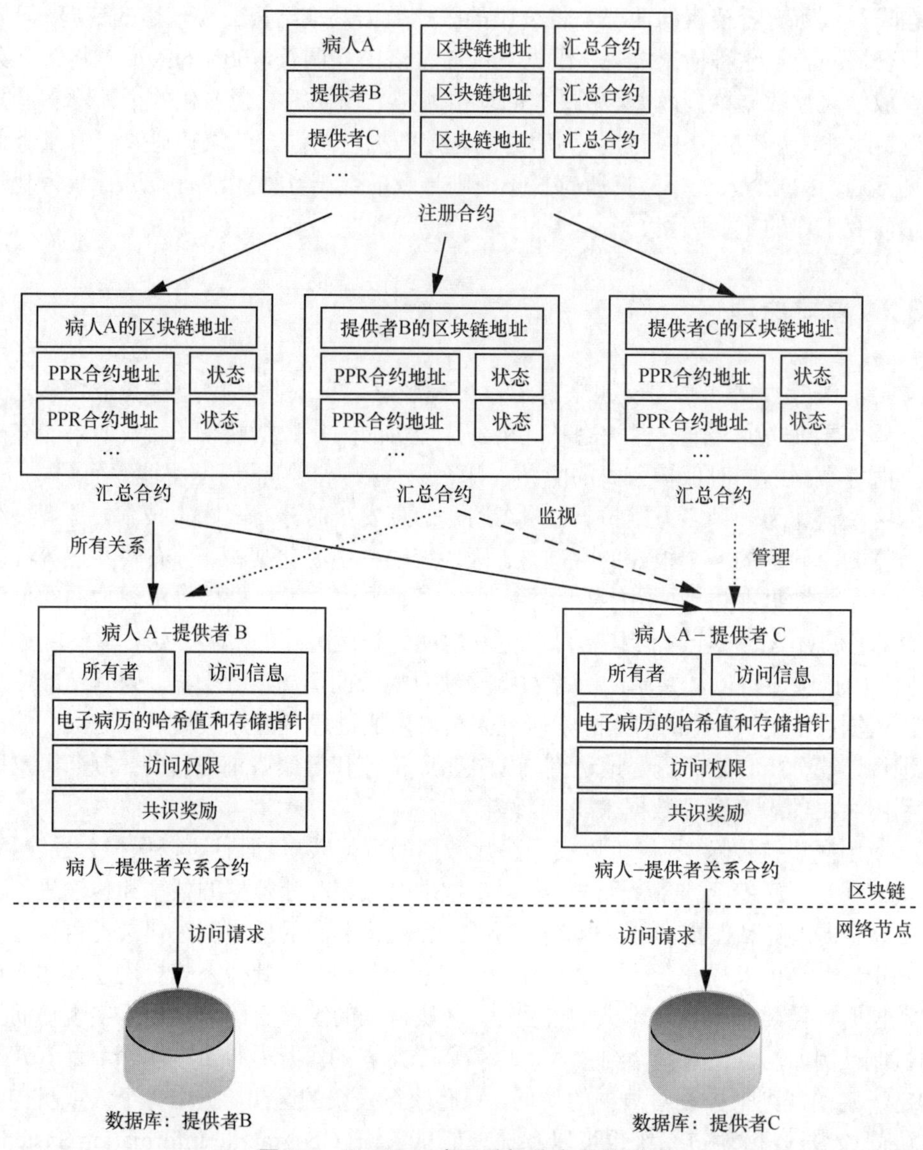

图 3-4　MedRec 中三种智能合约的关系

Relationship Contract，PPR)。注册合约中包括注册用户 ID、区块链地址和该用户对应的汇总合约地址。图 3-4 中的注册合约中列出了病人 A、提供者 B 和提供者 C 的信息。PPR 用于记录病人的一次就医数据。图 3-4 中，由于病人 A 分别在提供者 B 和提供者 C 有一次就医行为，因此有两个 PPR，关于病人 A 和提供者 B 有一个 PPR，关于病人 A 和提供者 C 也有一个 PPR。PPR 中记录了所有者（即病人)、访问信息、电子病历的哈希值和存储指针、访问权限、共识奖励等信息。其中，所有者是与该

PPR 相关的病人信息，这是因为在 MedRec 架构中电子病历等医疗数据的使用和访问由病人管理；访问信息记录了访问该电子病历的历史信息；电子病历的哈希值用于验证存储在数据库中的电子病历是否被篡改，存储指针指示了电子病历在数据库中的存储位置；访问权限指定了何人何时何地能够访问该电子病历；共识奖励用于记录对共识节点的奖励。MedRec 架构中的每个病人和医疗服务提供者都有一个汇总合约，用于记录所有与其相关的 PPR 和状态，因此汇总合约反映了病人的历史医疗过程。例如，图 3-4 中的两个 PPR 均包含在病人 A 的汇总合约中。

MedRec 架构的运行流程如图 3-5 所示。从图中可以看出，病人节点有两个基本组件，即医疗数据管理模块和 MedRec 服务模块，而医疗服务提供者节点有 4 个基本组件，包括医疗数据管理模块、MedRec 服务模块、本地数据库和本地数据库管理模块。医疗数据管理模块类似于用户接口，接收病人或医疗服务提供者的请求，并通过与其他模块的交互对请求做出响应；MedRec 服务模块负责与底层的区块链系统进行交互，并在本地保存一份经过验证的区块链数据副本；本地数据库存放医疗服务提供者生成的医疗数据；本地数据库管理模块连接本地数据库和其他模块，其他模块如果想要访问本地数据库，需要向本地数据库管理模块提出请求。

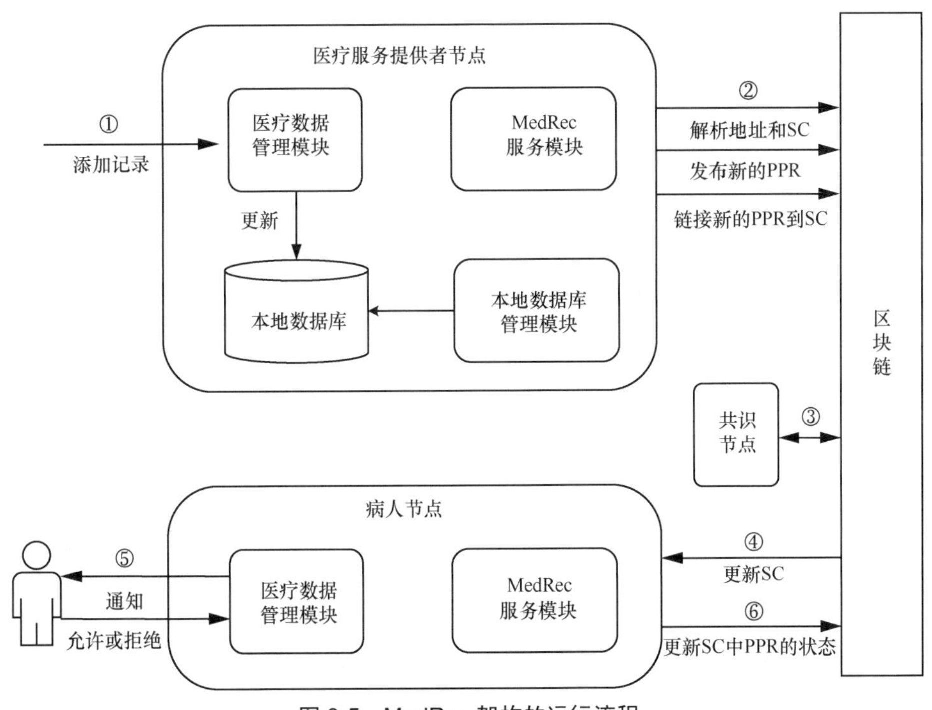

图 3-5　MedRec 架构的运行流程

当病人去某个医疗服务提供者就医，MedRec 架构的运行流程为：

① 医疗服务提供者节点的医疗数据管理模块在本地数据库中为病人添加医疗记录；

② MedRec 服务模块在区块链中发布一个新的 PPR 合约，通过病人的注册合约找到其对应的汇总合约地址，并将新的 PPR 合约添加到该病人的汇总合约中；

③ 区块链中的共识节点按照一定的共识算法验证并同步最新的 PPR 合约和汇总合约；

④ 病人节点的 MedRec 服务模块持续监控其相关的汇总合约，发现有一个新的 PPR 添加到该汇总合约中，则将该消息通知给病人；

⑤ 病人查看 PPR 合约中的访问权限等信息，决定是否接受该 PPR 合约；

⑥ 病人节点的 MedRec 服务模块根据病人的决策修改其汇总合约中该 PPR 的状态。

MedRec 是一个去中心化电子医疗数据管理架构，为病人提供了一份可信、全面、不易篡改的诊疗日志。通过智能合约对病人的医疗记录历史进行跟踪，并对其访问权限进行管理，病人可以更充分地了解到他们的诊疗历史及其相关数据的访问情况。同时，经过病人的授权许可，其医疗数据可以在不同的医疗机构之间进行共享，便于医生做出精准的治疗决策。

3.3.3 应用案例

（1）基于区块链的慢性病管理项目

贵阳朗玛信息技术股份有限公司将区块链技术应用于慢性病管理场景，通过共识算法和智能合约，监管机构、医疗机构、第三方服务提供企业及公民本人均可以在一个受保护的生态网络中进行敏感信息的共享和管理，实现一体化慢性病干预机制，确保疾病得到有效控制。

从公民角度，该项目根据公民的身份信息创建独有的数字身份及相应的公私密钥，便于公民对其个人数据授权进行管理。从医疗机构和第三方服务提供企业角度，不同机构所收集的公民数据打包加密存储到各自的节点中，而各节点采用的身份管理池机制将确保公民身份数据的合法写入、不同公民账号体系间的互联互通及数据关联建立。所有参与机构在调用非本机构产生的公民数据时，经相关公民授权许可之后，通过密钥比对可获取与公民相关的实时医疗健康数据，确保公民的隐私安全，避免传统医疗数据共享所带来的法律及伦理挑战。从监管机构角度，其无须再一一比对数据即可实时获取可信数据，掌握公民慢性病管理的整体状况，大大提升了监管效率。借助区块链技术，该项目在保证用户隐私的基础上，实现了慢性病管理的全程共享、全程协同、全程干预。

（2）元链

元链（Deep Health Chain，DHC）是一个基于区块链的医疗健康服务平台，打破了传统的中心服务模式，通过去中心化的服务模式让每个人都可以方便获取全球优质的医疗资源和服务。患者是 DHC 的重要参与者，可以将自己的医疗数据上传到 DHC 平台上，通过智能合约设置一定的权限，有效保障了患者的隐私和数据安全。

2018 年 1 月，DHC 平台上有 30 多家三甲医院和数百家医疗机构的医疗数据，有 3000 多名专业医生为患者提供服务，日诊断影像超过 10000 例/日，共计检查量超过 1000 万例。DHC 平台的客户数量超过 500 多家，覆盖移动影像、移动病历、远程会诊、医学影像培训等方面的客户，可以提供个人健康报告、完整的药品供应链、医药临床试验和人口健康研究等服务。

（3）医源坊

医源坊是一个旨在为健康医疗提供信息化服务的区块链项目，构建了一个大数据健康医疗服务平台。医源坊主要提供两种应用服务，一是去中心化的大健康医疗信息共享平台，二是基于区块链的医疗仪器、医疗药品、医疗服务、保健服务等交易平台。

首先，医源坊是一个大健康医疗信息共享平台。通过运用区块链技术，医源坊具有完备的数据保护功能，在保障用户数据安全性的同时具有完整性、保密性以及可用性，实现链上数据防篡改、流通全流程可追溯，以及用户的隐私保护。其次，医源坊是一个医疗产品和服务交易平台。医源坊对医疗产品和服务制定了统一的规范和标准，为监管方、医院、流通药企等企业和机构搭建了一条联盟链，保障了医疗产品和服务的真实性，拒绝虚假服务和假冒伪劣产品的流通。

3.4　区块链赋能医疗保险的效率提升

3.4.1　行业现状

医疗保险（简称医保）一般指基本医疗保险，是为了补偿劳动者因疾病风险造成的经济损失而建立的一项社会保险制度。通过用人单位与个人缴费，建立医疗保险基金，参保人员患病就诊发生医疗费用后，由医疗保险机构对其给予一定的经济补偿。

随着居民健康意识和可支配收入的不断提高，人们购买居民医疗保险以降低医疗费用负担的意愿不断增强。如图 3-6 所示，近年来我国城镇医疗保险的参保人数一直在不断增长，截至 2020 年年末，我国已有 13.61 亿人参与城镇基本医疗保险，参保覆盖率超过 96%。

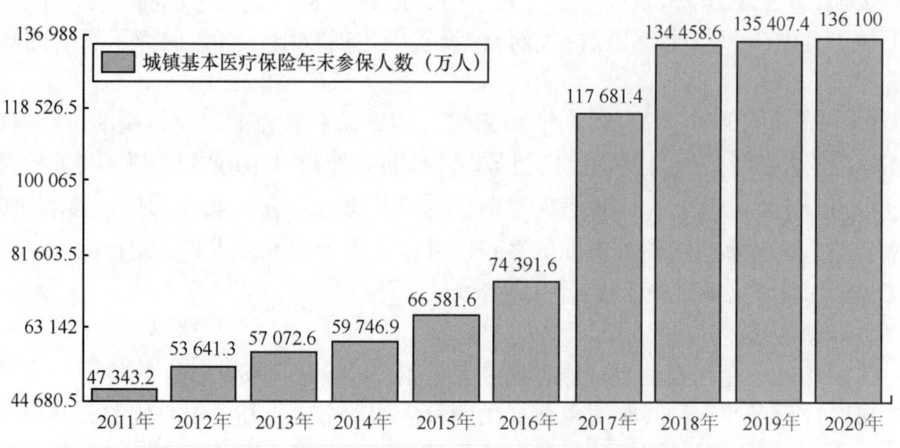

图 3-6　从 2011 年到 2020 年城镇基本医疗保险参保人数柱状图

随着参保人数的不断增长，医疗保险基金的规模也逐年增大，各级医保基金统筹单位已经建立较为系统的基金管理和基金使用制度，并很好地服务于全国人民，为人民群众解决了大部分的医疗费用。如图 3-7 所示，我国基本医疗保险基金支出和收入逐年增加，每年的收入略大于支出，这主要是因为我国遵循“以收定支、收支平衡、略有节余”的原则，以实现医疗保险的可持续发展。

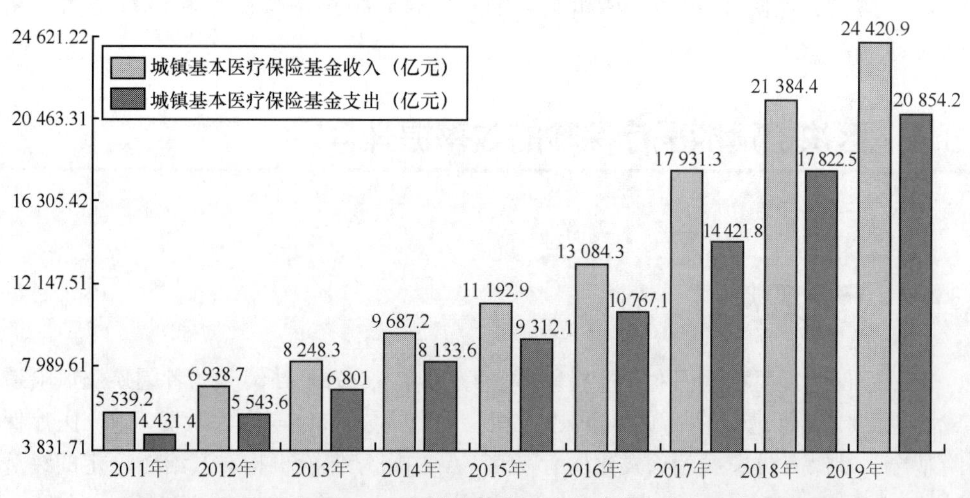

图 3-7　从 2011 年到 2019 年城镇基本医疗保险基金收入和支出柱状图

医疗保险关乎人民的健康福祉，因此医疗保险基金的监管就显得尤为重要。虽然我国当前医疗保险体系已基本建成，但仍存在保险理赔流程冗长和保险欺诈等问题。

（1）保险理赔流程冗长，效率低

患者的健康状况、就医数据、疾病历史等分散在各个医疗机构，医疗保险公司与医疗机构之间存在信息不对称问题，患者、保险公司与医疗机构相互独立，大量关键信息无法实现共享，导致保险理赔效率低。从患者角度，在投保、索赔和报销等流程环节需要提供诸多证明材料，整个流程麻烦、耗时，要先向医院支付治疗费用，把相关费用文件保留好，再找保险公司报销，即便患者通过电子钱包完成支付，也仍然需要提交许多纸质理赔材料，与理赔专员见面，或前往保险公司在当地的线下门店，并至少等待多个工作日才能获得赔款；从医院角度，要花巨大的成本整理资料、收集信息；从保险公司角度，也要花费大量时间、金钱、人力、物力，对上交的证明材料做人工核对及验证，确保数据无误。保险理赔流程冗长，效率低，不仅增加了保险公司和医院的人力、物力成本，而且给投保人造成了较差体验。

（2）保险欺诈

在医疗行业，公民的数据分散在不同的医疗机构，难以有效溯源，对数据的真实性和全面性造成影响。医疗数据不真实导致的保险欺诈案件时有发生，损害了保险公司的利益。另外，医疗数据的不全面使保险公司无法多维度、细粒度地定制化保单，一定程度上造成了投保人保费不公平的现象，损害了投保人的利益。

3.4.2　基本原理

患者、保险公司与医疗机构之间的数据没有进行有效共享是造成医保问题的根本原因，每次在患者、保险公司与医疗机构之间交互信息时，都需要重新证明自己收到的信息可信、正确，极大地降低了医保业务的效率。区块链技术的去中心化、信息共享、不易篡改，以及智能合约的可编程性和自动执行等特性，成为解决医保问题、提升医保效率的重要手段。

区块链技术可以用来简化赔付过程，提高理赔效率。当患者的医疗记录（包括病历、处方、诊疗账单等）上链后，可以保证信息的完整性和真实性，患者、保险公司与医疗机构之间无须再通过繁杂的申请、核验过程来完成医疗保险的赔付，大大简化了赔付流程，提升了透明度。此外，区块链上的智能合约可以代替人工完成繁重的医保审核工作，有效降低人工成本和出错概率，并且通过监控发生在就医过程中的任何环节，智能合约可以在“条件符合即可触发”的模式下，根据预先设定的检查规则自动检查医生和患者的每一个行为，并对异常行为发出提醒。

区块链技术可以用来共享医保信息，保障业务安全。目前医保行业的重要数据都是采用集中式的方式进行存储的，即使采用数据热备份技术，也时常因为系统遭受外部攻击而导致数据丢失或被篡改。区块链是一种去中心化、分布式的存储系统，重要数据存储在系统中的每个节点，个别节点出现故障时不会影响整个系统的运行，为医保信息的共享提供了一个安全、可信的环境。此外，通过将医保理赔记录存储在区块链中，可以有效防止重复理赔、保险欺诈等行为的发生，使医保理赔更加透明。

如图 3-8 所示，基于区块链的医疗保险系统一般包括用户层、功能层和基础设施层。用户层主要描述线下用户行为以及医保应用内的资金流和理赔流。患者前往医院就医时，只需携带已安装医保应用的智能手机。患者完成治疗并付款后，医疗机构将医疗记录和电子账单等数据通过功能层的区块链网络进行存储和验证。验证通过后，理赔流程自动启动，保险公司按照保险合同对患者进行理赔，理赔款项直接转账至患者账户，患者可以通过医保应用来查看医保报销款项。

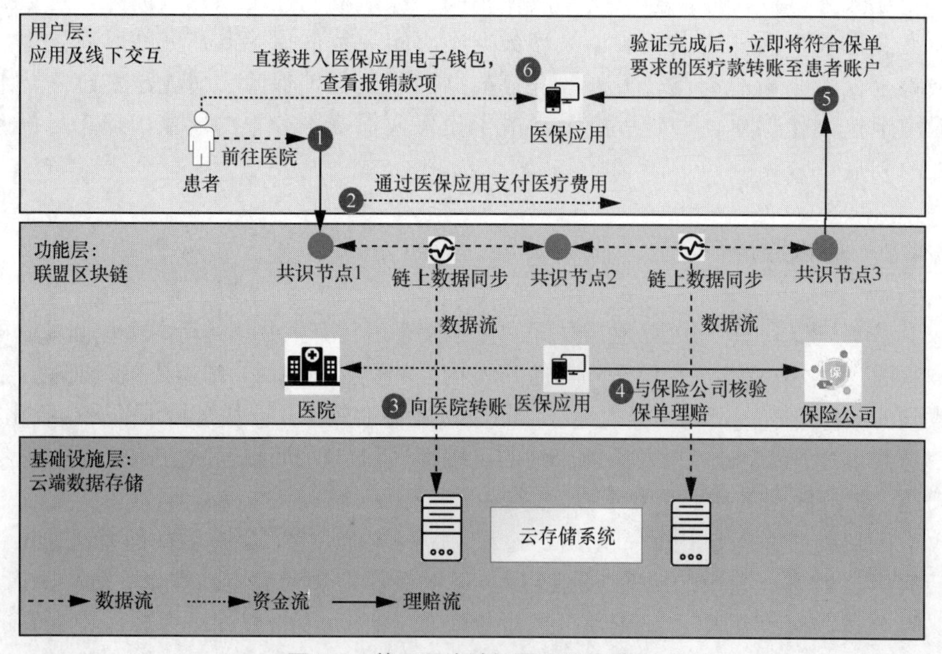

图 3-8　基于区块链的医疗保险系统

在功能层，医疗机构、保险公司等利益相关方都以“共识节点”的形式接入区块链网络中，负责验证及同步必要的医疗数据信息，并遵照特定的协议或算法达成一致共识。依赖于区块链本身的数据不易篡改和可信共享等机制，功能层相当于一个客观中立的第三方，消除了利益相关方之间的信任顾虑，大大降低了医保业务中由于不信任而产生的交易摩擦、时间和人力成本。借助智能合约技术，可以简化医保数据的核验工作，并在此基础上自动化理赔流程，从源头杜绝超标理赔、虚假理赔、发票欺诈等行为，使理赔过程变得更加高效可靠。

功能层作为中间层，一方面为上层的用户层提供数据验证服务，其验证结果可以直接被用户层用来进行资金流和理赔流的处理；另一方面，功能层的正常运行也需要下层基础设施层提供支撑。基础设施层主要提供云数据存储服务，用于存储各种类型的医疗数据和医保数据，并确保功能层中区块链系统的安全运行。只有基础设施层足够稳固可靠，才能更好地确保上层业务和功能的正常运行。

3.4.3 应用案例

（1）鸿福e生尊享版百万医疗保险产品

2018年10月，轻松筹与中再产险、华泰保险共同合作发布了一款全产业链区块链保险产品，即鸿福e生尊享版百万医疗保险。该款保险产品利用区块链技术的信任属性以及不易篡改的特性，通过区块链实时打通了前端渠道、中端承保和理赔，以及后端再保等环节，保证了数据在各个环节之间的顺利流通，提升了互联网保险的透明度与效率。同时，该产品以用户为中心，通过掌握的用户数据形成清晰的用户画像，基于用户属性和产品诉求为不同用户制定专属、精准的健康保障险。鸿福e生尊享版百万医疗保险产品期望通过区块链等科技创新技术提供智能化、透明化且安全的健康保障体系。

（2）区块链保险联盟

腾讯云与爱心人寿共同为医疗机构、保险公司、卫生信息平台等机构和组织构建了一个区块链保险联盟，用区块链驱动“智能+保险”场景落地，实现自动核保、快速理赔的一站式服务。

一方面，该区块链保险联盟打通了医疗、保险和监管等相关环节，实现信息的安全共享和互联互通，帮助保险公司利用共享的信息更好地完成保险业务，降低风险和成本，更好地开展新业务，使客户获得更满意的保险服务。另一方面，该区块链保险联盟通过智能合约来实现保险业务智能化管理，降低管理成本，实现自动核保、快速理赔的目标，为智能理赔奠定了基础。通过区块链和智能合约技术，该区块链保险联盟为用户提供高效、直通、安全、优价的健康医疗和保险保障服务。

3.5 区块链在医疗领域的其他应用案例

（1）基于区块链技术的医药溯源项目

上海三链信息科技有限公司开发了基于区块链技术的医药溯源应用，主要解决了在医药溯源、追溯查询和医药溯源数据交易等方面存在的供应链上下游之间的信息不透明和企业间的信息共享问题。

在该医药溯源应用中，各医疗机构组成医药联盟链，链上存储的数据在获得各节点授权后，可以对药品来源去向和各个生产厂家进行追溯、查询，还可以对医药供应链全链条数据进行统计分析，简化采购流程，优化物流运输规划，提供商品销售预测等功能。另外，该医药溯源应用构建了医药溯源大数据交易平台，提供溯源数据交易流程和定价策略，促进各企业主体依据自己的需求对联盟链上的数据进行响应并完成交易。

（2）基于区块链的药品供应链

MediLedger 利用区块链技术开发了全程可追溯的药品供应链。该药品供应链在包装上添加二维码和美国国家药品编码（National Drug Code，NDC），用户通过 NDC 可以查看药品名称、活性成分、剂量、规格、用药方式、上市日期、生产厂家以及药品说明书等信息。在药品追踪、溯源和防伪的时候，依靠二维码和 NDC 可以了解药品从生产到运输的全过程，便于对出问题的环节进行快速定位。

（3）“区块链+健康证”项目

湖南天河国云科技有限公司在医疗领域尝试了“区块链+健康证”项目，该项目主要面向医院、体检机构、相关监管部门、企业和商户等，为其提供系统的健康证一体化流程解决方案。

目前健康证的发证者是体检机构，而使用健康证进行工商登记注册的是工商管理部门，平时负责核查健康证是否合法有效的是食品药品监督管理部门，负责员工证件管理的是食品卫生生产、流通和经营相关的企业。通过区块链技术打破这些机构和企业之间的信息壁垒，增强互信互通，可以简化健康证办理和使用程序，实现“只让群众跑一次”的政策目标；可以简化医院领证环节，节约人力成本，提高运营效率；可以帮助企业或商户实现对员工健康证的集中化管理；通过线上确权，有利于监管部门随时核查检验健康证。

3.6 本章小结

医疗行业关乎生命安全，不断推进智慧医疗的发展将对改善民生、促进社会和谐发挥重要作用。智慧医疗在数据存储和共享、隐私保护、访问控制、医保理赔等方面存在问题和挑战。区块链凭借其去中心化、分布式共识、数据不易篡改、可追溯等特点，可以很好地赋能智慧医疗的发展。本章首先对智慧医疗进行了概述，然后从医疗数据的安全存储、多方共享、医疗保险三方面，详细阐述了医疗领域存在的问题，并对基于区块链的解决方案的基本原理和应用案例进行了梳理总结。总的来说，通过使用区块链技术，重要的医疗数据可以进行安全存储，并在保障患者隐私的前提下，改变信息孤岛的现状，提供医疗数据在多个机构之间的可信共享，提高行业效率。同时，通过在区块链上编写智能合约，不仅可以对患者的医疗数据进行访问控制，保证患者对自己医疗数据的所有权，而且可以提高医疗保险理赔业务的安全性和效率。

目前不少全球互联网企业积极推进区块链在医疗领域的应用，相信在不久的将来，区块链在医疗方面的应用会更加广泛。同时，区块链将促进医疗服务向以患者为中心的医疗模式转变，在人工智能、大数据分析、物联网等技术的协同下，全新的远程医疗护理、疾病预测、按需服务、精准医疗将成为可能。

参考文献

[1] SIMIC M, SLADI'C G, MILOSAVLJEVI'C B. A case study IoT and blockchain powered healthcare[C]//Proc ICET. 2017.

[2] ZHAO H, ZHANG Y, PENG Y, et al. Lightweight backup and efficient recovery scheme for health blockchain keys[C]//Proc IEEE ISADS. 2017: 229-234.

[3] ZHANG J, XUE N, HUANG X. A secure system for pervasive social network based healthcare[J]. IEEE Access, 2016, 4: 9239-9250.

[4] PETERSON K, DEEDUVANU R, KANJAMALA P, et al. A blockchain based approach to health information exchange networks[EB].

[5] LINN L, KOO M. Blockchain for health data and its potential use in health IT and health care related research[C]//Proc ONC/NIST. 2016: 1-10.

[6] XIA Q, SIFAH E B, ASAMOAH K O, et al. MeDShare: trust-less medical data sharing among cloud service providers via blockchain[J]. IEEE Access, 2017, 5: 14757-14767.

[7] YUE X, WANG H, JIN D, et al. Healthcare data gateways: found healthcare intelligence on blockchain with novel privacy risk control[J]. Journal of Medical Systems, 2016, 40(10): 218.

[8] GENESTIER P, ZOUARHI S, LIMEUX P, et al. Blockchain for consent management in the ehealth environment: a nugget for privacy and security challenges[J]. Journal of International Society for Telemedicine and Ehealth, 2017, 5:1-4.

[9] DUBOVITSKAYA A, XU Z, RYU S, et al. Secure and trustable electronic medical records sharing using blockchain[J]. arXiv preprint arXiv:1709.06528, 2017.

[10] AZARIA A, EKBLAW A, VIEIRA T, et al. MedRec: using blockchain for medical data access and permission management[C]//Proc IEEE OBD. 2016: 25-30.
[11] EKBLAW A, AZARIA A, HALAMKA J D, et al. A case study for blockchain in healthcare: 'MedRec' prototype for electronic health records and medical research data[C]//Proc IEEE Open Big Data Conf. 2016: 1-13.

第 4 章 区块链在智慧能源中的应用

4.1 智慧能源概述

智慧能源是指在能源领域不断进行技术创新和制度变革，基于大数据、互联网、云计算和区块链等新兴技术，在能源开发利用和生产消费的全过程建立完善的符合生态文明和可持续发展要求的能源生产和消费制度体系，实现能源生产应用全过程的智能化和信息化[1]。

由于能源管理系统的不完善，能源领域存在着不完善的交易体系、效率较低的管理体制、数据安全风险等问题，能源信息壁垒、传统和非传统能源两极化、市场监管机制不健全等是发生这些问题的主要原因。为了解决这些问题，需要采用智慧能源模式，建立一套智慧能源信息网络平台体系，使能源产业从业者享受到安全、便利、省时、高效的能源交易模式，推动能源结构调整和布局优化，提高能源综合利用水平，实现能源行业的可持续发展[2]。

我国政府非常重视智慧能源的发展。2016 年，国家发展改革委、国家能源局、工信部联合发布《关于推进“互联网+”智慧能源发展的指导意见》，分两个阶段促进智慧能源健康有序发展：2016—2018 年为第一阶段，开展试点示范，着力推进能源互联网试点示范工作；2019—2025 年为第二阶段，进行应用推广，着力推进能源互联网多元化、规模化发展，确保取得实效。

在政府的推动下，我国智慧能源取得了很大的发展。中研普华集团 2019 年 11 月发布的《2020—2025 年中国互联网+智慧能源行业全景调研与发展战略研究咨询报告》指出，截至2019年，全国共有智慧能源企业13 500余家，包括国家电网、中石油、中石化、中海油等央企以及天合光能、新奥、远景、协鑫等民营企业，已启动国家智慧能源示范项目55个。智慧能源关键技术成为行业研究热点，多所知名高校已成立智慧能源研究院或研究中心。2017年11月，国网浙江省电力有限公司正式启用“互联网+智慧能源”双创示范基地，该基地致力于充分发挥创新创意在能源转型和优化配置中的关键作用，打造“互联网+智慧能源”新服务体系，构建共商、共享、共赢的智慧能源服务生态圈。

区块链作为一种新兴技术，得到了我国的高度重视与肯定，政府大力支持社会各界推进区块链的自主创新工作，以期在智慧能源的发展中发挥重要作用。我国各地方政府积极推出区块链产业扶持政策，助力区块链在能源领域的应用落地。2019年，江苏省出台了《关于积极推进分布式发电市场化交易试点有关工作的通知》，为区块链的应用提供了依据；2019年3月，工信部区块链重点实验室电力应用实验基地揭牌成立；同年4月，面向电力“互联网+”业务的可信区块链公共服务平台入选工信部网络安全技术应用试点；2020年8月，国网宁夏电力有限公司研发的国内首台融合区块链与边缘计算为一体的设备成功接入“国网链”并上线试运行。在国家政策和区块链等技术的共同驱动下，基于能源信息化和安全稳定的能源大数据管理的智慧能源体系正在形成。

4.2 区块链赋能分布式能源交易

4.2.1 行业现状

随着我国经济的快速发展，工业和居民的用电需求高速增长。为了在经济发展的同时保护自然环境，我国对以火力发电为主的电力结构进行了改革，以太阳能、风能为代表的可再生能源在电力结构中所占比例逐步提升。“十三五”期间，我国持续推进能源供给侧结构性改革，推动能源发展方式由粗放式向提质增效转变，近年来，在国家政策引导和资本市场的推动下，分布式发电已经有了一定的发展。2017年国家发展改革委、国家能源局印发《关于开展分布式发电市场化交易试点的通知》，对分布式能源交易提供指导。江苏、广东等省份纷纷响应该通知的要求，出台相应的省内分布式能源市场化交易的政策文件，以求尽快落地试点，这些政策促进了分布式能源交易领域的蓬勃发展。

分布式能源交易以新能源为主体，是促进新能源发展、降低碳排放的重要途径[3]。随着我国能源市场的深化改革，传统的能源消费者不但可以消费能源，而且可以成为能源生产者，生产者和消费者不再是绝对的，用户将更多地以产消者的身份参与分布式能源市场交易，增加市场多样性和竞争性。

传统的能源交易方式通常由能源交易中心收集市场各主体的能源供给量、能源需求量、报价等数据，集中撮合或优化确定能源交易方案。随着作为分布式能源交易主体的产消者的急剧增长，分布式能源交易具有参与者海量、高频、单笔小额、位置分散等特点，这将大大增加能源交易中心的处理难度，提高能源交易中心的运行成本[4]。以运行效率（交易审批速度）为例，2019 年，安徽省电力交易中心累计服务审批超过 22 520 人次，每天要处理超过 100 人次的行政审批，出具近 20 份结算单。交易主体和交易量的增加给集中化的交易方式、结算模式、存储机制、运行速度以及安全性提出了极大的挑战，集中化交易处理方式将严重制约能源交易中心的运行效率。能源交易中心大多采用集中式数据存储方式，集中存储所有交易数据，一旦发生单点故障，会存在重要数据被篡改和泄露的风险，难以对用户隐私和数据安全进行有效保护[5]。

分布式能源交易市场的准入门槛较低，参与主体的情况参差不齐，各主体间难以建立可靠的相互信任关系[6]。违约行为会破坏分布式能源交易主体间的信任，严重影响分布式能源交易的积极性，同时能源作为一种关乎国计民生的重要战略物资，其安全性、可靠性一直是人们关注的重点，因此如何建立一种可信的交易机制，评估分布式能源交易主体信用，规避交易主体违约风险，保证能源交易的安全性和高效性是分布式能源交易必须解决的问题[7]。

4.2.2　基本原理

分布式能源交易存在能源交易中心运行效率低、用户隐私和数据安全难以有效保护、交易主体之间缺乏相互信任等问题，应用区块链技术可以助力解决这些问题[8]。首先，利用智能合约的自动执行特点，可以实现能源交易的自主管理，以一种公开透明、去中心化的方式对能源交易进行管理，降低交易成本，提高交易效率；其次，通过将交易数据以加密形式存储到区块链上，可以保障数据的安全性和用户的隐私性；此外，在区块链网络中，所有交易数据由网络的全部节点通过共识机制进行确认和维护，保证交易的真实有效，增进交易主体之间的相互信任[9]。

为了建立开放、透明、对等的能源交易市场环境，业界提出了一种基于区块链的分布式能源交易系统，该系统利用智能合约来辅助完成能源交易过程，交易数据存储在区块链上[9]。如图 4-1 所示，基于区块链的分布式能源交易系统主要由区块链层、智能合约层、前端交互层、数据库层构成。

区块链层负责存储能源交易数据，保证数据的不易篡改性；前端交互层通过与区块链层的交互，可以获取能源交易区块链上的数据；智能合约层生成的智能合约也会部署在能源交易区块链上。

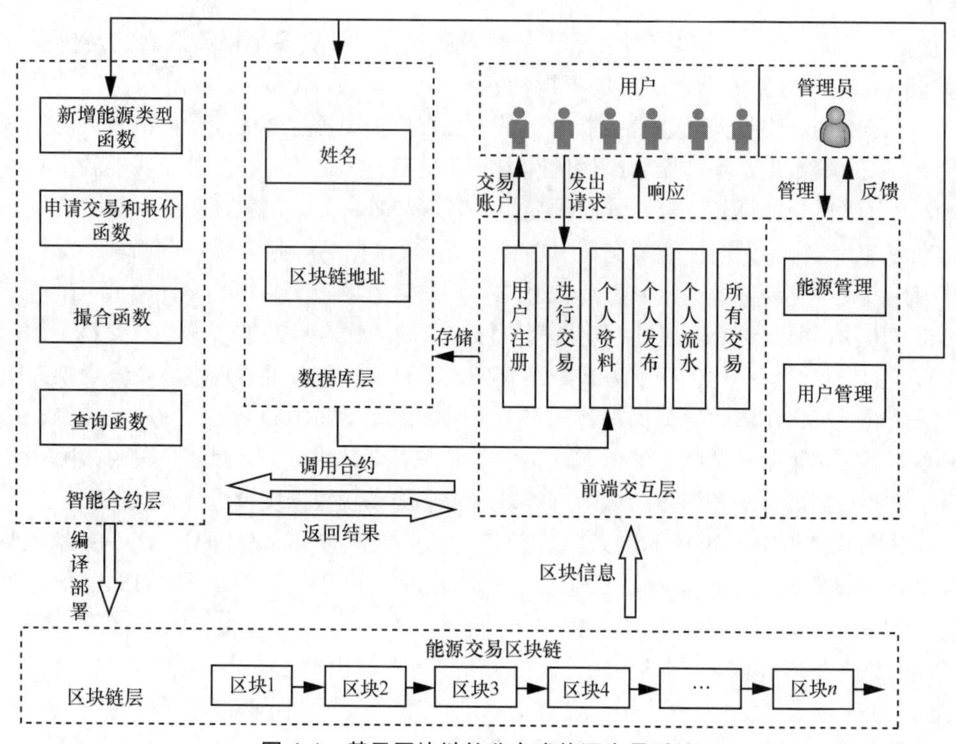

图 4-1　基于区块链的分布式能源交易系统

智能合约层主要用来实现能源交易过程中的用户自愿发布及参与交易、交易结果自动结算等功能，主要包括新增能源类型函数、申请交易和报价函数、撮合函数、查询函数。管理员调用新增能源类型函数可以进行能源创建，需要在创建的能源结构体中添加能源名称、能源标识符、发布者等信息，创建成功后，用户便可以进行相关能源的交易。申请交易和报价函数使用户可以选择所要交易的能源类型、选择买方或者卖方身份、确定交易的数量和期望的交易价格，这些信息确认后被保存在智能合约的出售或求购结构体中，此时用户只需等待系统撮合即可。撮合函数根据用户发布的申请交易信息进行排序，综合考虑买卖双方的能源类型、报价、交易量等因素，满足双方交易需求，完成撮合匹配，撮合成功的交易存储在交易信息结构体中，以便用户调用查看。查询函数在交易信息结构体的基础上提供客观透明的查询服务，用户可以通过自己的区块链地址，向智能合约发送申请，查询函数不仅可以查询个人的交易流水（包括已完成和未完成的交易），而且可以查询区块链上的全部交易信息（包括交易时间、交易能源，交易双方、交易量和成交价等）。

前端交互层为用户和管理员服务，是用户进行能源交易的直接载体，用户不仅可以通过前端交互层进行账户注册和发布欲买入或卖出的能源交易信息，而且可以查看个人资料、个人发布的交易、个人成功被撮合的交易以及所有成功交易的信息等；管理员通过前端交互层实现对能源和用户的管理功能。

数据库层的主要功能是存储用户的基本信息，包括姓名和区块链地址等。一方面，便于管理员对用户的基本信息进行管理，起到对市场交易秩序的基本维护功能；另一方面，根据用户的区块链地址和其真实姓名之间的一一映射关系，在客户端展示交易信息时，交易双方以真实姓名显示，保障了能源交易系统的公开透明原则。

以电能交易为例，基于区块链的分布式能源交易流程如图 4-2 所示。产消者、居民用户、工业用户以及各种各样的分布式能源生产者均属于分布式能源交易系统的用户。用户在进行能源交易之前，首先通过前端交互层进行注册，管理员根据能源交易市场准入原则对用户的个人基本信息进行审核，审核通过后用户才能注册成功；用户注册成功后获得个人的区块链地址和私钥，同时其个人基本信息被保存在数据库层。用户在进行能源交易时，可以通过前端交互层发布交易信息，交易信息包括能源类型、买卖身份、交易数量和期望价格。分布式能源交易系统收到用户的能源交易信息后，向配电网发送交易申请。配电网核验交易的安全条件是否满足，若不满足条件，则配电网将修正值返回给分布式能源交易系统，智能合约层的撮合函数按照修正值对交易双方进行撮合，撮合成功的交易信息被存储在能源交易区块链上。用户可以通过自己的区块链地址，查询能源交易区块链上的全部交易信息。

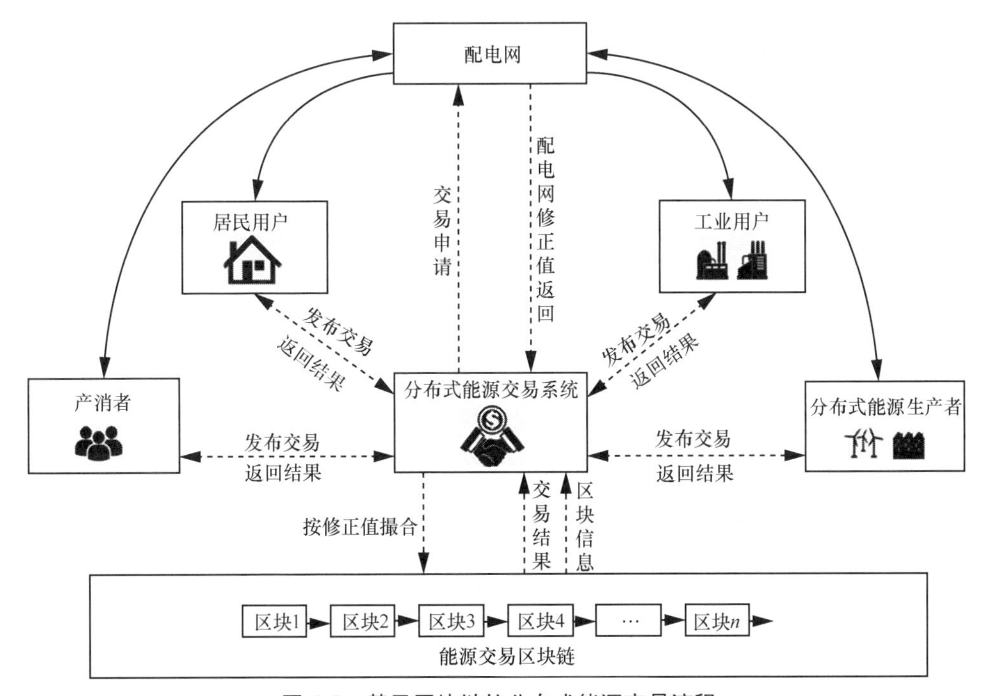

图 4-2　基于区块链的分布式能源交易流程

4.2.3 应用案例

（1）能源大宗商品交易平台 VAKT

2017 年，英国石油（BP）、壳牌（Shell）和 Equinox 等大型石油公司联合推出了一个基于区块链的能源大宗商品交易平台 VAKT。VAKT 利用区块链技术，消除了基于纸张的流程和人工会计操作，将能源大宗商品交易从纸质记录变为基于智能合约的数字化记录，提供了一个从贸易录入到结算的数字化流程，使主要行业参与者从烦琐的文书工作中解脱出来，从而有助于减少运营时间，提高交易效率。据英国路透社 2020 年 1 月 28 日报道，VAKT 交易平台已被沙特阿拉伯的国有石油巨头沙特阿美买入，未来该平台的重点是扩展到亚洲市场。

（2）大宗商品融资平台 Komgo

大宗商品融资是指对储备、存货或在交易所交易应收的商品（如原油、金属或谷物）进行的结构性短期贷款，大宗商品融资中用商品销售的收益偿还银行贷款。瑞士的一些主要银行、贸易公司和能源公司成立了一家名为 komgo SA 的合资企业，2018 年推出了基于以太坊的开放平台 Komgo，以实现贸易和大宗商品融资流程的数字化。Komgo 允许贸易商、货运商、银行和其他授权参与方（包括能源公司和检验公司等）以高效、数字化的方式安全地进行交易，对文档进行了标准化管理，从而简化了整个行业的操作流程，并通过数字信用证（Letter of Credit）为授权参与方提供融资服务。

2019 年至 2021 年，Komgo 得到了全球 15 家著名的银行、贸易公司和石油公司的支持，并且正在迅速增加新成员。在正式运行仅一年后，Komgo 就为其成员提供了近 10 亿美元的融资。2019 年 8 月 16 日，日内瓦分公司执行了通过摩科瑞能源贸易公司（Mercuria Energy Trading SA）签发的信用证的一笔石油贸易交易。2019 年 10 月 23 日，荷兰合作银行（Rabobank）在 Komgo 平台上签发了备用信用证，用于购买生物燃料。

Komgo 平台通过区块链技术保证数据透明性和不易篡改性，并通过“隐私设计”架构实现了私有的点对点交易，降低了整个行业的交易失败和欺诈风险，从根本上增强了信任并加快了贸易融资的速度。包括原油在内的 90%的大宗商品贸易融资市场都支持 Komgo，极大增强了平台的流动性和吸引力，使 Komgo 成为成功的区块链行业应用案例之一。

（3）石油库存共享平台

S&P Global Platts 是领先的独立能源与大宗商品市场信息、基准价格和分析提供商，于 2018 年 2 月推出一个去中心化平台，该平台基于区块链技术的信息公开性、不易篡改性和透明性等特点，追踪和监管石油库存信息。S&P Global Platts 的石油库存共享平台已经部署在阿联酋富查伊拉石油工业区（FOIZ），改进了之前运营商每周向监督机构 FEDCom 共享石油库存数据时所使用的“人工和纸质化”流程，而采用基于区块链的数字化方式，使 FEDCom 不再需要进行手动验证和整理数据，简化了石油库存数据的共享流程。

4.3　区块链赋能分布式供电管理

4.3.1　行业现状

在电力行业，我国主要采用集中式供电模式，即由发电厂集中发电，电能在配电线路上单方向流动，最终到达各家各户。随着我国社会和国民经济的进步和飞速发展，家庭和企业的用电量不断增加，为了保证电能持续可靠的运行和供应，近年来我国政府大力发展了大容量发电和远距离集中输电，但由于集中发电和分散用电之间的矛盾，电能经常要经过长距离传输才能到达用电的家庭和企业，电能在远距离传输过程中会造成很大的损耗[10]。

近几年来，以风力发电和光伏发电为代表的分布式发电技术得到了迅速发展和大力推广，越来越多的家庭都安装了发电和储能设备。分布式发电技术因绿色洁净、发电效率高、布置灵活等特点成为电力系统重要的发展方向之一。一方面，分布式发电使用的基本是可再生能源，是一种践行绿色发展理念的发电方式，大大减少了对环境有害物质的大量产生和排放[10]；另一方面，分布式发电中的电源更加分散，灵活分散的结构使其充分满足了电力需求的分散性，不仅大大减少了远距离高压电力传输过程中的能源损耗，提高了电能的利用效率，而且降低了输配电系统的建设投资和升级成本。

分布式发电使供电模式发生了巨大变化，由原来的单电源模式转变为多电源模式，大规模的分布式电源接入配电网络后，会对现有电力系统的运行稳定性和供电质量产生严重影响。一方面，分布式电源由于受到自然条件的限制，其输出功率具有很强的随机性和波动性[11]。对于风力发电，风力机提供给风电机组的机械功率与风速有关，而风速的变化是由自然条件决定的，随机性较强，一旦风速快速变化，风电机组的输出功率必将剧烈变化；此外，风电机组在运行过程中还会受到风剪切、塔影效应以及偏航误差的影响，导致风电机组转矩不稳定，也会造成输出功率的波动。对于光伏发电，其核心部件光伏电池板的最大功率会随着光照强度、环境温度的变化而改变，一旦天气发生剧烈变化，必将引起光伏电池板输出功率的明显变化；此外，“热斑效应”也会造成光伏电池板输出功率的变化。另一方面，分布式电源的起动和停运往往不受电网控制。分布式电源的起动和停运除了受自然条件、政策法规的影响外，还与用户有关。分布式电源的调度和运行往往由电源的产权所有者来控制，而其产权所有者往往不是电网公司，而是用户自己或者其他经营主体[11]。分布式电源的所有者可以根据自己的用电情况自由决定何时起动和停机，或者以营利为目的，只在电价高于发电成本时才起动机组。随着分布式电源数目的不断增多，这两方面因素会对电力系统的稳定性和供电质量产生不容忽视的影响。

4.3.2 基本原理

分布式发电对电力系统稳定性的影响主要与分布式电源注入功率的波动性有关，因此要合理利用分布式电源，对其输出功率进行控制，以抑制其对电力系统稳定性的影响。

为了保持电力系统的稳定，业界提出了一种基于区块链的功率控制解决方案。该方案周期性地对电网的总功率进行控制，在每一个周期内，选择一定比例的分布式电源作为功率调节器，作为功率调节器的分布式电源要限制其输出功率，保证电力系统总功率的稳定[12]。

在分布式供电模式中，分布式电源注入电网的电能越多，其收益越多，而作为功率调节器的分布式电源要限制其输出功率，必然会对其收益造成一定的影响。为了激励分布式电源公平参与功率的调节和控制，基于区块链的功率控制解决方案引入了信用交换机制。在每一个周期，不是功率调节器的分布式电源要向作为功率调节器的分布式电源转移一定的信用，这样一来，不参与功率控制的分布式电源的信用值就会下降，信用值低于某个阈值的分布式电源不能通过输入电能来获得收益，因此信用交换机制会迫使所有的分布式电源都能参与功率的调节和控制。分布式电源信用值的变化情况通过区块链进行跟踪，区块链上的数据很难被篡改，保证了数据的真实性。

在基于区块链的功率控制解决方案中，功率调节器的选择过程由智能合约自动完成。在周期 $k-1$ 中，想要参与功率控制的分布式电源向智能合约发送自己作为功率调节器所需的信用值；在周期 $k-1$ 结束前的某个时间，智能合约根据分布式电源的信用值和各自采用的经济策略，从发送请求的分布式电源中选择一定数量的分布式电源作为周期 k 的功率调节器；功率调节器的选择规则以公开透明的方式写在智能合约中，部署在区块链上，功率调节器的选择（包括选择的分布式电源以及与其对应的信用值）结果也被存储到区块链上；所有的分布式电源作为区块链网络的共识节点，均可以查看区块链上的信息；在周期 k 中，由周期 $k-1$ 选择的分布式电源作为功率调节器，参与周期 k 的功率调节和控制；周期 k 结束后，作为功率调节器的分布式电源的信用会增加相应的数值，其他分布式电源的信用会减少相应的数值，分布式电源信用值的变化被记录到区块链上。

4.3.3　应用案例

（1）Conjoule 的智能微电网交易系统

2017 年 1 月，一家致力于将区块链技术应用于 P2P 能源交易市场的日本初创公司 Conjoule 成立。该公司构建了基于以太坊的智能微电网交易系统，可再生能源的生产者和消费者可以在无中介机构的情况下进行交易，实现点对点的能源交易。智能微电网交易系统由智能仪表硬件层和基于智能合约的软件层组成，参与系统的家庭都配备了连接到区块链的智能仪表，可以追踪记录家庭的电量使用情况，并通过智能合约自动执行与邻居之间的电能交易，交易数据被存储到区块链上，该系统提供了一份可审计、无法篡改、加密的交易历史记录。自 2016 年 10 月起，Conjoule 公司的智能微电网交易系统就已经开始在德国的两个城市进行试点，允许安装太阳能光伏发电设备的住宅用户向当地消费者出售过剩的电能，用户可以自由选择电能的销售对象，包括当地的企业、学校等。

除了 Conjoule 的智能微电网交易系统，位于纽约布鲁克林的初创企业 LO3 与 ConsenSys 也合作试点了一个基于区块链的微电网交易项目 TransActive Grid。

（2）国网山东省电力公司的电力交易平台

国网山东省电力公司在多个园区开展了与微电网相关的试点项目。该试点项目构建了基于区块链的分布式电能交易平台，通过智能合约和共识机制，将能源分布信息和能量消耗等数据上链存证，实现了微电网内光伏发电系统、储能系统、风能发电系统和电网等不同系统之间的购售电交易，提高了交易透明度，降低了能源交易成本，减少了电网设备投资，降低了综合用电成本。截至 2019 年年底，已有超 20 万座新能源光伏电站的并网签约和交易结算等数据上链存证。截至 2020 年年底，共实现了约 300 万主体的数据的融通共享，极大缩短了业务办理时间，给城乡居民生活提供了便利。

（3）上海链昱能源科技有限公司的智能微电网项目

上海链昱能源科技有限公司（后简称“链昱科技”）致力于将区块链技术应用于清洁能源的计量、登记、管理、交易与结算等过程，打造一个去中心化、分布式的智能微电网社区。链昱科技通过采用“分布式可再生能源供电+分布式智能储能设备”模式构建社区基础电力设施，逐步完成微型社区智能电网的组并网连接，并在此基础上，通过去中心化系统完成社区电力交易。

2018 年，链昱科技在菲律宾成功落地了一个点对点的能源交易项目，该项目是链昱科技与一家菲律宾当地企业合作开发的项目。菲律宾当地企业主要负责能源基础设施的架构，包括光伏系统的安装、智能电表的安装以及所有硬件的维护。链昱科技主要负责软件层面的支持，包括区块链的底层架构、软件 App 以及后台管理系统的构建。这个微电网项目涉及三个建筑物，每个建筑物都安装了支持区块链功能的智能电表，用来计量能源的生产和消费情况，其中一个建筑物上还安装了光伏发电系统。这三个建筑物相当于三个虚拟的能源用户，当微电网中有多余的清洁能源时，这三个用户可以通过拍卖的形式获得清洁能源的使用权。基于拍卖机制的清洁能源交易使用智能合约自动完成，交易的账单被存储在区块链上，每一个用户可以很容易追溯历史用电情况和电能来源。2020 年 3 月，链昱科技与菲律宾清洁能源生产商 First Gen 合作在菲律宾德拉萨大学成功落地了一个区块链微电网项目，该项目围绕德拉萨校园的微电网进行架构，通过利用区块链的去中心化特性来确保楼与楼之间的用户可直接进行点对点的电力交易，保证大楼电力的供给与消耗一直处于平衡的工作状态；同时，利用区块链的分布式账本特性有效地记录一系列发生的交易，保障数据存储的安全性。除了菲律宾，链昱科技也正在印度、新加坡、泰国与韩国等市场落地类似的基于区块链的智能微电网项目。

（4）德国电动汽车 P2P 充电项目

2017 年，德国能源巨头 Innogy 公司和物联网平台企业 Slock.it 合作开展了基于区块链的电动汽车 P2P 充电项目——Share&Charge。如图 4-3 所示，该项目涉及多个运营商运营的共享充电桩和电动汽车，电动汽车驾驶员无须与电力公司签订任何供电合同，只需在智能手机上安装 Share&Charge 应用程序，并完成用户验证，即可在加入该项目的充电桩上进行充电，电价由后台程序根据当时当地的电网负荷情况实时确定。由于采用了区块链技术，整个充电和交易过程是完全可追溯和可查询的，极大降低了信任成本。当电动汽车需要充电时，驾驶员从 Share&Charge 应用程序中找到附近可用的充电桩，充电结束后，智能合约按照实时电价向充电桩所有者付款。随着电动汽车行业的不断发展，德国已建立两万多个共享充电桩，其中 100 多个共享充电桩已经实现区块链化，未来会有更多的共享充电桩实现区块链化，这些共享充电桩正在逐步成为电动汽车充电解决方案之一。

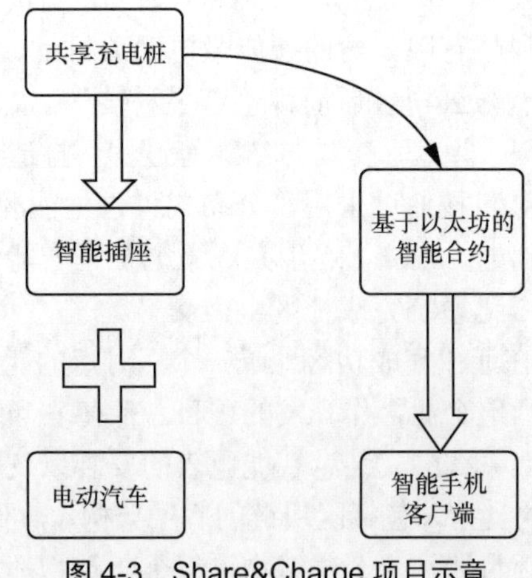

图 4-3　Share&Charge 项目示意

4.4　区块链赋能绿色金融

4.4.1　行业现状

发展可再生能源是有效解决生态环境问题、减少二氧化碳排放、实现对煤炭等化石能源逐步替代的根本途径。在政府减排政策的推动下，企业向低碳经济转型的速度和对能源结构调整的力度将进一步加大。近年来，我国能源结构持续优化，可再生能源产业市场化程度不断加深，可再生能源与金融的融合也在不断加速[13]。可再生能源行业的发展是我国绿色发展的重要内容，也是绿色金融的重点支持领域。

绿色金融是强调金融活动与环境保护、生态平衡协调发展的金融体系。一个相对完善的绿色金融体系需要持续创新和发展绿色金融产品，自我国开展绿色金融以来，金融机构陆续推出了支持绿色发展的金融创新产品，如绿色证券、绿色保险、绿色信贷等。目前，我国绿色金融的发展已由分散摸索试探逐步向系统化、规模化转变，呈现良好发展态势，发展成效显著，市场规模逐年稳步增长，业务和产品不断丰富，市场参与主体也日趋多元化。中国人民银行发布的《中国绿色金融发展报告(2020)》对 2020 年我国绿色金融发展情况进行了全面总结。截至 2020 年年末，中国累计发行绿色债券约 1.2 万亿元，绿色债券存量规模超过 8 000 亿元，位居世界第二。截至 2020 年年末，全国银行金融机构绿色信贷余额超过 11 万亿元，同比增长约 10%；全年新增约 1 万亿元。绿色基金、绿色保险、绿色信托、绿色 PPP、绿色租赁等新产品、新服务和新业态不断涌现，有效拓宽了绿色项目的融资渠道，降低了融资成本和项目风险[14]。

绿色金融作为打好污染防治攻坚战以及发展绿色经济的重要一环，其发展一直备受期待，碳资产（碳排放权）交易是绿色金融的一个重要方面，本小节将以碳资产交易为例来说明区块链在绿色金融中的应用。在国家发展绿色经济和节能减排政策中，含碳类气体的减排处于非常重要的地位，建设碳资产交易市场已经成为主要的减排方式之一。碳资产交易是指二氧化碳排放权的买卖，是政府部门在确定碳排放总量目标并对排放配额进行初始分配后，企业之间（或国家之间）以碳排放配额为标的物进行的交易，是一种低成本控制碳排放总量的市场机制。在图 4-4 中，经过政府部门的核查，企业 A 和企业 B 的碳排放配额均为 2 万吨/年，通过碳资产交易市场，企业 B 可以将富余的 1 万吨/年配额出售给企业 A，使企业 A 实际可以排放 3 万吨/年，而交易后企业 B 只可以排放 1 万吨/年。

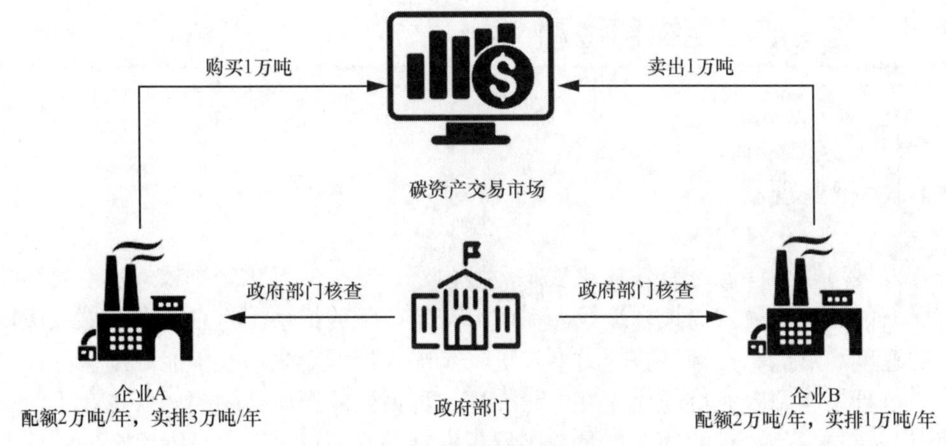

图 4-4　碳资产交易示意

从 2013 年开始，我国陆续启动了 7 个试点碳资产交易市场。智研咨询发布的《2021—2027 年中国碳交易行业市场经营管理及投资前景预测报告》显示，截至 2020 年 8 月末，7 个试点碳资产交易市场累计配额成交量为 4.06 亿吨，累计成交额约为 92.8 亿元（含线上、线下、拍卖、以及现货远期交易）。虽然碳资产交易市场得到了很大发展，但在碳资产交易过程中仍面临三大难题。其一，碳资产交易涉及的主体众多，流程臃肿，从企业勘察、项目审定、政府备案登记、核证减排量、签发到最后的上市交易环节往往需要耗费很长时间；其二，碳资产交易市场中最重要的数据包括企业碳排放日常监控数据、企业从环保部门获得的碳排放配额数据以及企业碳资产交易历史数据等，这些数据还没有做到完全公开透明[15]，存在造假的风险，数据的真实性和安全性难以得到保障；其三，碳排放管理体系不仅涉及交易过程，而且包含后续对企业碳排放的监管工作，否则交易过程做得再完善，也只能流于形式而无法真正实现低碳减排的最终目标，因此环保部门如何做好后续的企业碳排放监管工作，也是需要解决的重要问题之一[16]。

4.4.2　基本原理

应用区块链技术可以建立一套碳资产交易的长效机制，有针对性地解决碳资产交易过程中存在的各种问题。首先，智能合约功能的自动执行，可以简化交易流程，降低交易成本，提升交易效率；其次，区块链的不易篡改和可追溯性能够确保信息的真实性，非对称加密技术能够为企业的碳资产交易数据提供安全高效的保护；此外，将环保部门等监管机构作为区块链节点可以完善企业碳排放监管工作，通过将碳资产交易信息和排放数据实时记录在区块链上，便于环保部门等监管机构对碳资产交易和碳排放过程进行有效监管。

如图 4-5 所示，基于区块链的碳资产交易系统一般涉及三类系统成员，即企业、环保部门和 CA 认证机构[17]。企业是指参与碳排放权申请和交易的企业；环保部门作为监管机构，不仅负责向企业发放碳排放指标，而且对企业的碳排放量进行实时监控；CA 认证机构是一个负责发放和管理数字证书的权威机构，为每个企业和环保部门分配唯一的密钥对，用于保证数据的可追溯性。企业、环保部门和 CA 认证机构作为区块链网络的共识节点，共同维护区块链上记录数据的真实性和一致性。为了完成碳排放权交易功能，基于区块链的碳资产交易系统一般包括三个过程，即碳排放权申请过程、碳排放权交易过程、碳排放监管过程。碳排放权申请过程主要确定每个企业的碳排放许可配额；碳排放权交易过程通过在市场上买卖碳排放权来解决企业碳排放指标缺额或富余问题；碳排放监管过程主要监控企业的碳排放量是否在限定的范围之内。

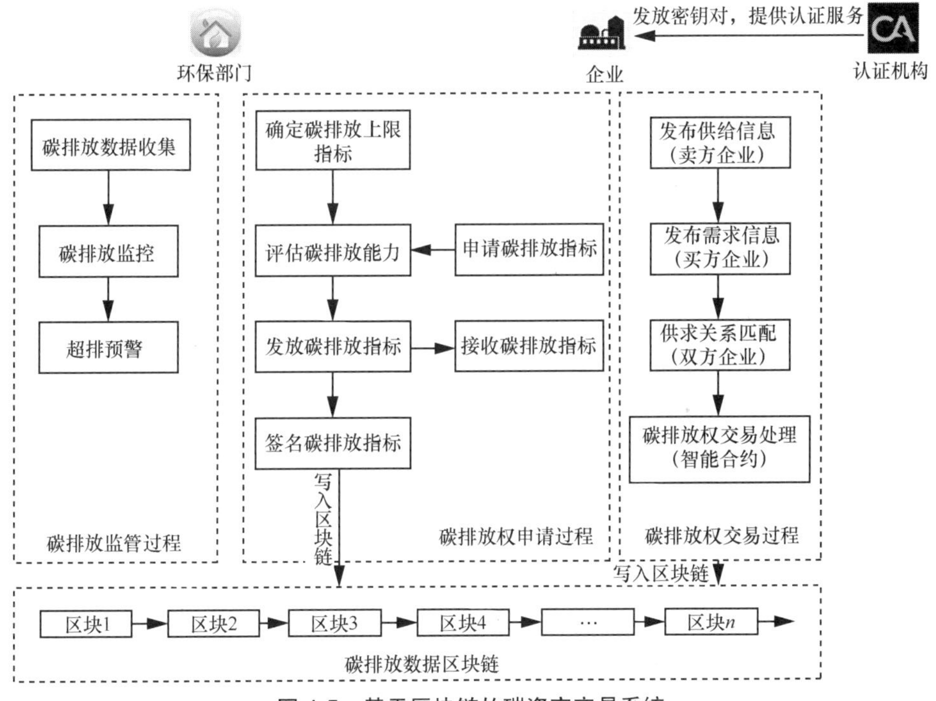

图 4-5　基于区块链的碳资产交易系统

在碳排放权申请过程中，环保部门首先根据本地区碳排放指标和总量控制要求确定企业申请碳排放配额的上限指标。各企业根据自身的实际碳排放情况向环保部门申请碳排放指标，也可以使用有偿配额竞价购买的方式获取更多的碳排放配额。环保部门收到企业的申请后，根据企业提交的相关材料，对企业的实际生产情况、碳排放能力等进行评估，评估完成后，环保部门给每个企业分配碳排放配额指标，并向企业发布碳排放配额指标。之后，环保部门需要使用CA认证机构分配的私钥对发放给企业的碳排放配额指标进行数字签名，由于私钥只有环保部门持有，任何第三方无法伪造数字签名，从而保证了数据的真实性和可追溯性。经过数字签名的碳排放配额指标数据被环保部门广播给区块链网络上的其他节点，达成共识后，碳排放配额指标数据被存储到区块链上。

在获得碳排放配额指标后，企业可以在市场上买进排放权来解决碳排放配额不足的问题，也可以将多余的碳排放指标转卖给有需要的企业。所有参与交易的企业需要在碳资产交易系统进行注册，登记企业的基本信息，并获得CA认证机构分配的密钥对。在碳排放权交易过程中，卖方企业需要将包括企业标识、企业名称、碳排放配额供给数量、价格等供给信息使用私钥进行数字签名，经过数字签名的供给信息被发送到碳资产交易系统，买方企业也需要将经过数字签名的碳排放配额需求信息以及企业基本信息发送到碳资产交易系统。收到卖方企业的供给信息和买方企业的需求信息后，碳资产交易系统按照预先设置的规则自动匹配供求关系，匹配成功后生成交易的智能合约，智能合约中包含卖方企业的基本信息、买方企业的基本信息、碳排放配额交易数量、交易金额等交易信息，双方企业对智能合约上的交易信息达成共识后，使用各自的私钥对智能合约进行数字签名，经过数字签名的智能合约被部署到区块链上，之后智能合约自动执行交易过程。

在使用区块链记录碳排放配额指标、交易等信息后，最终的目的是监控企业的碳排放量是否在限定的范围之内，在发生“超排”等情况时能够及时发现并采取行动。被监管的企业需要在涉及碳排放的设施中安装传感器装置，这些传感器能够实时监测企业的碳排放情况，并通过通信网络将这些数据实时传输给碳资产交易系统。环保部门可以从碳资产交易系统获得企业最新的碳排放数据，通过对这些数据的汇总、统计、分析等，实时监控企业的碳排放行为，及时发现企业是否存在违规排放的情况。如果发现违规排放现象，会触发“超排预警”机制，环保部门根据排放日志和超排数据采取相关措施，达到实时监管、及时处理的目的。

4.4.3 应用案例

（1）区块链在碳资产交易中的应用案例

2019年4月，为了推进碳资产交易市场建设，北京互融时代软件有限公司推出了基于区块链的互融云碳资产交易系统，该系统使用虚拟“数字货币”作为碳资产交易的媒介。互融云碳资产交易系统由前端门户、后台处理系统和虚拟“货币”管理平台三部分组成，提供碳资产的挂单审核、限价交易、竞拍交易和交易查询等功能，简化碳资产交易步骤。前端门户为用户提供了方便使用各种功能的操作界面；后台处理系统实时处理用户的各种操作，并将处理结果通过前端门户呈现给用户；

虚拟“货币”管理平台实现了虚拟“货币”与碳资产的深度融合，节省了交易成本，提高了交易效率，并通过区块链为企业提供公开透明的碳资产交易服务。

2019 年，北京的能源区块链实验室将区块链技术与碳资产交易应用场景深度融合，推出了基于区块链的低成本、高可靠的碳资产交易平台。该平台使用以核证碳减排量（Chinese Certified Emission Reduction，CCER）为基础的数字资产，“碳票”作为碳资产交易过程中的结算单位，重塑碳资产交易过程。借助区块链技术，文件和数据可以在碳资产交易各环节的参与方之间进行可信传递，建立高效的碳资产交易协作网络，缩短碳资产交易周期，降低碳资产交易成本。

森林作为陆地生态系统的主体，具有吸收并固定二氧化碳的碳汇功能。林业在应对气候变化具有特殊地位，林业碳汇是增强森林碳汇功能、减缓气候变暖的重要载体和支撑。在此背景下，零碳可持续发展有限公司 Xarbon 于 2018 年推出碳汇链项目，该项目以林业碳汇为基础，在开源区块链平台 NEM 上发行“数字货币”XCU，每一枚 XCU 对应一吨可注册的碳汇资产，通过 NEM 平台的智能合约在区块链上进行登记、查询、交易和追踪。碳汇链项目是亚洲与联合国项目事务厅合作的区块链项目，双方在全球范围内进行植树造林，推动低碳绿色经济发展。Xarbon 希望通过发行 XCU 吸引全球的个人、企业和政府共同关注全球气候问题，更好地发展全球环境保护事业，让环境保护有迹可循、公开透明，推动全球化的生态环保体系建设。

（2）区块链在能源交易中的应用案例

Power Ledger 是一家致力于将区块链应用于能源市场的企业，开发了一个 P2P 能源交易平台。该平台通过能源交易代币 SParkZ，使电能生产者和消费者在无中介（电力公司）的情况下，直接建立联系，并进行交易。Power Ledger 将电能信息存储在其设计的区块链系统 Ecochain 中，电能生产者和消费者之间的交易通过智能合约自动执行。该公司在初始代币发行期间募集了 3 400 万美元，并获得了澳大利亚政府 800 万美元的资金支持。

WePower 是爱沙尼亚一个基于区块链的绿色能源交易平台，该平台使用 WPR 代币作为能源交易媒介，1 个 WPR 代币等价于 1°的绿色能源。新加入平台的可再生能源生产商需要以 WPR 代币的形式向平台捐赠其生产能源的 0.9%，平台可以将捐赠的能源出售给其他用户。在 WePower 平台上，WPR 代币可以在用户之间进行交易，当用户需要使用能源时，可以用所持有的 WPR 代币换取相应数量的绿色能源。WPR 代币和绿色能源的交易信息均被记录在区块链上，用以保障交易过程的透明性和可追溯性。

（3）区块链在绿色债券中的应用案例

绿色债券是将募集资金用于支持符合条件的绿色环保项目的债券。近几年来，绿色债券发展迅速，市场规模不断提升，很多企业参与绿色债券发行。2013 年 11

月，法国电力公司（EDF）发行了绿色债券，用于建设风能和太阳能发电厂；2015 年，美国南方电力公司完成了 10 亿美元的可再生能源发电项目的绿色债券发行；2016 年，摩洛哥发行了绿色债券，为集中太阳能发电厂 Noor PV 1 提供资金支持；2017 年 10 月，斐济发行绿色债券，帮助其实现到 2030 年 100%使用可再生能源的目标；2019 年，意大利电力公司 Enel 发行绿色债券，投标意大利一个 850 MW 的风力发电项目。

随着绿色债券行业的飞速发展，其存在的绿色项目监管难度大和资金使用不透明等问题逐渐暴露出来。一方面，金融机构、政府相关部门以及企业等绿色债券主体之间存在严重的信息壁垒，导致金融机构难以获取企业真实信息，无法精准识别出真正的绿色项目，使金融机构在开展绿色债券业务时面临较大风险，容易造成绿色资金错配，影响绿色项目的进展。另一方面，一些企业从金融机构筹集到用于支撑绿色项目的专项绿色资金后，就牢牢地掌控了绿色资金的使用权，金融机构和政府相关部门难以对放贷出去的绿色资金进行有效监督和管理，容易出现绿色资金被截留、挤占或挪用等问题，不利于绿色债券的发展。

区块链技术为破解绿色债券行业的这些问题提供了全新的思路。首先，区块链可以有效打破相关参与方之间的信息壁垒，有助于精准识别绿色环保项目；其次，区块链的不易篡改和可追溯等特性可以对募集的资金进行全过程的追溯与审计，有助于提升募集资金的使用透明度；此外，区块链的智能合约功能可以简化资金募集和债券交易的流程，有助于降低交易成本，提升效益。

很多企业在积极推进区块链在绿色债券中的应用研究。2019 年 2 月，西班牙银行 BBVA 宣布推出了针对结构性绿色债券的区块链平台。在 BBVA 的区块链平台上，条款的协商、签署和执行等过程均基于区块链技术完成，使银行和借款人清楚了解资金的使用情况，确保绿色债券的整个过程是可追溯的。BBVA 已经与西班牙保险公司 MAPFRE 达成协议，后者将通过 BBVA 的区块链平台投资 3 500 万欧元（约 4 000 万美元），用于资助绿色环保项目。此外，Kottackal 绿色债券通过区块链和智能合约提高资金使用的透明度。

4.5 本章小结

智慧能源旨在实现能源生产应用全过程的智能化和信息化，在政府的推动下，我国智慧能源取得了很大的发展，但随着科学技术的快速发展，越来越多的能源种类被开发出来，这给分布式能源交易、分布式供电管理以及绿色金融带来了很大挑战，只有解决了这些挑战，才能更加安全、高效、环保地利用能源，实现能源行业的可持续发展。本章首先对智慧能源进行了概述，然后从分布式能源交易、分布式供电管理和绿色金融三方面，详细阐述了存在的问题，并对基于区块链的解决方案的基本原理和应用案例进行了梳理总结。在分布式能源交易方面，利用智能合约的自动执行特点，可以实现能源交易的自主管理，降低交易成本，提高交易效率，同时通过将交易数据以加密形式存储到区块链上，可以保障数据的安全性和用户的隐私性；在分布式供电管理方面，基于区块链的功率控制解决方案可以合理利用分布式电源，对其输出功率进行控制，以抑制其对电力系统稳定性的影响；在绿色金融方面，应用区块链技术可以建立一套碳资产交易的长效机制，提升碳资产交易效率，并对碳资产交易和碳排放过程进行有效监管。

参考文献

[1] LASZKA A, DUBEY A, WALKER M, et al. Providing privacy, safety, and security in IoT-based transactive energy systems using distributed ledgers[C]//Proceedings of the Seventh International Conference on the Internet of Things. 2017: 1-8.

[2] BERGQUIST J, LASZKA A, STURM M, et al. On the design of communication and transaction anonymity in blockchain-based transactive microgrids[C]//Proceedings of the 1st Workshop on Scalable and Resilient Infrastructures for Distributed Ledgers. 2017: 1-6.

[3] HAHN A, SINGH R, LIU C C, et al. Smart contract-based campus demonstration of decentralized transactive energy auctions[C]//2017 IEEE Power & Energy Society Innovative Smart Grid Technologies Conference (ISGT). 2017: 1-5.

[4] 裴凤雀, 苑明海, 丁坤, 等. 区块链在分布式电力交易中的研究领域及现状分析[J]. 中国电机工程学报, 2021, 41(5):1752-1770.

[5] 沈泽宇, 陈思捷, 严正, 等. 基于区块链的分布式能源交易技术[J]. 中国电机工程学报, 2021, 41(11): 3841-3851.

[6] AITZHAN N Z, SVETINOVIC D. Security and privacy in decentralized energy trading through multi-signatures, blockchain and anonymous messaging streams[J]. IEEE Transactions on Dependable and Secure Computing, 2018, 15(5): 840-852.

[7] KOUNELIS I, STERI G, GIULIANI R, et al. Fostering consumers' energy market through smart contracts[C]//2017 International Conference in Energy and Sustainability in Small Developing Economies (ES2DE). 2017: 1-6.

[8] MÜNSING E, MATHER J, MOURA S. Blockchains for decentralized optimization of energy resources in microgrid networks[C]//2017 IEEE Conference on Control Technology and Applications (CCTA). 2017: 2164-2171.

[9] 穆程刚, 丁涛, 董江彬, 等. 基于私有区块链的去中心化点对点多能源交易系统研制[J]. 中国电机工程学报, 2021, 41(3): 878-890.

[10] LUNDQVIST T, DE BLANCHE A, ANDERSSON H R H. Thing-to-thing electricity micro payments using blockchain technology[C]//2017 Global Internet of Things Summit (GIoTS). 2017: 1-6.

[11] MIHAYLOV M, RAZO-ZAPATA I, RADULESCU R, et al. Boosting the renewable energy economy with NRGcoin[C]//Proceedings of ICT for Sustainability 2016. 2016: 229-230.
[12] DANZI P, ANGJELICHINOSKI M, STEFANOVIĆ Č, et al. Distributed proportional-fairness control in microgrids via blockchain smart contracts[C]//2017 IEEE International Conference on Smart Grid Communications (SmartGridComm). 2017: 45-51.
[13] CASTELLANOS J A F, COLL-MAYOR D, NOTHOLT J A. Cryptocurrency as guarantees of origin: Simulating a green certificate market with the Ethereum Blockchain[C]//2017 IEEE International Conference on Smart Energy Grid Engineering (SEGE). 2017: 367-372.
[14] SIKORSKI J J, HAUGHTON J, KRAFT M. Blockchain technology in the chemical industry: Machine-to-machine electricity market[J]. Applied Energy, 2017, 195: 234-246.
[15] 吉斌，昌力，陈振寰，等. 基于区块链技术的电力碳排放权交易市场机制设计与应用[J]. 电力系统自动化, 2021, 45(12): 1-10.
[16] 袁莉莉，李东格. 基于区块链技术的碳排放机制设计[J]. 网络空间安全，2020，11(2): 111-117.
[17] 严振亚，李健. 基于区块链技术的碳排放交易及监控机制研究[J]. 企业经济，2020，39(6): 31-37.

第5章 区块链在智慧交通中的应用

5.1 智慧交通概述

智慧交通是在交通领域充分运用先进电子信息技术，使交通系统在区域、城市甚至更大的时空范围内具备感知、互联、分析、预测和控制等能力，以充分保障交通安全、发挥交通基础设施效能、提升交通系统运行效率和管理水平，为通畅的公众出行和可持续的经济发展服务。

智能交通系统（Intelligent Traffic System，ITS）是实现智慧交通的重要保证。智能交通系统将先进的信息技术、数据通信技术、传感器技术、电子控制技术以及计算机技术等有效地综合运用于整个交通运输管理体系，从而建立起一种全方位、全过程监管的实时、准确、高效、智能的综合交通系统。车联网（Vehicular Ad-hoc Network，VANET）技术的发展是实现智能交通系统的重要支撑。车联网利用装载在车辆上的RFID（Radio Frequency Identification Devices）、传感器、摄像头等设备获取车辆的行驶情况、系统运行状态信息及周边道路环境信息，同时通过GPS、北斗等全球定位系统获取车辆的位置信息，并通过新一代信息通信技术将这些收集到的信息传输给其他车辆、道路节点、服务平台等，在整个车联网系统中实现信息共享，通过对这些信息的分析与处理，及时对驾驶员进行路况汇报与警告，有效避开拥堵路段，选择最佳行驶线路，减少交通事故的发生。未来，车辆会依靠自己的智能在道路上自由行驶，公路也会依靠自身的智能控制调整至最佳状态，达到车路协同的效果。

车联网通过车辆到一切（Vehicle to Everything，V2X）的通信方式与环境进行通信[1]。如图 5-1 所示，V2X 中最重要的三个方面是车辆与基础设施之间（Vehicle to Infrastructure，V2I）的通信、车辆之间（Vehicle to Vehicle，V2V）的通信、车辆与电网之间（Vehicle to Grid，V2G）的通信。目前，V2I、V2V 和 V2G 是建设车联网和智慧交通的重要课题，因此本章从这三方面对区块链在智慧交通中的应用进行介绍。

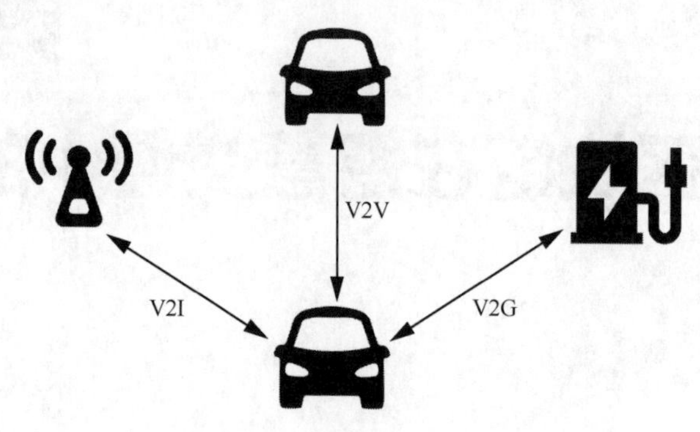

图 5-1 车联网通信范式示意

5.2 区块链赋能车路通信

5.2.1 行业现状

车联网是实现智慧交通的重要途径。在车联网中，路边基础设施和车载系统是两个重要的功能实体。路边基础设施包括路边单元（Road Side Unit，RSU）、基站、路侧智能设施（包括智能红绿灯、停车设施等），路边基础设施可以对车辆广播各类信息，如红绿灯信息、摄像头信息、雷达信息、环境信息等，同时接收和转发车辆发来的各类信息，为车辆节点提供网络接入服务。车载系统的核心车载单元（On Board Unit，OBU）是安装在车辆上的具有无线通信、计算、存储和控制功能的集成设备，OBU 通过专用的无线通信协议与 RSU 或其他 OBU 通信。OBU 使用车载传感器和车载应用程序采集车辆数据和道路交通数据，支持与其他车辆共享数据，以协同方式应对行车过程中的各种状况。从图 5-2 可以看出，车联网中的车辆协作主要存在两类通信：一类是路边基础设施与车载单元之间的通信（即车路通信（V2I））；另一类是车载单元之间的通信（即车辆通信（V2V））。本节主要关注 V2I。

在车联网 V2I 的场景中，大多研究会选取 RSU 作为路边基础设施的代表。RSU 一般被部署在路边或专用固定位置（如十字路口），位置相对固定的 RSU 能更好地适应智能交通系统中多变的拓扑结构，方便其收集车辆或道路交通信息。RSU 的硬件和软件在一定限度上是标准化的，通过与其他路边基础设施配合来管理其通信范围内的一组车载单元，RSU 作为固定节点，相对于 OBU 具有更强的计算和存储能力。RSU 不仅可以与 OBU 进行通信，RSU 之间也可以进行通信来共享不同区域的车辆或道路交通信息[2]。

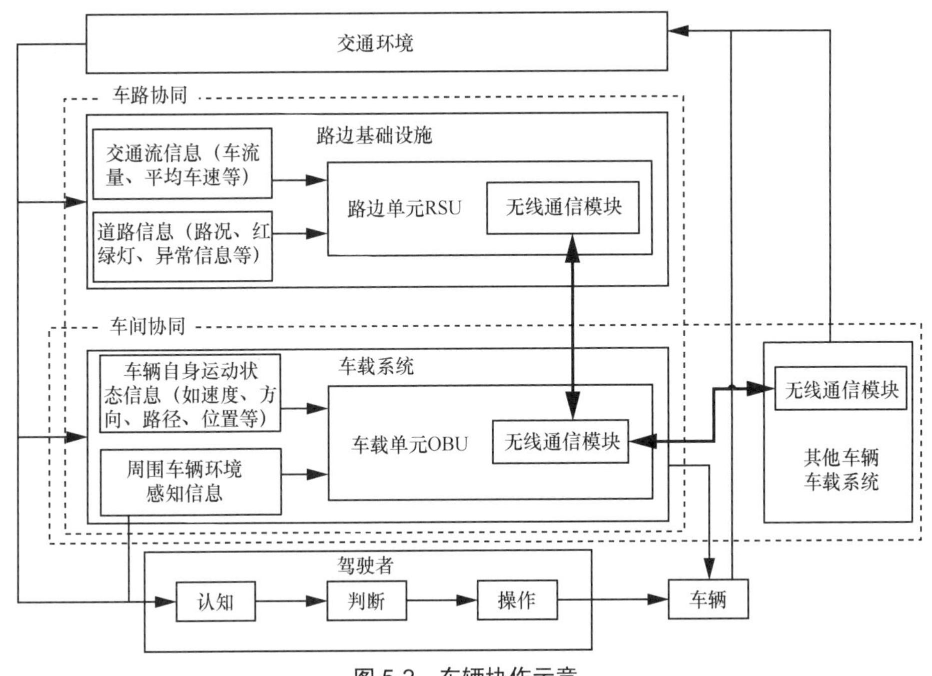

图 5-2　车辆协作示意

V2I 是实现汽车自动驾驶的基础，可以被通信运营商、应用服务商或政府机构部署。目前，V2I 还处于初级发展阶段，主要面临三大挑战。其一，传统车辆数据采用集中式数据存储和管理方式，如果中心服务器受到攻击，则可能发生大规模的数据泄露和恶意篡改，从而导致一系列不可控的安全隐患发生，车联网需要有足够的容错性去面对这种不可预测的单点故障和恶意攻击。其二，在车联网 V2I 的场景中，交通信息传输频繁，数据量庞大，且车辆的高速移动导致网络拓扑复杂多变，使中心服务器维护成本较高、负载过重，过多的请求可能会带来高时延甚至阻塞，数据处理和资源调度力不从心，降低用户的服务质量。其三，RSU 计算资源分配不合理，在车辆密度高的地区，有限的 RSU 计算资源可能会超载，而在车辆密度低的地区，RSU 计算资源可能会闲置，RSU 计算资源的不合理分配会降低数据共享和管理的效率。

5.2.2　基本原理

区块链技术可以解决车联网 V2I 场景面临的挑战。首先，利用区块链的可追溯、不易篡改以及分布式存储的特性，RSU 可以保证车辆或道路交通信息的安全存储；其次，利用智能合约可以自动管理数据采集和访问控制等过程，提高数据管理效率，保护数据隐私；此外，区块链的去中心化特性可以提高 RSU 计算资源的利用率，合理分配处理任务[3-4]。

业界提出了一种基于区块链的 V2I 模型[5-6]，如图 5-3 所示，该模型中 RSU 作为共识节点共同维护区块链上的数据，OBU 在获得授权的情况下可以访问区块链上的数据，但不参与共识。在基于区块链的 V2I 模型中，数据存储和访问的具体流程如下。

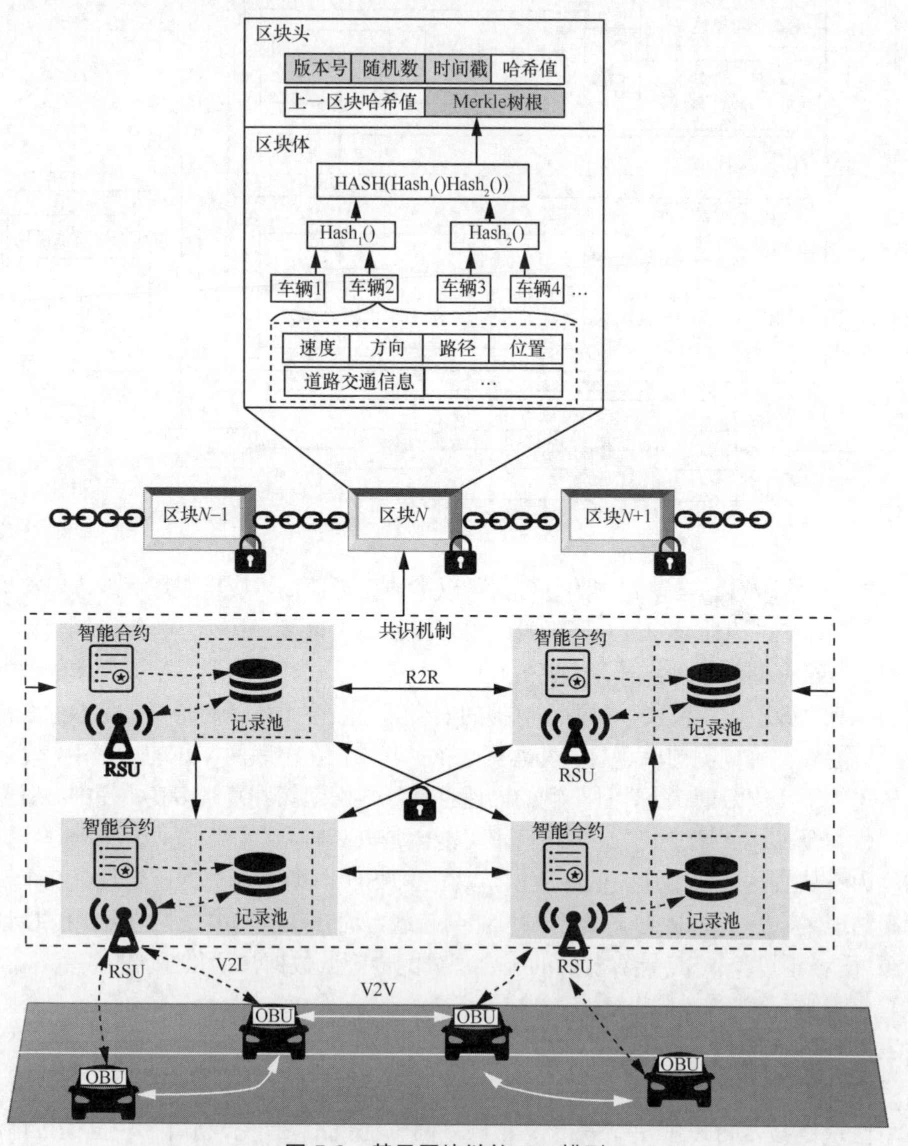

图 5-3　基于区块链的 V2I 模型

（1）OBU 收集车辆数据（如速度、方向、路径、位置等）和道路交通数据（如红绿灯情况、车流量、路况、违规、交通事故等），并对数据进行数字签名，保证数据的不可否认性和完整性。

（2）OBU 周期性地将收集到的数据发送给 RSU，RSU 之间可以通过有线或无线信道共享车辆数据和道路交通数据。数据收集和共享的周期可以根据车流量灵活调整，在车辆密度高的地区，使用较短的数据收集和共享周期，而在车辆密度低的地区，使用较长的数据收集和共享周期。RSU 可以使用智能合约动态调整数据收集和共享周期，以此来优化数据传输成本，提高数据共享效率[7]。

（3）RSU 中的记录池负责存储 OBU 上传的数据以及其他 RSU 共享的数据，并使用共识机制将车辆数据和道路交通数据安全存储在区块链上。RSU 作为区块链的共识节点，运行共识机制来竞争产生新的数据区块，将车辆数据和道路交通数据写入区块链进行安全存储，验证数据区块中每一笔数据的有效性。共识算法用于确保整个网络达成一致意见，即使在少数节点是恶意的情况下，也能保证数据的一致性。

（4）OBU 在获得授权的情况下可以访问区块链上的数据，数据的访问控制逻辑以智能合约的形式被部署在区块链上，约束不同类型数据的访问权限，控制数据共享途径和使用范围，如信用较高的 OBU 可以访问更多的车辆数据和道路交通数据，而对于信用较低的 OBU，要严格限制其的数据访问请求[8]。

（5）交通管理部门可以通过区块链上数据的处理和分析对交通状况进行灵活调整，提高交通管控的效率和安全警示的真实性。

5.2.3 应用案例

（1）汽车数据共享平台

目前，AMO、CarBlock、TFchain、车享链（Car Sharing Chain，CSC）、驾图等众多公司启动了基于区块链的汽车数据共享项目。例如，AMO 关注汽车数据交易市场，CarBlock 推出了基于区块链的汽车登记平台。

如图 5-4 所示，基于区块链的汽车数据共享平台可以收集、管理和交易汽车从出厂到报废的全过程数据，包括车辆基本信息、行车数据、车主信息，以及经过汽车服务提供商二次处理加工的汽车数据，涉及车主、汽车制造商、汽车销售服务商（4S 店）、保险公司、政府交通管理部门等实体。接入平台的所有人、企业和机构使用智能合约申请授权并支付代币来获得这些数据。

从车主的角度，共享从汽车首次注册到最终报废的所有数据，车主可以在确保其隐私和安全的前提下获得更加个性化的汽车服务。例如，通过共享传感器收集到的汽车关键部件的信息，可以实现对汽车电池、电机等关键部件的预测维护，从而减少汽车故障的发生。

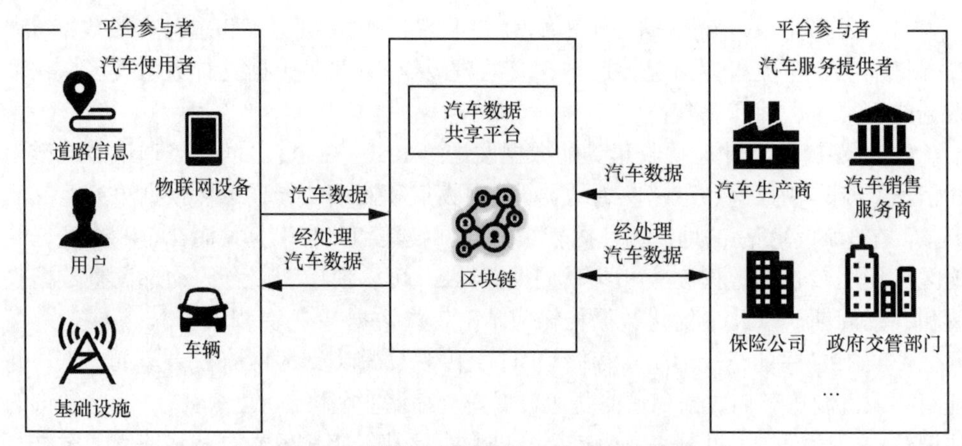

图 5-4 基于区块链的汽车数据共享平台

从汽车制造商和销售商的角度，通过平台构建的数据链，可以从合法途径获得其需要的数据。例如，用户的汽车消费数据可以帮助汽车销售商优化用户售后服务，实现精准营销；车辆传感器数据、驾驶员习惯数据等可以帮助汽车制造商进行远程故障排除、产品规划，甚至可以改进自动驾驶汽车训练算法。

从保险公司的角度，可以利用智能合约记录保险合同，发生交通事故时，无须投保人申请理赔和保险公司的批准，一旦智能合约中的汽车理赔条件被触发，就会自动开启理赔程序，在最短的时间内将赔付款项支付给用户，增进双方之间的透明互信，提高理赔效率。

因此，在基于区块链的汽车数据共享平台中，随着参与者的不断增加，汽车数据会产生更大的价值，这将促进汽车服务的不断提升、故障的高效排除和交通管理的不断优化。

（2）智慧停车：ITSChain 和掌上车秘

目前，我国大多数城市面临停车难的问题，这主要是由以下两方面原因造成的：一方面是物业公司低估了未来车辆的增长速度，导致规划的车位比较少；另一方面是不同地段不同时间的车流量不同，以及停车位信息不对称等，导致车位资源的调配不合理，有些地方的车位一位难求，有些地方又有大量的车位闲置。

车位规划和调配不合理共同造成了目前停车难的问题，为了解决这个问题，除了增加车位以外，还需要提高现有车位的利用效率。智慧停车是未来的发展方向。当一个用户需要找车位时，首先在智慧停车系统上查看附近的闲置车位信息，选定一个车位后发送预定车位的指令；当用户到达预定的车位后，物联网设备会识别车牌号等信息，来确定该用户是否可以使用该车位；当用户驶离车位后，智慧停车系统会自动根据用户的停车时间等指标从其账户中扣除相应的费用。

智慧停车系统包括车位共享、预定、支付等多个环节，涉及用户、停车场管理者、政府税务部门等多个实体。区块链技术可以助力智慧停车系统的实现，将车位共享、预定、支付等多个环节有序连接在一起，促进信息在多个实体之间的互联互通。目前，ITSChain（智慧交通链）和掌上车秘两个项目都尝试将区块链技术应用于智慧停车领域。

ITSChain 是智慧交通链基金会（ITSChain Foundation）团队打造的基于区块链的智慧停车解决方案。ITSChain 集物联网技术、云计算和区块链于一身，物联网技术可以助力实现立体车库，管理车位空间信息；区块链可以用来收集车主的作息时间、行驶路段、车流量等数据；有了这些数据后，可以利用云计算技术对车位进行智能调度，提升车位流转效率，并向用户共享车位信息，将闲置的车位利用起来，有效避免车位资源的浪费。ITSChain 打造了城市智慧停车服务系统，可以应用于私立医院、购物中心、旅游景点、高端写字楼、大型住宅区等场景，推动了中国智慧停车产业的发展和升级。

掌上车秘是由贵州车秘科技有限公司开发的旨在实现“无感出入、无人值守、无感支付”的智能无感停车平台。掌上车秘利用区块链实现共享车位，采用智能合约自动完成停车计时和收费等功能。如果车主超时停车，掌上车秘将自动按智能合约对车主加倍收取停车费；如果车位提供方违约发布虚假信息，掌上车秘会马上启动预警机制，将违约方加入黑名单。掌上车秘不仅能够整合车位资源，实现车位共享，还能改善现阶段停车场管理体系，简化车主进出停车场的流程，减少每一位车主出行的时间成本。目前，通过掌上车秘管理的车位有两万多个。未来，作为贵州车秘科技有限公司智慧交通综合服务平台的载体，掌上车秘将通过提供可扩展第三方接口来全面连接到城市公共出行系统、交通指挥系统、公安监控系统、交警执法系统、征信管理系统等，发挥其在缓解城市交通拥堵、提升公共安全、协助智慧城市规划、减少污染排放等方面的价值，为政府构建新一代智慧城市添砖加瓦。

（3）高速绿通车智能监管系统

绿通车是绿色农产品免费通行直通车的简称，目前高速公路上常有冒充绿通车的普通货车，往往需要花费大量人力物力检查“山寨”绿通车。为了解决这个问题，亚信科技控股有限公司基于区块链技术构建了高速绿通车智能监管系统。该系统利用物联网技术，将车辆数据收集上链，保障了全平台内数据的可靠性，完善高速绿通车的预约、监测、查验、免费通行等全流程，提高高速绿通车的通行效率，最大限度杜绝逃费、漏费等现象。该系统还利用区块链收集绿色货品预约信息、车辆通行记录、查验结果等各维度信息，通过对这些信息的分析自动调整车辆积分信用，为后续制定安全可靠、灵活多变的运营分析策略提供精确的、符合实际业务状况的数据基础。

5.3 区块链赋能车辆通信

5.3.1 行业现状

由 5.2.1 节可知，车联网中的车辆协作主要存在两类通信，一类是路边基础设施与车载单元之间的通信（即 V2I），另一类是车载单元之间的通信（即 V2V）。本节主要关注 V2V。

在车联网 V2V 场景中，OBU 可以自动检测和收集车辆信息和路况信息，OBU 之间通过直接通信共享和交换这些信息，可以提高交通的安全和效率。然而，在车辆密度低的区域，OBU 之间直接通信存在信息传输时延大等问题，无法保证信息的实时性，这种情况下，车辆信息和路况信息一般需要通过 RSU 进行辅助传递。OBU 将收集到的车辆信息和路况信息发送给 RSU，并由 RSU 分发给附近的其他车辆进行间接通信。

虽然车联网 V2V 通信可以提高交通的安全和效率，但其仍存在两大挑战。其一，缺乏有效的激励机制以吸引车主共享实时车辆信息和路况信息，车主担心共享信息可能存在隐私泄露风险，共享信息的积极性不高，因此需要设计合适的激励机制，在保护车主隐私的情况下提升其参与信息共享的活跃度。其二，由于车辆的高移动性，相邻车辆的车主通常是陌生人，不能完全信任对方，车辆之间缺乏信任导致共享的信息不可信，难以保证信息的真实性和可靠性。当车联网中存在恶意车辆时，其可能散播虚假的车辆信息和路况信息，车主无法判断匿名信息的真实准确，这种不当行为会极大地危及交通安全，造成安全隐患，因此，在车联网 V2V 场景中，需要设计有效的机制来确保车主获得真正有用可靠的信息。

5.3.2 基本原理

区块链技术可以解决车联网 V2V 场景面临的挑战。首先，区块链的代币机制可以激励车主共享数据，通过建立有效的数据共享机制能够帮助车主及时了解路况信息，更好地做出出行决策；其次，区块链具有去中心化、一致性和防篡改等特点，可以解决 V2V 场景中车辆之间的信任问题，构建安全可靠的信息共享环境。

业界提出了一种基于区块链的车辆信用管理模型[9-10]，如图 5-5 所示，RSU 作为共识节点，维护区块链上的车辆信用值，车辆可以发送路况信息，也可以评价其他车辆发送的路况信息。在基于区块链的车辆信用管理模型中，当车辆向 RSU 和周围车辆发送了路况信息，周围车辆会对该路况信息的重要性和真实性进行评价，并将评价结果发送给 RSU；RSU 收到周围车辆对路况信息的评价后，使用智能合约中预先编写的算法计算信息源车辆的信用偏移量，信用偏移量为正表示信息源车辆的信用值增加，反之则表示信息源车辆的信用值降低，信息源车辆发送的路况信息的重要性和真实性越高，其信用偏移量越大；RSU 将车辆的信用偏移量共享给其他 RSU，RSU 之间通过共识算法将车辆的信用偏移量和路况信息记录到区块链上；车辆的信用值越高，其获得的代币数量越多，通过这种方式激励车辆共享真实有用的路况信息，同时会对参与评价路况信息的车辆进行奖励，激励更多的车辆参与车辆信用管理；当车辆的信用值低于一定的阈值，会被禁止访问其他车辆发送的路况信息，剥夺其参与车联网的资格。

基于区块链的车辆信用管理模型以公开透明的方式来管理车辆的信用值，信用值越高的车辆发送的路况信息的可信度越高，方便车辆评估接收到的路况信息的可信度[11-12]。

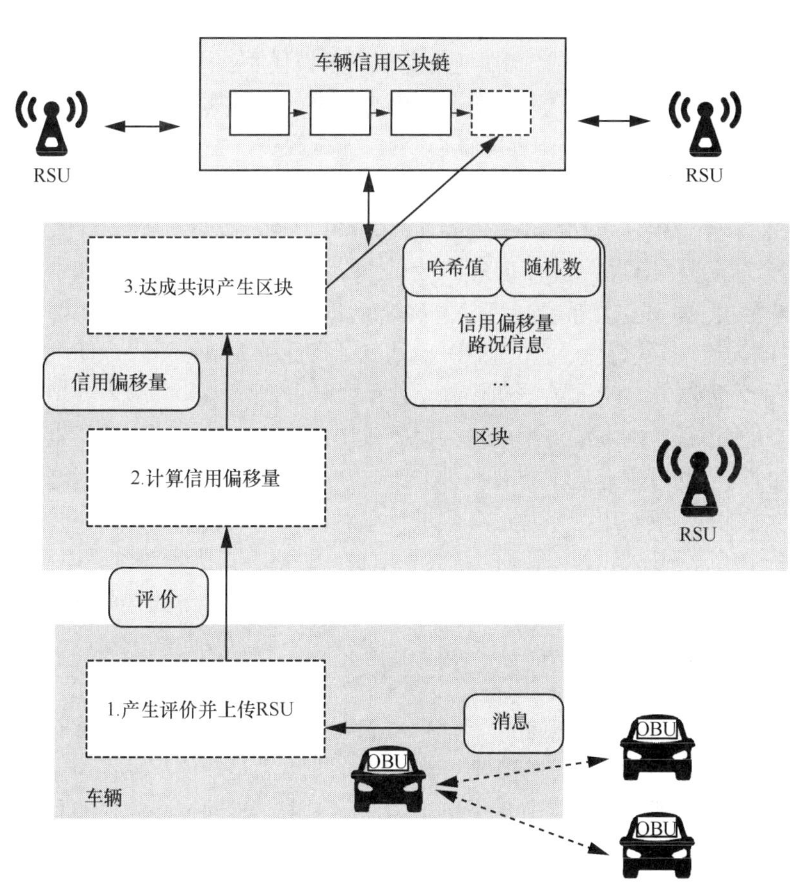

图 5-5　基于区块链的车辆信用管理模型

5.4 区块链赋能车辆充电

5.4.1 行业现状

目前，我国正在大力发展电动汽车行业，主要有三方面原因。其一，我国石油对外依存度已超过 70%，这意味着，我国超过 2/3 的石油来源于进口，能源安全长期受到威胁，而交通领域的石油消耗占全社会石油消耗总量很大的比重，2018 年这一比例更是达到了 50%以上，因此引导汽车使用电能作为主要动力可以减轻我国对石油的依赖。其二，随着经济的发展和人民生活水平的提高，我国机动车保有量持续快速增长，机动车保有量的快速增长带来了大量的尾气排放，造成大气污染。机动车尾气排放已成为大气污染的重要来源，在部分地区甚至是主要污染来源，因此控制机动车尾气排放成为治理大气污染的重要措施，而使用电动汽车替代燃油汽车是最直接有效的手段。其三，相比燃油汽车，电动汽车的能源利用率更高，并且其使用电能作为能源，省去了发动机、变速箱、油箱、冷却和排气系统，结构简单，易于维修。

国际能源署（International Energy Agency，IEA）发布的《全球电动汽车展望》报告显示，2020 年，全球电动汽车保有量将近 1000 万辆，到 2040 年这一数字将攀升到 3 亿辆。全球主要汽车生产商在未来 5～10 年计划在电动汽车的研发和生产方面投入总计 3000 亿美元，其中几乎一半将投入全球最大的汽车市场——中国。随着全球电动汽车数量的高速增长以及政府和企业对电动汽车行业的大量投资，电动汽车行业进入了一个新的发展时期，交通的电动化是交通革命和能源革命共同的发展趋势。

在电动汽车行业的发展过程中，如何高效快速地为电动汽车充电是重要的研究课题之一。目前电动汽车充电主要有两种方案，一种是使用充电桩给车辆充电，另一种是由电力过剩的车辆对电力不足的车辆进行车对车充电。充电桩分为公共充电桩和私人充电桩。美国、日本等发达国家的私人充电桩建设规模远大于公共充电桩，2019 年，全球约有 730 万个充电桩，其中约 650 万是私人充电桩。传统的充电桩需要通过复杂的电能运输网长距离运输电能，效率较低，会带来不容忽视的能量损耗，同时，由于电能在地理分配和使用上的不平衡，电动汽车在电力不足时，难以方便、及时地从数量有限且空间分布不均的充电桩中选择合适的充电桩进行充电。为了弥补充电桩充电时的不灵活和不及时，出现了车辆对车辆充电，即电力过剩的车辆作为能源供应商，对电力不足的车辆进行充电，使闲置的电力流动起来，进而提高电力的利用率。

虽然充电桩充电和车辆对车辆充电可以满足电动汽车的充电需求，但是这两种充电方案仍面临三大挑战。其一，大部分充电桩采用中心化运营模式，中心化运营模式导致信息不对称，中心机构掌握市场的所有交易信息，在电力交易时具有定价优势，可能存在损害车主利益的情况，电动汽车充电时难以得到性价比最高的电力资源。其二，充电桩由不同的运营商建设，充电数据分散在不同运营商的中心化平台中，形成信息孤岛，市场难以实现更大规模的电力调度，一定限度上影响了电力资源的利用率和流通效率。其三，电动汽车频繁的充放电可能会使自身的电池寿命受损，导致车主参与积极性不高，如果缺乏对供电车主的激励补偿措施，则很难调动车主作为能源供应商的积极性，使车辆对车辆充电受阻。

5.4.2　基本原理

对于充电桩充电和车辆对车辆充电，引入区块链技术和智能合约后，可以实现去中心化的电能交易，能够有效帮助电动汽车自主选择最合适的充电位置和充电价格，形成高安全性的电力调度机制，提高电力资源的利用率和流通效率。

业界提出了一种基于区块链的车辆充电模型[13-15]，如图 5-6 所示，该模型使用拍卖机制进行电能交易，使电能提供方和电能需求方等相关参与方的利益分配均衡。基于区块链的车辆充电模型主要有三种角色，即 RSU、电能提供方和电能需求方。RSU 不仅为电动汽车和充电桩提供无线通信服务，还作为共识节点负责收集和管理电能交易数据，维护智能合约和区块链的部署和运行；电能提供方包括充电桩和电力过剩的电动汽车，负责为电能需求方提供电能，并通过智能电表实时计量和记录交易的电量；电能需求方一般为需要充电的电动汽车。在基于区块链的车辆充电模型中，电动汽车充电的具体过程如下。

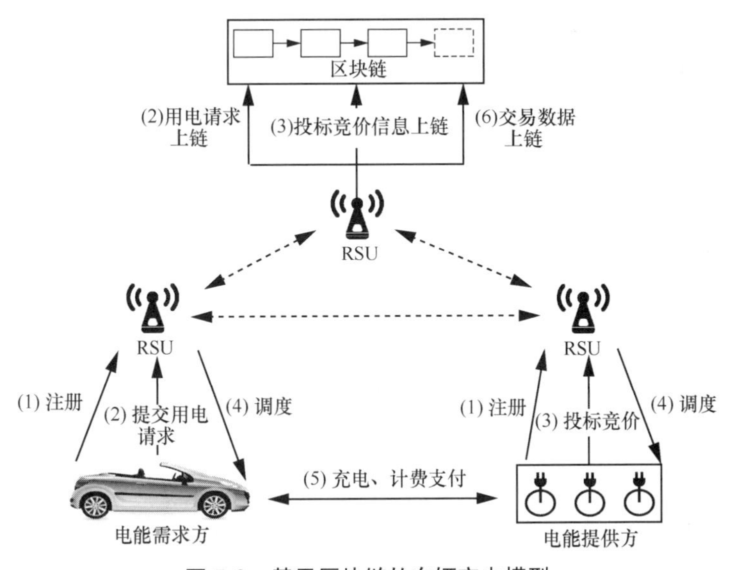

图 5-6　基于区块链的车辆充电模型

（1）注册阶段

电动汽车和充电桩在系统上进行注册，注册完成后采用加密算法安全连接到RSU进行通信。在每一次电能交易开始前，注册的电动汽车需要选择自己的角色，作为电能提供方或者电能需求方。

（2）需求提交阶段

当电能需求方需要充电时，综合考虑计划路线、汽车电池状态、预估充电时间等因素后，向最近的RSU发送一个包括电量和预期充电时间在内的用电请求。用电请求在RSU之间进行共享，并被记录在区块链上。

（3）投标竞价阶段

RSU将用电请求广播给本地的电能提供方，可以满足用电请求的电能提供方向RSU提交售价。每个电能提供方可以根据所需的电能和充电时间提供动态定价，如果电能需求方愿意接受长时间的等待或者去较远的地方充电，则可以获得更便宜的电能；如果电能需求方在短时间内和高峰时段需要大量电能，则电能提供方可以抬高电能的价格。动态定价可以优化能源利用率，减少集中充电的负荷。电能提供方提交的售价信息也会在RSU之间进行共享，并被记录在区块链上。

（4）调度阶段

RSU综合考虑电能需求方的用电请求，采用最短路径调度、最小时间成本调度、最小综合成本调度和最小等待时间调度等策略来调度电能提供方。这些调度策略以智能合约的形式被部署在区块链上，使用智能合约可以自动、公平地匹配电能需求方和电能提供方，匹配成功后，电能需求方的充电位置和价格就确定了，保障了交易双方的利益。

（5）计费支付阶段

电能提供方向电能需求方进行充电，通过智能电表实时记录交易的电量，电能需求方根据交易的电量向电能提供方支付相应的费用，可以使用“加密数字货币”进行支付。

（6）交易记账阶段

RSU基于共识机制将电能需求方和电能提供方的电能交易数据和数字资产记录到区块链上，电动汽车、充电桩运营商和政府机构都可以公开查阅和审计区块链上的交易数据。

首先，基于区块链的车辆充电模型使用区块链记录电能需求方的用电请求，电能提供方能够及时根据用电请求实时制定竞标策略，提交诚实的售价，实现电力的全局调度与协同优化；其次，该模型记录所有的交易数据，将电能交易过程透明化，提高交易效率，实现了电能交易的去中心化自治；此外，该模型通过区块链引入激励机制，补偿电能提供方的经济损失，从而刺激分布式电能交易市场，实现电力资源的最大化利用[16]。

5.4.3　应用案例

（1）金冠股份的新能源汽车充电系统

2019 年 9 月，吉林省金冠电气股份有限公司与中国香港移动互联网有限公司签订了合作协议，双方将利用区块链等技术合作建设新能源汽车充电系统，提高网络节点运维效率，提升用户体验，为解决新能源汽车充电难、支付难、充电桩选址不精确、数据用户不精准等诸多行业痛点提供新思路。该新能源汽车充电系统使用区块链作为底层存储与网络通信技术，并通过充电事件、测量数据、行业特征库和用户特征库等信息建立用电量预测模型，提升用电量预测、监控和节能分析的智能化水平，实现整个系统的高效运行。

（2）国网电动汽车服务公司的区块链实践

国网电动汽车服务公司目前建成了一个世界领先的覆盖面最广、接入充电桩数量最多的智慧车联网平台，截止到2018年年底，该平台已累计接入公共充电桩30.24万个，服务电动汽车用户数超过 130 万，累计充电量超过 10 亿千瓦时。为了应对未来电动车数量的不断增长，增强电力交易的智能化水平，国网电动汽车服务公司成立了能源区块链实验室，试图通过区块链实现智能电力调度。目前，实验室研发的移动能源互联网 1.0 产品成功把具备区块链和边缘计算功能的设备装配到充电桩上，未来计划将区块链技术整合到储能电池和车的动力系统中，实现电动汽车无感、智能、安全的充电和支付。

除了城市交通，国网电动汽车服务公司还充分发挥其智慧车联网平台在人、车、船、桩、网、电的枢纽作用，建成服务港口船舶用电的岸电云网。岸电云网基于区块链技术实现了岸电服务互联互通，依托云网计算对区块链中的船舶碳排放量和靠港供电量等数据进行分析，为每艘过往船只提供精准的个性化用电服务。

5.5　区块链在智慧交通中的其他应用案例

（1）索尼的 BCDB 平台

2020 年 4 月，索尼公司宣布开发了一个区块链通用数据库（Blockchain Common Database，BCDB）平台，利用区块链技术赋能出行即服务（Mobility as a Service，MaaS）。基于 BCDB 的 MaaS 整合了火车、公共汽车、出租车、共享汽车和自行车等出行工具，利用区块链、云计算等信息技术为用户推荐前往目的地的最佳路线、交通方式，以及所需时间和总成本，覆盖从出行服务预订到结算的整个过程。

基于BCDB的MaaS利用区块链技术在出行服务运营商和提供商之间可靠透明

地记录和共享公民的历史出行数据，通过分析和处理这些数据，提升公民的出行效率，为建设未来智慧城市做出贡献。目前，BCDB 每天为 700 多万公民提供出行服务。BCDB 作为一个去中心化的信息平台，除了赋能 MaaS，还被广泛应用于与智慧城市发展相关的各类传感器数据的记录和共享。

（2）地铁行业联盟链

2019 年 8 月，“长三角主要城市扫码互联互通”项目以 AlipayInside（支付宝的快速兼容支付系统）作为基层平台，实现 10 城地铁互通（包括上海、南京、杭州、合肥、宁波、温州、苏州、无锡、厦门和青岛），解决了异地系统兼容、地铁跨区域结算问题，使公民只需要通过一个地铁应用 App 就可以在 10 个城市乘坐地铁。利用区块链分布式账本不易篡改的特性，将公民的乘坐地铁信息在各城市轨道交通公司进行共享，实现城市之间地铁票务实时结算，大幅降低各城市轨道交通公司之间建立信任的成本。

除了长三角区域，其他地区也试图通过构建地铁行业的联盟链来实现客流、票务管理等数据在地铁上下游企业之间的共享和可信互通，提升地铁行业的运行效率。

（3）TADA 打车

韩国 MVL 公司推出的打车软件 TADA 是一个基于区块链的出行服务平台。在该平台上，因安全驾驶或提供良好服务而得到乘客好评的司机，可以获得一定数量的代币，乘客对其出行体验进行反馈或评价也会得到代币作为奖励。通过将司机和乘客相关的出行记录和评价数据上链，TADA 可以实时跟踪车辆行驶路径，加强对网约车行业的监管，构建安全透明的互信机制，提供有保障的出行服务。

（4）HireGo 租车

英国公司 HireGo 利用以太坊区块链建立了一个可信、安全的分布式点对点租车平台。HireGo 平台提供可供租用的车辆目录，用户可以选择合适的车辆在预期的时间内使用，并使用 Go 代币解决付款问题。HireGo 平台上的付款、审查、租赁交易和车辆列表等信息存储在以太坊区块链上。当用户签订租赁合同时，区块链会生成对应的智能合约，用户需要提前向该智能合约支付相应数量的代币，交易成功后用户即可使用所租的车辆，租车服务结束后智能合约会自动将代币转移到租车公司的账户。

（5）金华交警的车祸证据链

为了更好地对交通事故中涉及人身伤害的情况进行处理，金华交警推出了基于区块链的车祸证据链。交通事故当事人可通过“金华交警”微信公众号在交通事故发生时快速根据现场情况获得司法鉴定中心关于受伤人员伤残等级的司法鉴定意见，并自行通过伤残等级评定标准与交通事故赔偿标准对赔偿金额进行估算。“金华交警”微信公众号上的线上评定标准、算法以及咨询服务均由专业医学司法鉴定机构提供，交通事故当事人的查询记录与赔偿估算结果均通过基于区块链的车祸证据链进行留存，实现了交通事故相关数据真实有效且不易篡改，为涉及人身伤害的交通事故的判定及赔偿提供了高效、可信的解决方法。

（6）基于区块链的驾驶培训学时保障系统

为了保证驾驶员的驾驶能力以减少交通安全隐患，交通运输部规定“驾驶学校必须确保学员的培训时间符合特定要求”。但出于经济收益等因素，驾驶培训学校很可能会伪造培训记录，导致目前的驾驶培训系统存在学时造假严重、数据分散等问题，造成了很大的交通安全隐患。为了解决这些问题，国家汽车安全驾驶工程研究中心与 CPChain（一家去中心化分布式物联系统公链开发企业）合作推出了一套基于区块链的驾驶培训学时保障系统。

该系统通过双方联合开发的车载物联网设备，对驾驶培训学员以及教练身份进行认证，以随机间隔对学员的图像进行抓拍采样，并将其与学员的注册图像进行比较，以验证每个学员的身份，保证学员一直在车内培训。在培训过程中，车载 OBD 设备会获取驾驶时间、行程、学员的刹车、踩油门数据，以及发动机转数等数据，并随机拍摄学员在培训过程中的状态。驾驶培训结束后，以上驾驶培训过程中收集到的数据会经 CPChain 的基本数据平台 PDash 加密，加密后的数据及其哈希值会被存储在区块链上。通过对比哈希值可以检验数据是否被篡改，供政府监管机构进行审核，使培训记录难以伪造。

5.6　本章小结

智慧交通是在交通领域充分运用先进电子信息技术，使交通系统在区域、城市甚至更大的时空范围内具备感知、互联、分析、预测和控制等能力，为通畅的公众出行和可持续的经济发展服务。智能交通系统是实现智慧交通的重要保证，而车联网技术的发展是实现智能交通系统的重要支撑，V2I、V2V 和 V2G 是建设车联网和智慧交通的三个重要课题。本章首先对智慧交通进行了概述，然后从 V2I、V2V 和 V2G 三方面，详细阐述了目前智慧交通领域存在的问题，并对基于区块链的解决方案的基本原理和应用案例进行了梳理总结。在 V2I 方面，利用区块链和智能合约可以安全有效地进行数据存储和访问控制，提高数据管理效率和资源利用率，保护数据隐私；在 V2V 方面，区块链技术可以激励车主共享数据，在数据有效共享的同时解决车辆之间的信任问题，确保数据的真实性和准确性，构建安全可靠的信息共享环境；在 V2G 方面，引入区块链技术和智能合约后，可以实现去中心化的电能交易，有效帮助电动汽车自主选择最合适的充电位置和充电价格，形成高安全性的电力调度机制，提高电力资源的利用率和流通效率。

参考文献

[1] HUSSAIN R, HUSSAIN F, ZEADALLY S. Integration of VANET and 5G security: a review of design and implementation issues[J]. Future Generation Computer Systems, 2019, (101): 843-864.

[2] LEIDING B, MEMARMOSHREFI P, HOGREFE D. Self-managed and blockchain-based vehicular ad-hoc networks[C]//Proc ACM UbiComp. 2016: 137-140.

[3] 叶欣宇，李萌，赵铖泽，等. 区块链技术应用于物联网：发展与展望[J]. 高技术通讯，2021, 31(1): 48-63.

[4] 史慧洋，刘玲，张玉清. 物链网综述：区块链在物联网中的应用[J]. 信息安全学报，2019, 4(5): 76-91.

[5] SHARMA P K, MOON S Y, PARK J H. Block-VN: a distributed blockchain based vehicular network architecture in smart city[J]. J Inf Process Syst, 2017, 13(1): 184-195.

[6] LEI A. Blockchain-based dynamic key management for heterogeneous intelligent transportation systems[J]. IEEE Internet Things J, 2017, 4(6): 1832-1843.

[7] YUAN Y, WANG F Y. Towards blockchain-based intelligent transportation systems[C]//Proc IEEE ITSC. 2016: 2663-2668.

[8] ZHANG X, CHEN X. Data security sharing and storage based on a consortium blockchain in a vehicular ad-hoc network[J]. IEEE Access, 2019, (7): 58241-58254.

[9] YANG Z, YANG K, LEI L, et al. Blockchain-based decentralized trust management in vehicular networks[J]. IEEE Internet of Things Journal, 2019, 6(2): 1495-1505.

[10] LI L. CreditCoin: a privacy-preserving blockchain-based incentive announcement network for communications of smart vehicles[J]. IEEE Trans Intell Transp Syst, 2018, 19(7): 2204-2220.

[11] 黎北河. 基于区块链的车联网安全通信技术研究[D]. 重庆：重庆邮电大学, 2019.

[12] 王春东，罗婉薇，莫秀良，等. 车联网互信认证与安全通信综述[J]. 计算机科学，2020, 47(11): 1-9.

[13] KNIRSCH F, UNTERWEGER A, ENGEL D. Privacy-preserving blockchain-based electric vehicle charging with dynamic tariff decisions[J]. Comput Sci Res Develop, 2017, 33(1-2): 71-79.

[14] KANG J. Enabling localized peer-to-peer electricity trading among plug-in hybrid electric vehicles using consortium blockchains[J]. IEEE Trans Ind Informat, 2017, 13(6): 3154-3164.

[15] HUANG X, XU C, WANG P, et al. LNSC: a security model for electric vehicle and charging pile management based on blockchain ecosystem[J]. IEEE Access, 2018, (6): 13565-13574.

[16] 裴凤雀，崔锦瑞，董晨景，等. 区块链在分布式电力交易中的研究领域及现状分析[J]. 中国电机工程学报, 2021, (2): 1-19.

第 6 章 区块链在供应链管理中的应用

6.1 供应链管理概述

供应链管理从 20 世纪 80 年代开始被提出，经过几十年的发展已经从企业内部扩展到企业外部，从企业内部信息化扩展到企业分销网络、合作伙伴以及消费者之间的信息共享与协作。供应链管理就是协调企业内外部资源来共同满足消费者需求，通过运用管理技术、信息技术和过程控制技术，建立一个信息共享平台，达到对整个供应链上的信息流、物流、资金流、工作流和价值流的有效传递和控制，将供应商、制造商、销售商和服务商等合作伙伴以及消费者构建成一个具有很强竞争力的、协同化环境的供应链战略联盟[1]。随着供应链管理的不断发展，企业之间的竞争逐渐演变为供应链之间的竞争，企业与合作伙伴之间的合作关系日趋紧密，协同商务、相互信任和多赢机制成为企业共同的运作模式。

信息流、物流、资金流是供应链管理中最重要的三种流。信息流是由整个供应链上信息采集、传递和加工处理过程形成的，包括供应链上的供需信息和管理信息，贯穿整个商品交易过程，记录整个商务活动的流程，是分析物流、导向资金流进行经营决策的重要依据。物流是指物品从供应地向接收地的流通过程，将运输、存储、装卸搬运、包装、流通加工、配送等环节有机结合起来实现用户需求的过程。资金流是"货币"流通的过程，资金是企业的血液，资金流是盘活一个供应链的关键，供应链中企业的资金运作状况直接受到其上游链和下游链的影响，上游链和下游链的资金运作效率、动态优化程度直接关系到企业资金流通的运行质量。在供应链管理中，信息流、物流和资金流是三位一体的。一方面，物流和资金流决定了信息流的内容，信息流是对环境因素、上下游企业运营情况以及供应链中物流和资金流状态的描述，离开了物流和资金流，信息流是没有内容的；另一方面，及时、充分的信息流对物流和资金流具有引导、促进和优化作用，完善的信息流能够及时在供应链中传递需求和供给信息，提供准确的管理信息，从而使供应链成员形成统一的计划与执行，缩短供应链多级响应周期，降低供应链的总成本，更好地为顾客提供服务。

供应链管理在我国的发展大致可分为三个阶段：1978 年以前，我国的制造业相对比较落后，企业较少提及“供应链”这个概念，受计划经济和短缺经济的影响，企业要生产什么，往往不是自己决定的；1978-1992 年，我国的对外贸易蓬勃发展，客户需求逐渐成为影响企业经营活动的重要因素，企业开始注意充分利用内部资源来对整个经营活动加以控制和管理；1993 年以后，我国的经济体制逐步由计划经济转变为市场经济，市场逐步繁荣，在这种情况下，企业不得不开始考虑如何从原材料采购就加以管理和控制，提高企业的整体效益，从而在激烈的市场竞争中立于不败之地。随着国内经济的快速发展以及全球化的不断推进，提高顾客满意度和削减成本等要求使企业对供应链管理重要性的认识日益加强，企业的竞争格局正在改变，从企业之间的竞争逐渐演变为供应链之间的竞争，企业越来越多地使用供应链管理技术和现代科技手段来提升自己的核心竞争力。

供应链管理的发展离不开新兴技术的支持。2017 年 10 月，国务院办公厅印发的《关于积极推进供应链创新与应用的指导意见》明确提出：研究利用区块链、人工智能等新兴技术，建立基于供应链的信用评价机制，推进各类供应链平台有机对接，加强对信用评级、信用记录、风险预警、违法失信行为等信息的披露和共享。区块链的链式结构保证了信息的完整性、可靠性和高透明度，帮助企业优化生产运营和管理，提升效益，同时智能合约的自动执行使赖账和毁约的风险被大大降低，减少了人为干预，提升了供应链效率。

6.2 区块链赋能信息流

6.2.1 行业现状

信息流是由整个供应链上信息采集、传递和加工处理过程形成的，包括供应链上的供需信息和管理信息，贯穿整个商品交易过程，记录整个商务活动的流程，是分析物流、导向资金流进行经营决策的重要依据。产品溯源是信息流的一个重要用途，因此本节以产品溯源为例来说明区块链在信息流中的应用。

产品溯源是综合利用物联网技术、自动控制技术、自动识别技术和互联网技术，实现“一物一码”，对产品生产加工、包装仓储、渠道物流、终端销售、真伪查询、数据分析等产品全生命周期进行信息记录追溯管理[2]。产品溯源主要应用于食用产品（肉类、蔬菜、水果、水产品、婴儿奶粉、中药材等）、高档消费品（名贵烟酒等）和高端艺术品（文物、珠宝等），能够帮助企业提高品牌价值和综合竞争力，并获取商品市场大数据信息，为企业经营决策提供数据依据。

我国现有的产品溯源系统大多是由生产厂家在产品出厂时为每个产品分配唯一的标识，用于追溯产品的生产厂家。这种产品溯源系统能够追溯的信息是非常有限的，并未涉及产品的生产、加工、流通、运输、销售等全过程的各环节。除此之外，现阶段的产品溯源系统还面临三大挑战。

① 现在的产品信息，如生产日期等，很容易被造假和篡改，产品信息的可靠性和安全性难以得到保证，导致产品溯源系统采集的数据可信度低，因此，构建一套安全可信的产品溯源系统，使用户能够获取安全可靠的产品及服务，成为一种迫切的需求。

② 在当前的供应链中，产品在不同生命周期阶段产生的数据属于不同的实体，这些实体常常拥有不同的信息化程度，数据存储架构和接口也各不相同。由于各个实体的系统之间割裂严重，数据整合的成本极大，各个实体打通产品数据的意愿也因此降低，导致产品数据无法发挥更大价值。

③ 由于不同阶段的产品数据一般来自不同实体，数据的敏感程度各不相同，因此产品数据共享过程中一定要注意保护数据安全和用户隐私，数据的存储和使用都需要严格的容错机制和访问权限控制。

6.2.2　基本原理

区块链技术具有数据不易篡改和可追溯的特点，使用区块链存储产品信息可以确保信息的可靠性和安全性，增强产品溯源系统采集数据的可信度，一旦产品出现问题，可以快速找到问题的源头和与其相关的其他环节，明确问题的原因和责任，快速、正确地解决问题；由于区块链采用分布式架构，供应链上的实体可以方便地共享产品在不同生命周期阶段产生的数据，为产品数据发挥更大价值提供支撑；此外，联盟链使只有授权的企业才能加入区块链网络，数据的录入、查询和共识等权限被严格控制，可以保护数据安全和用户隐私[3]。

业界提出了一种基于区块链的产品溯源系统架构，如图 6-1 所示，该系统架构共有三层，即传感层、数据存储层和应用层。传感层包含各种传感器模块和定位模块，实时采集数据并上传至数据存储层；数据存储层负责将采集的数据写入区块链中；应用层包含与产品溯源相关的各种应用程序。

传感层主要包括温度传感器、湿度传感器、加速传感器、压力传感器、GPS模块、GPRS 模块和 RFID 模块等。温度传感器、湿度传感器、加速传感器、压力传感器等传感器模块用来实时监测环境数据，GPS 模块用来进行精准定位，GPRS模块用来进行无线数据传输，RFID 模块用来维护产品 RFID 标签中的数据。在生产环节，生产企业给每件产品添加唯一的 RFID 标签，并将原产地等信息添加到RFID 标签中；在加工环节，加工企业完成加工流程后，会在 RFID 标签中添加产品配料、加工日期、有效期等加工环节相关的信息；在仓储环节，仓储中心会通过RFID 标签自动获取产品信息，同时将存储环境信息（温度和湿度等）、产品收发时间、库存信息（产品的数量、种类、储存时间等）添加到 RFID 标签中，这些信息可以有效避免因产品过期或存储不当等导致的产品安全事故的发生；在配送环节，配送中心不仅会利用 GPS 模块对每辆车进行定位，优化配送路线，缩短配送时间，保证产品的新鲜度，还会通过车载安全监测系统检测车辆的配送环境，当温度和湿度等环境数据超过安全标准时，车载安全监测系统会立即向配送中心报警；在消费环节，消费者可以通过扫描 RFID 标签来获得产品在生产、加工、仓储、配送等环节的基本信息，方便消费者买到安全放心的产品[4]。

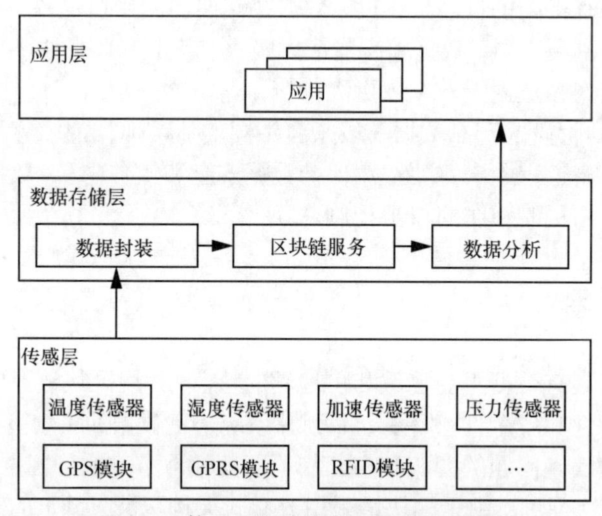

图 6-1　基于区块链的产品溯源系统架构

数据存储层包括数据封装模块、区块链服务模块和数据分析模块。数据封装模块接收来自传感层的数据，并对数据进行重新组装；区块链服务模块将组装好的数据存储到区块链网络，并可以查询区块链上的数据；数据分析模块通过对区块链上数据的分析来响应应用层的请求，为应用层提供服务，保障上层各种应用程序的正常执行。区块链网络主要由供应链成员组成，包括生产企业、加工企业、仓储中心和配送中心等。在产品的各个环节，相关企业将经过数字签名的产品信息发送到区块链网络，各个节点达成共识后将信息存储到区块链上，通过这种方式可以在供应链成员之间共享各个环节的产品信息。

为了便于存储和查询产品信息，业界提出了一种基于区块链的双链存储结构，如图 6-2 所示。除了在区块之间通过父区块哈希值形成区块链，区块中的事务也通过父事务哈希值形成事务链。区块的链式结构保证存储在区块链上的数据不易篡改，事务的链式结构将同一产品相关的事务串联起来，方便追溯同一产品的所有信息。

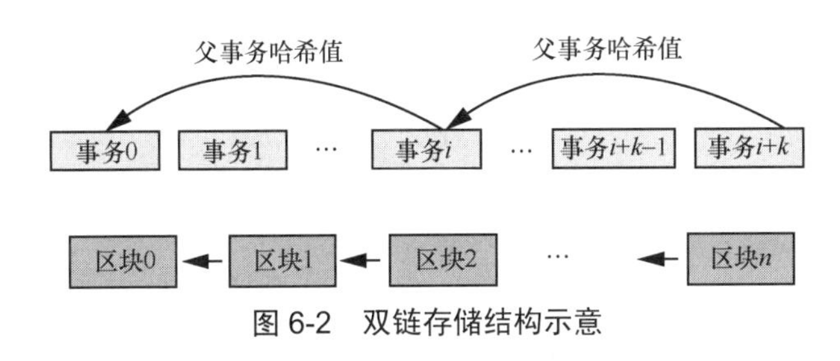

图 6-2　双链存储结构示意

应用层包含与产品溯源相关的各种应用程序，实现不同品类产品的全流程动态溯源，帮助企业实时掌握产品流向，规范产品销售渠道，更好地为顾客提供服务。

6.2.3　应用案例

（1）布比供应链云管理平台

为了解决当前供应链领域存在的问题，布比基于区块链技术构建了供应链云管理平台，旨在通过充分利用区块链高可信共识、低成本安全和分布式账本等特点，建立“品质驱动、价值保障、诚信链条、透明消费”的供应链生态服务体系。如图 6-3 所示，布比供应链云管理平台能够实现对物品、物链码、上下游、智能合约以及安全的全方位管理，还能够提供一系列的行业应用支撑服务。

物品管理：在供应链云管理平台上，物品管理模块可以实现对各类物品的新建、信息维护、流转信息跟踪及异常情况报警等功能。生产制造商负责物品基本特性的描述，并生成物品的基础档案信息。物品信息以加密的方式存储到区块链上。为了提升消费者对某类物品的认知、了解和认可程度，供应链企业还可以通过图片和实时视频等多媒体方式对区块链上的物品信息进行补充和完善。

物链码管理：物链码是可以唯一标识一个物品的加密字串，相当于物品在布比供应链云管理平台中的身份证。物链码的形态是一个二维码、射频标签或其他可以唯一标识物品的装置，甚至是物品自身所具备的、特有的“指纹”信息，如珠宝的光谱信息等。利用智能手机、射频或传感器设备等，可以通过物链码对物品进行自动识别，进而实现物品的物联网辅助管理和信息跟踪查询等功能。

上下游管理：上下游管理是指在供应链中实现对上游供应商和服务商以及下游客户和分销商的管理。供应链中的上下游企业相互依存，上下游管理不仅满足了供应链管理的基本需求，同时基于区块链开放和共识的特性，能够保证上下游企业的有效连接。通过上下游管理，企业不仅能够可靠把握上下游企业的情况、建立交易关系、跟踪交易情况，能够了解间接环节和最终消费者的情况。

智能合约管理：基于区块链的智能合约的生成与管理，使大批量物品在供应链条上的多机构间流转和交易变得更为简单、安全和高效。当交易双方对合同的执行达成共识后，平台可自动触发签收、打款等行为，同时将相关流转信息记录在区块链上。布比供应链云管理平台通过对供应链管理辅助传感设备的智能化扩展，实现大批量物品流转过程中行为与状态的有机整合，在高效处理物品流转环节关键信息写入的同时，对相关企业供应链溯源起到强有力的支撑作用。

安全管理：信息的安全可靠是供应链上各类企业、机构和个人信任布比供应链云管理平台的基础。布比供应链云管理平台在利用传统手段保障用户账户安全和关键数据修改、访问权限的同时，能够提供信息的审计功能，包括物品及其区块链信息的审计以及各共识节点信息一致性审计等，验证并积累平台的公信力。

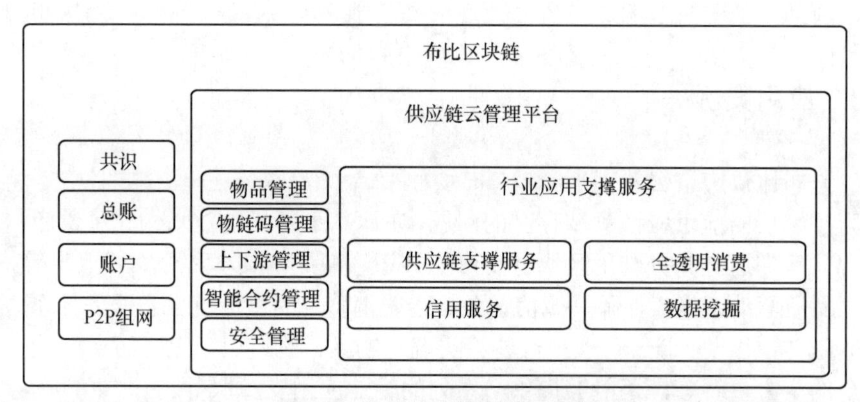

图 6-3　布比供应链云管理平台

布比供应链云管理平台构建在区块链上，使每一个物品的固态特性等静态信息和流转、信用等动态信息能够在生产制造企业、仓储企业、物流企业、各级分销商、零售商、电商、消费者以及政府监管机构之间达成共享与共识，通过综合利用传感器、射频、Mesh、Lora、ZigBee 等物联网技术，实现供应链管理的业务流程优化和再造，从而形成全方位的、具有高公信力的供应链体系。

供应链云管理平台为供应链各个环节中参与经营活动并需要共享物品信息的机构提供供应链管理的辅助手段。通过对物品全生命周期的记录，布比供应链云管理平台实现了对品质型商品的价值保护、对流通渠道和最终消费者的保护、具有公信力的价值转移和再生，并成为政府相关部门行使监督权力的可靠渠道。

（2）Provenance 的产品供应链溯源实践

Provenance 是一家提供供应链溯源服务的区块链创业公司，尝试在区块链上记录供应链的全流程信息，以提升产品信息的透明度。Provenance 使用序列号、条形码、RFID 和 NFC 等技术，将区块链上的数字资产与实体产品进行连接，确保数字资产与实体产品之间是一一对应的。供应链上的设计厂商、原材料供应商、生产商、物流服务商和消费者等企业和个人都需要在 Provenance 提供的平台上进行注册，注册后的企业和个人拥有独一无二的用以证明其身份真实性的公钥和私钥，可以在区块链上记录信息，也可以在权限内查看区块链上的信息。区块链上的信息是不易篡改且不可撤销的，这种特性保证了消费者查看到的产品信息是真实可靠的，从而保障了消费者的权益。

Provenance 为供应链上的企业和个人提供了一个信息共享平台，平台上记录了产品从设计、生产、运输到销售的整个生命周期的文字、图片以及视频等信息，全方位地展示产品背后的所有环节。从企业的角度，共享的信息可以帮助其更加深入地挖掘消费者需求，形成一个积极的供应链上下游生态环境，扩大市场规模，促进整个供应链的良性发展。从消费者的角度，这些信息帮助其以透明的方式全流程追踪产品的原产地和中间交易过程，消费者不仅可以查看产品的静态属性信息，还可以查看产品从生产商到经销商再到终端消费者的中转运输流程，增强了消费者对产品的信任。举例来说，消费者通过扫描每一个金枪鱼罐头上的二维码，可以确切知道其中的金枪鱼在何处捕捞、由何机构提供认证、在哪里被装入罐头、如何从生产地被运送到经销商等，每一个步骤都有不可更改的时间戳证明，产品流转过程中每一个环节信息的真实性和准确性得到了充分保障。

如图 6-4 所示，Provenance 不仅通过区块链来记录产品整个生命周期的信息，还通过智能合约对购物方式进行了创新。举例来说，消费者可以通过与生产商签订智能合约的方式来购买产品，合约内规定当产品的价格低于某个约定的价格时，消费者即以这个约定的价格购买一定数量的产品。由于智能合约能够自动执行，生产商可以根据智能合约中约定的产品数量和价格来预测未来的收入，同时消费者可以以更低的价格购买到所需的产品。

（3）Everledger 钻石认证

Everledger 于 2017 年启动了钻石生命周期（Diamond Time-Lapse）计划，在区块链上记录并跟踪钻石从开采、加工、认证到买卖的整个生命周期，包括钻石的来源、切割、抛光和证书发放等环节的实时数据。该项计划通过测量成品钻石上 40 个特征点的数据来生成一个钻石的“数字指纹”，再将信息上链，旨在帮助钻石供应链的各参与方（包括生产商、零售商和消费者等）了解钻石的历史。如果消费者对某颗钻石感兴趣，可以下载该钻石的生命周期报告，查看它在各个环节的重量、颜色、透明度、等级、经手工匠、开采照片和抛光视频等信息，这些信息都是当初发生时记录在区块链上的实时数据，后期无法篡改。所有钻石都有真实的流通记录，因此钻石来源的可信度得到了保证。

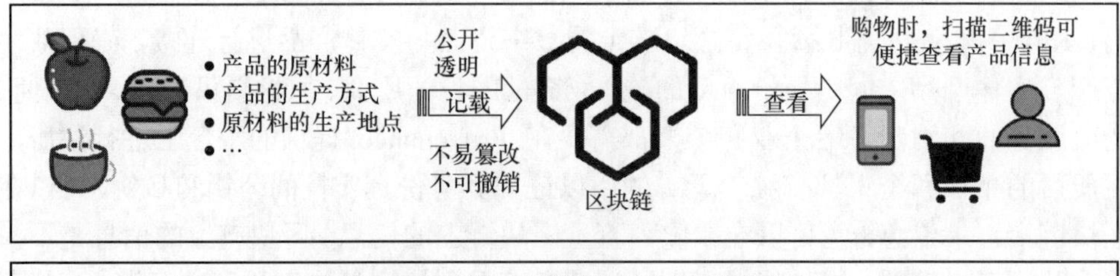

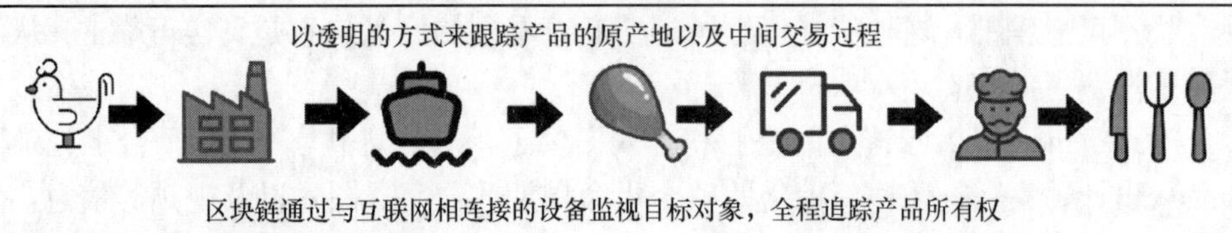

图 6-4　Provenance 的产品供应链溯源平台

目前，Everledger 和京东宣布成功实施与美国宝石学会的“溯源合作”，以增加钻石来源的可信度和透明度。自 Everledger 首次利用区块链技术追踪并认证钻石产地以来，通过与包括钻石制造商和零售商在内的钻石供应链各参与方合作，在三年时间内 Everledger 已经认证了超过 200 万颗钻石的来源。此外，Everledger 将业务扩展到彩色宝石等其他珠宝，以及葡萄酒、奢侈品和艺术品的认证。与钻石认证类似，这些产品的认证都用到了区块链技术。

（4）沃尔玛的食品溯源实践

2017 年 8 月，沃尔玛与 IBM 共同宣布在美国建立食品安全协作联盟，计划利用区块链技术追踪食品供应链的每一个步骤，永久记录每一个交易环节，增强食品真伪判断和安全保障，以实现食品的源头追踪与安全治理。猪肉溯源是食品安全协作联盟开展的一个项目。该项目利用 IBM 的开源区块链平台 Hyperledger，将猪肉的农场来源信息、批号、加工工厂和加工数据、到期日、存储温度，以及每一个运输和流转环节的信息都记录在区块链上。通过该项目的实施，沃尔玛可以随时查看其经销的猪肉的原产地以及每一笔中间交易过程，确保其销售的都是合格的经过检验的猪肉。

2017 年 12 月，沃尔玛与京东、IBM、清华大学共同成立中国安全食品区块链溯源联盟，旨在通过区块链技术进一步加强食品的可追溯性和安全性，提升中国食品供应链的透明度。加入联盟的企业可以利用区块链分享食品信息，改进食品流转与验证等过程，增强消费者的信心。沃尔玛通过测试表明，应用区块链技术后，追溯一袋芒果从农场到门店整个过程的时间，从以往的几天甚至几星期缩短到了两秒。

（5）唯链

2015 年，唯链科技发布了基于区块链的供应链管理平台唯链（Verification Chain，VeChain），旨在利用区块链和物联网技术打造信息透明、协同高效、价值高速传输的可信任分布式商业环境。唯链的一个主要功能是正品防伪识别，因此防伪需求高的奢侈品和酒类等零售企业是其主要客户。唯链在每个商品内安装一个 NFC 芯片，并把其唯一 ID 信息上传到区块链，通过统一的智能合约模板记录和维护商品从生产、物流、市场到消费者的整个流通过程的信息。消费者能够在唯链 App 上查询商品的相关信息，对商品进行评论，通过评论加强供应链上下游企业与消费者之间的联系。

截至 2021 年 6 月，唯链科技已在 7 个国家和地区设立分公司和办事机构。

6.3　区块链赋能物流

6.3.1　行业现状

物流是指物品从供应地向接收地的流通过程，将运输、存储、装卸搬运、包装、流通加工、配送等环节有机结合起来实现用户需求的过程。物流是经济全球化的产物，也是推动经济全球化的重要服务业[5]。物流渗透在社会生产和居民生活的各个方面，整个经济社会的运行离不开流通，随着我国工业进程的不断加快，大宗商品运输和工业生产原材料及半成品的运输需求稳步提升，我国物流行业稳中向好，社会物流总额不断提升。据中国物流与采购联合会统计数据显示，2020 年，我国社会物流总额达到 300 万亿元，2021 年 1 月至 4 月，全国社会物流总额为 97.4 万亿元，按可比价格计算，同比增长 20.0%。我国社会物流总额的不断提高标志着我国物流需求的不断扩大，目前我国已经成为全球最大的物流市场。

虽然近几年物流取得了很大发展，但其仍面临三大挑战。其一，我国物流行业普遍存在企业规模小、数量多、社会化一体化差等特点，在货物的交接、运输等过程容易出现突发状况，使传统协调方式效率低。其二，物流行业的利益相关者较多，包括产品生产者、产品加工者、产品运输者、产品销售者以及产品消费者，这些利益相关者之间缺乏物流信息的有效共享，对产品物流过程的可追溯程度不够重视，当出现产品质量问题时存在互相推脱责任的现象。其三，在现代化运输过程中，企业要处理大量物流单据，容易造成错配、漏配，使订单管理成本高昂。

6.3.2 基本原理

目前，我国正在推动物流行业降本增效，提高整个社会的货物流通运转效率，未来，通过智能硬件、物联网、大数据等智慧化技术与手段，提高物流系统分析决策和智能执行能力的智慧物流市场将进一步扩大，行业将朝物流连接升级、数据处理升级和经营模式不断创新的方向发展。随着智慧物流的大规模应用，结构不断优化，融合新理念、新模式、新技术、新业态来发挥智慧物流的优势，将推动我国物流行业的革命性发展，实现物流行业的转型升级。

区块链技术可以助力智慧物流的发展。区块链具有分布式共享账本、公开透明、防篡改、可追溯等特性，可以不断优化整个物流过程，促进利益相关者之间的信息共享，保证物流信息的真实性和透明性，推动物流行业的降本增效[6]。早在 2016 年，中国物流与采购联合会就已经意识到区块链技术在物流与供应链领域的应用前景，由多家物流、供应链和区块链企业联合发起成立了中国物流与采购联合会区块链应用分会，致力于推动区块链技术在物流与供应链领域的应用。2018 年 10 月，商务部等 8 部门公布 266 家全国供应链创新与应用试点企业名单，其中部分试点企业利用区块链技术在物流领域开展实践应用，取得了一定积极成效。

如图 6-5 所示，基于区块链的智慧物流平台一般涉及承运方和托运方，智慧物流平台通过 HTTP 服务模块与承运方和托运方的手机终端进行通信，货物运输过程中传感器采集的数据也通过手机终端传输到基于区块链的智慧物流平台。智慧物流平台使用智能合约对物流过程进行自动化管理，使用区块链对货物存储、运输状态进行全方位的记录与跟踪。

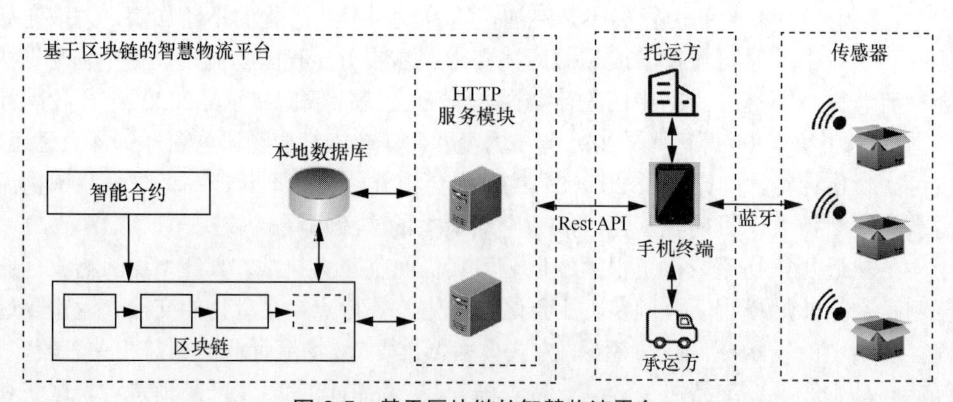

图 6-5　基于区块链的智慧物流平台

当托运方需要运输货物时，可以根据自身需求发起运单，其中包括货物名称、件数、货物价值、重量、运输环境要求以及收货人的详细地址和电话等信息；智慧物流平台将运单与承运方进行匹配，匹配成功后，托运方和承运方对配载货物和装车计划等细节进行协商，协商成功后由智慧物流平台生成智能合约，并将经托运方和承运方数字签名的智能合约部署在区块链上；在货物运输过程中，传感器实时监测湿度和温度等运输环境信息，通过蓝牙等短距离通信技术将采集的数据传输给承运方的手机终端，手机终端通过 Rest API 接口将传感器采集的数据发送给智慧物流平台；智慧物流平台将原始的运输环境信息存储在本地数据库，并将信息的哈希值和存储地址记录到区块链上，实现对货物存储、运输状态的全方位记录与跟踪；货物到达目的地后，收货人对货物进行检验，检验合格后向智能合约发送成功收货通知，该通知会触发智能合约自动执行费用支付结算等操作。

6.3.3　应用案例

（1）马士基跨境运输解决方案

2018 年 8 月，运输物流行业企业马士基和 IBM 共同宣布了一种基于区块链的全球跨境运输解决方案 TradeLens。该方案基于 Hyperledger Fabric 构建，将端到端的供应链流程数字化以供海运和物流行业使用，旨在帮助企业管理和跟踪全球数千万个船运集装箱的书面记录，提高货运公司、货运代理商、海运承运商、港口和海关当局等贸易伙伴之间的信息透明度，实现高度安全的信息共享。TradeLens 利用区块链技术在供应链生态系统各参与方之间共享海运过程中的运输信息，降低贸易成本和复杂性，缩短产品的运输时间，改善库存管理，最终帮助企业降低成本，推动实现可持续运输。TradeLens 方案自提出以来，已有 100 多个组织加入了 TradeLens 生态系统，这些组织共记录了超过 1 000 万个运输活动，同时有来自 55 个港口和码头的数据被记录到 TradeLens 中，用于进一步改善物流中存在的问题，提升物流效率。

（2）基于华为云区块链服务的物流运输解决方案

2018 年 4 月，华为发布了华为云区块链服务（Blockchain Service，BCS），旨在为客户和合作伙伴提供定制化、便于使用且可扩展的区块链平台。华为云区块链服务是基于 Hyperledger 1.1 搭建的，支持多种共识算法，可以实现超过 5 000 TPS 的秒级共识。

华为作为大型制造企业，有大量的设备（如基站和服务器），需要通过物流发送给客户，物流过程参与方众多，流程复杂（如图 6-6 所示）。由于各参与方分别使用不同的信息和物流管理软件，导致传统物流存在以下问题：承运商签收不实时，签收单返回周期长，导致结算周期长；收货地址变更管理不佳；客户签单后投诉未收到货；没有有效防丢失手段；签收单大部分为纸质单据，不便于管理；多层转包的情况下，物流过程不能做到实时化和可视化。

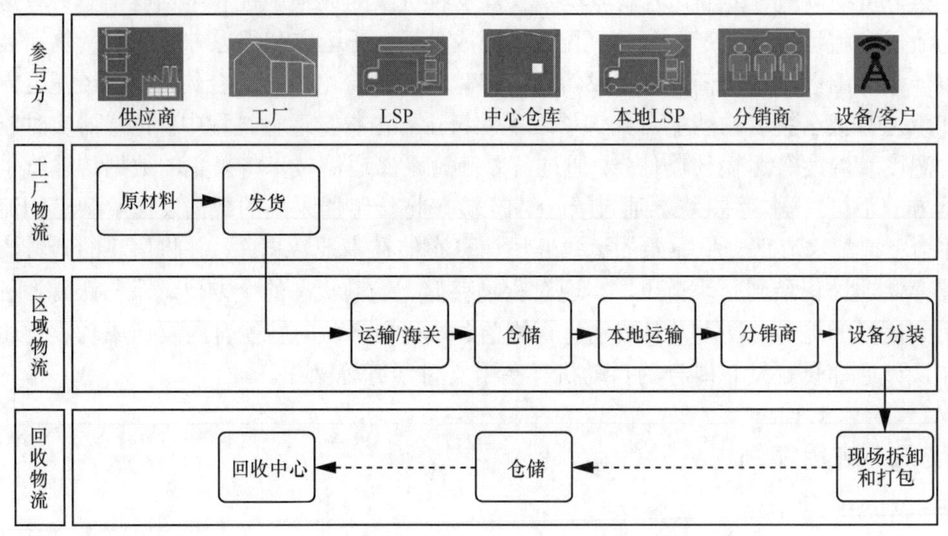

图 6-6　华为传统物流流程

为了解决传统物流存在的问题，华为提出了基于华为云区块链服务的物流运输解决方案，该方案涉及生产商、仓储方、物流承运商、干线运输商、末端派送商、经销商和客户等参与方，货物的生产、仓储和物流等环节产生的信息均可上链存储。如图 6-7 所示，该方案的具体措施如下。

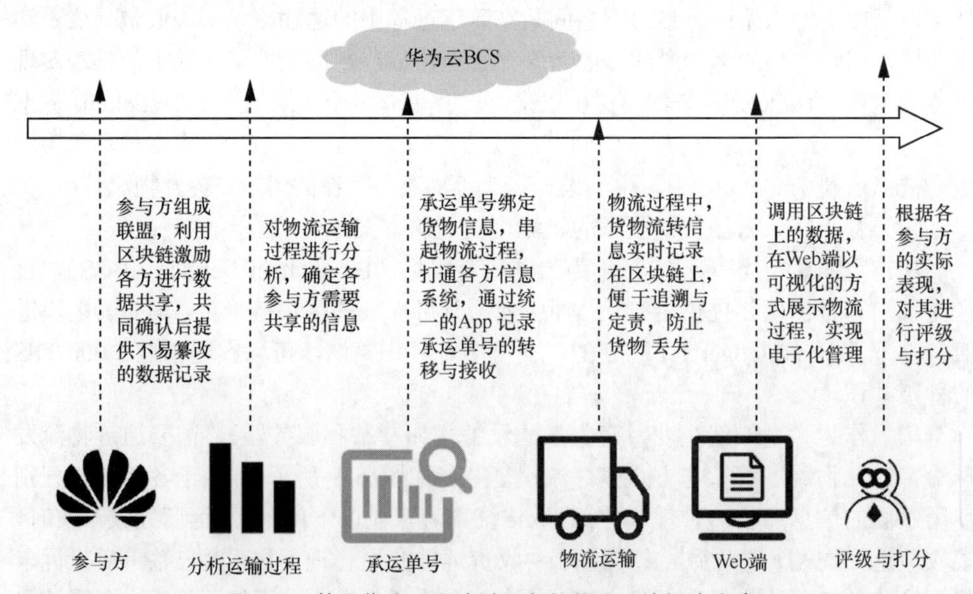

图 6-7　基于华为云区块链服务的物流运输解决方案

① 将各参与方组成一个联盟，利用区块链技术以适当的方式激励各参与方进行数据共享，并在多方共同确认后提供不易篡改的数据记录。

② 通过对整个物流运输过程的分析，确定各参与方需要通过区块链共享的信息。

③ 承运单号绑定货物信息，以承运单号串起货物的整个物流过程，打通华为、承运商、干线运输商、区域配送中心、末端派送商等各参与方的信息系统，使用统一的应用程序 App 记录承运单号的转移与接收，确认货物的当前责任承担方。

④ 物流过程中，货物流转信息实时记录在区块链上，区块链的数据不易篡改等特性保证货物流转信息真实有效，便于精确追溯与责任界定，防止货物无故丢失。

⑤ 调用区块链上的数据，在 Web 端以可视化的方式展示物流过程，实现全面电子化管理，纸质单据作为参考。

⑥ 根据物流过程中各参与方的实际表现，可以通过一定的算法对其进行评级与打分。

6.4　区块链赋能资金流

6.4.1　行业现状

资金流是“货币”流通的过程，资金是企业的血液，资金流是盘活一个供应链的关键，供应链中企业的资金运作状况直接受到其上游链和下游链的影响，上游链和下游链的资金运作效率、动态优化程度直接关系到企业资金流通的运行质量。中小微企业是促进就业、改善民生、稳定社会、发展经济、推动创新的基础力量，是构成市场经济主体中数量最大、最具活力的企业群体，在我国国民经济中占据十分重要的地位，截至 2019 年年底，我国中小微企业已经达到 1.2 亿户。

虽然中小微企业的数量逐年攀升，但是中小微企业在实际发展中却面临一系列困难，其中融资难是中小微企业面临的最大难题。世界银行、中小企业金融论坛、国际金融公司联合发布的《中小微企业融资缺口：对新兴市场微型、小型和中型企业融资不足与机遇的评估》报告指出，中国 40%的中小微企业存在信贷困难，或完全无法从正规金融体系获得外部融资，或从正规金融体系获得的外部融资不能完全满足融资需求。目前，中小微企业的应收账款总额超过 20 万亿元，其中仅有 3 万亿元获得了保理融资，还有 17 万亿元的融资需求缺口尚未得到满足。

我国中小微企业面临融资难问题主要有两方面原因。一方面，中小微企业规模较小，信用风险和偿债风险相对较高，使银行更愿意为信用风险和偿债风险低的大型企业提供融资授信服务；另一方面，受限于风险控制手段有限、操作效率低等因素，银行在对中小微企业提供融资授信服务时成本较高，这些成本会纳入给中小微企业的融资利息等费用中，导致中小微企业无法获得有竞争力的融资服务，需要承担较高的融资成本[7]。

我国非常关注中小微企业的健康发展，不断针对中小微企业的融资提供政策法规支持。2018 年 4 月，商务部、工业和信息化部、生态环境部、农业农村部、中国人民银行、国家市场监督管理总局、中国银行保险监督管理委员会和中国物流与采购联合会等联合发布了《关于开展供应链金融创新与应用试点的通知》，积极推动供应链核心企业与商业银行创新供应链金融服务模式，为符合条件的中小微企业提供成本相对较低、高效快捷的金融服务。2019 年 2 月，中共中央办公厅和国务院办公厅联合发布了《关于加强金融服务民营企业的若干意见》，鼓励银行依托产业链核心企业信用，为上下游企业提供无须抵押担保的订单融资、应收应付账款融资。

虽然我国出台了多项针对中小微企业融资的政策文件，但是这些政策在落地过程中仍面临两大难点。其一，目前供应链上存在很多信息孤岛，同一供应链上企业之间的 ERP 系统、账务系统较难统一，导致中小微企业和核心企业之间的信息难以互联互通，制约了很多融资信息的验证，核心企业的信用不能有效传递给中小微企业，供应链上下游的中小微企业在没有核心企业信用背书的情况下，难以获得银行的优质贷款。其二，现有的银行风险控制体系下，银行较少参与供应链上企业之间的贸易往来，缺少真实可信的数据，如果中小微企业无法证实贸易关系的存在，则难以从银行获得融资[8]。

6.4.2 基本原理

区块链技术可以助力解决中小微企业的融资难问题。首先，区块链技术能够解决信息孤岛问题，实现多个利益相关方之间的数据互通和信息共享，核心企业的应收账款凭证可以作为区块链上可流转、可融资的确权凭证，将核心企业的信用有效传递给中小微企业；其次，供应链上下游企业可以利用区块链完整地记录合同、票据、支付等数据，提升了数据透明度，为银行等金融机构提供可信的贸易数据，方便金融机构为上下游企业提供无须抵押担保的订单融资、应收应付账款融资等融资授信服务；此外，基于智能合约的自动清结算可以减少人工干预，降低操作风险，保障回款安全[9]。

业界提出了一种基于区块链的供应链金融解决方案，如图 6-8 所示。在该方案中，核心企业主要负责帮助解决上游供应商和下游经销商的融资问题，强化金融职能，优化供应链整体效能，增强企业核心竞争力；上游供应商和下游经销商一般是围绕核心企业开展业务的中小微企业，依托核心企业的信用可以享受到金融机构低成本的金融服务，优化企业现金流，提升资金周转效率；金融机构包括商业银行、保理公司、小贷公司、P2P 公司等，通过查询企业之间的贸易信息，为中小微企业提供风险可控的融资授信服务；物流企业和仓储中心负责对物流和仓储信息进行登记和确认；第三方信息服务商凭借自身的数据资源或技术优势，提供中小微企业相关的数据。

基于区块链的供应链金融平台将核心企业、上下游企业、物流企业、仓储中心、金融机构、第三方信息服务商作为区块链的节点链接起来，形成基于区块链的供应链金融服务网络。基于区块链的供应链金融平台会为各个节点颁发安全证书作为身份标识，代表该节点进行签名验证和共识等操作过程。当上下游企业向平台发起融资需求时，金融机构会首先查询与该企业相关的贸易信息。对于有标准化企业信息管理系统的核心企业，供应链金融平台在获得相关授权后，可以直接从企业的信息管理系统提取企业的数据；而对于没有标准化企业信息管理系统的上下游中小微企业，在获取企业授权的前提下，第三方信息服务商可以提供企业的数据；来自企业信息管理系统和第三方信息服务商的数据经过多方共识和存证确权后，会被存储到区块链上。金融机构查询到企业的数据后，会对企业的运营情况和信用做出判断，在此基础上为中小微企业提供风险可控的融资授信服务。在整个过程中，基于区块链的供应链金融平台会利用智能合约将流程程序化、合约化，确保关键流程的执行过程是公开透明的、不易篡改的、很难否认的和可追溯的。

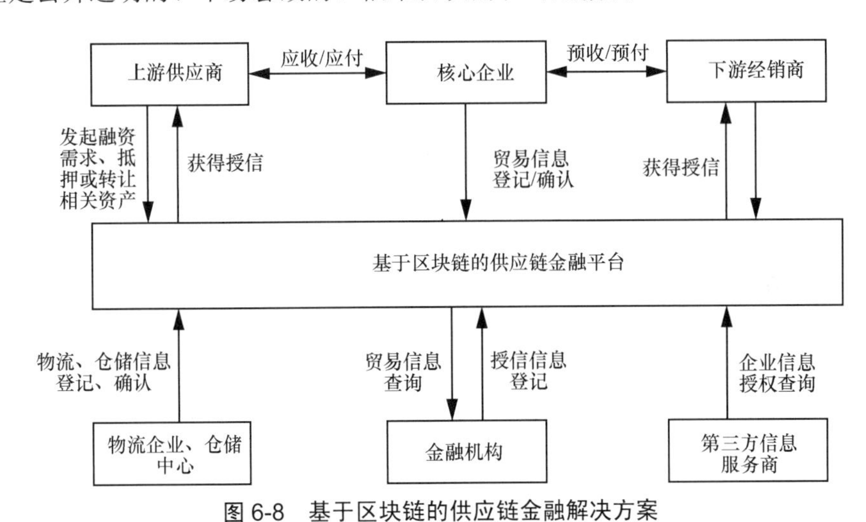

图 6-8　基于区块链的供应链金融解决方案

6.4.3　应用案例

（1）“链向云信”金融科技服务平台

2020 年 4 月，由成都链向科技研发的“链向云信”金融科技服务平台正式上线试运营，该平台利用区块链不易篡改、多方共享的分布式账本特性，创新性地将区块链技术与供应链金融结合，把传统企业贸易过程中的赊销行为，用区块链技术转换为一种可拆分、可流转、可持有到期、可融资的区块链记账凭证。通过共享这些记账凭证，打破信息不对称，传递供应链上的企业信用，降低信任成本，方便企业融资。例如，供应链上的中小微企业通过“链向云信”平台对接核心企业、商业银行和保险公司，完成商业票据和应付账款等质押借款，有力地改变了企业以固定资产为抵押从银行获取贷款的模式，有效避免了中小微企业因有效抵押物不足而无法贷款的情况，在很大限度上扫清了企业融资道路上的障碍。此外，“链向云信”平台中共享的信息为金融机构提供更多投资场景，优化资金配置，提高资金流转效益，促进金融与实体经济良性互动，有利于优化企业商业信用环境。

目前，“链向云信”金融科技服务平台制定了首个三年运营计划，2020 年实现融资规模突破 15 亿元，服务 300 家中小微企业，创造近 1 400 万元税收；预计 2021 年实现融资规模突破 60 亿元，服务 1 200 家中小微企业，创造近 4 000 万元税收；预计 2022 年实现融资规模突破 100 亿元，服务 2 000 家中小微企业，创造近 6 200 万元税收。同时，在招才引智、成果转化、企业转型服务、智库建设等方面有战略性布局，助力我国经济转型升级。

（2）光大银行的供应链金融项目

2019 年，光大银行与蚂蚁金服“双链通”区块链平台的合作项目首期系统对接正式投产上线。蚂蚁金服“双链通”以核心企业的应付账款为依托，以产业链上各参与方之间的真实贸易为背景，让核心企业的信用可以在区块链上逐级流转，从而使更多供应链上下游的中小微企业获得平等高效的普惠金融服务[10]。

通过与可提供区块链联盟网络及其配套设施的“双链通”平台合作，光大银行致力于创新发展在线金融产品和服务，解决传统供应链金融所面临的信息不透明、核心企业信用难以传导、小微企业融资难融资贵等问题，提升金融服务的实效性和便捷性，推进共建全产业链金融新生态。

现阶段，“双链通”平台用户可主动通过光大银行完成身份认证、电子签名，相关交易数据及操作信息将上链保存，确保数据真实可溯源，以便更好地享受金融服务。融资系统对接后，光大银行可依托对公网贷系统为“双链通”平台用户提供融资服务，配套银行账户体系及资金清分系统，支持客户在线完成各项业务办理，有效提升对公金融服务的效率与品质。

从 2016 年开始，光大银行对区块链展开了研究，目前已经研发并上线多个区块链项目，并在区块链平台建设和技术研究上取得了一定的成绩。未来，光大银行将会更加积极地投入区块链核心技术的研究中，积极寻找更多适合的场景，实现区块链技术和具体业务的高度融合，为具体业务的发展保驾护航。

（3）“微企链”平台

“微企链”平台是由腾讯与联易融共同合作开发的基于区块链的供应链金融服

务平台。如图 6-9 所示，微企链由供应链上的各方企业和金融机构组成，旨在通过区块链真实、完整地记录基于核心企业应付账款的资产上链、流通、拆分和兑付全过程。当供应商申请原始资产上链时，“微企链”平台对应收账款进行审核校验与确权，以确保贸易关系是真实有效的、上链资产是真实可信的；利用区块链多方记录、不易篡改、不可抵赖、可追溯的特点，“微企链”平台通过区块链记录应收账款的拆分和转让过程，实现核心企业对其多级供应商的信用流转，降低小微企业的融资成本，提高金融资源的使用效率。

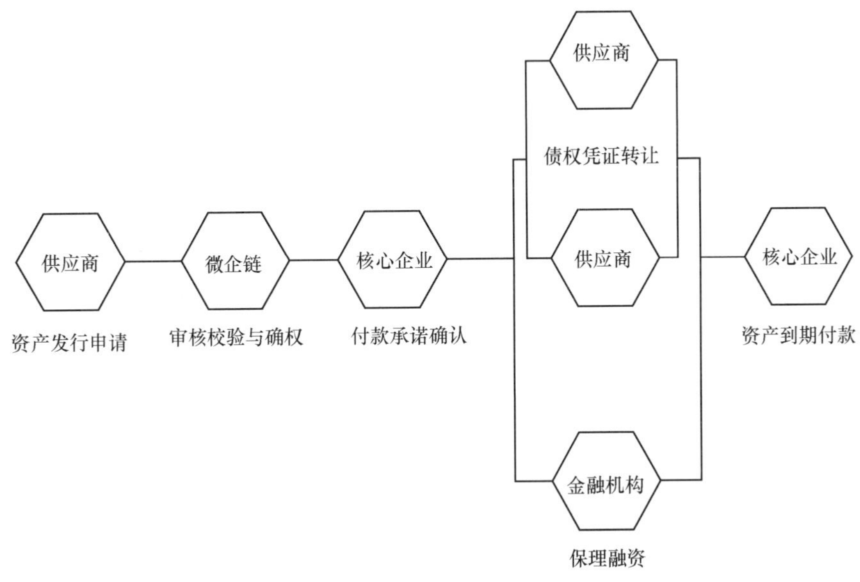

图 6-9 “微企链”平台的业务模式

从技术上看，“微企链”主要采用资产网关、中间账户、UTXO 模型、独立的资金清算节点等机制。首先，“微企链”设计了资产网关角色，用于解决链下资产与链上资产的对接问题。资产网关是一个审核和验证链下资产的第三方，负责在资产发行前联合核心企业在链上做资产确权登记，确保供应商拿到的应收账款数字债权凭证是经过核心企业数字签名确认、真实可兑现的有效资产凭证。其次，在资产转让过程中采用了中间账户，当 A 向 B 转让数字资产时，先从 A 账户流转到一个与 A、B 均有关的中间账户，再从中间账户流转到 B 账户。中间账户需要 A 和 B 的多重签名，由此保证资产转让是被 A 和 B 共同见证的。再次，“微企链”在区块链记账过程中采用 UTXO 模型而非账户模型，这是因为不同的数字债权凭证可能来自不同的核心企业，而 UTXO 模型具有一对多的映射能力。在兑付环节，“微企链”还设立了独立的资金清算节点，借助财付通的资金清算能力在数字资产到期后直接在链上完成付款行为，实现快速兑付。同时，引入过桥基金秒级放款，真正实现“区块链技术能够帮助小微企业实时放款到账”的愿景，提升数字债权凭证的可用性。最后，“微企链”平台可在微信小程序或 PC 端完成业务操作，定向公开或上传融资所需的贸易背景信息，节省处理和审核大量纸质文件的时间。

截至 2018 年年末，“微企链”在运行不到一年的时间内，服务核心企业 71 家，接入合作银行 12 家，涵盖地产、能源、汽车、医药等服务领域，完成链上流水达百亿级别。

（4）京东“债转平台”

京东“债转平台”是以供应链的应收账款融资为核心，将债权凭证保存在区块链上，利用区块链技术重构传统供应链上企业的融资方案，打造全新的供应链金融服务模式，旨在帮助供应商盘活应收账款，为其提供融资渠道，降低融资成本，满足融资需求。首先，“债转平台”采用开放式的系统架构设计，使供应链上的核心企业及其多级供应商能够灵活对接。其次，根据核心企业与其供应商贸易关系中产生的应收账款，结合风险控制模型，为供应商授权相应的融资额度。供应商根据其实际应付及采购需求，可签发不高于融资额度的债权凭证作为对该笔采购的支付信用凭证，债权凭证的信用背书及差额补足承诺由平台提供。最后，收到债权凭证的企业可以选择到期兑付或融资申请，若其同样有应付及采购的需求，可转让此债权凭证对应的应收账款以获得签发新凭证的额度，以此完成贸易中实际的采购支付，实现债权凭证在供应链上的流转。

（5）浙商银行“应收款链平台”

2017 年 8 月，浙商银行联合趣链推出了基于区块链技术的“应收款链平台”，用于办理供应链企业应收账款的签发、承兑、保兑、支付、转让、质押、兑付等业务。“应收款链平台”旨在帮助核心企业与上下游企业共同构建供应链商圈，实现圈内“无资金”交易，降低供应链的整体成本。利用区块链的去中心化、分布式账本和智能合约等特性，“应收款链平台”将企业报表中的应收账款转化为电子支付结算和融资凭证，用于供应链企业的支付和融资。统计显示，截至 2020 年 6 月末，浙商银行已与 3 200 多家大型核心企业合作，帮助 2.2 万多家供应链上下游中小微企业获得近 6 000 亿元的无抵押信用贷款。

（6）区块链金融平台 Chained Finance

2017 年 3 月，点融网和富士康旗下金融平台富金通合作推出了区块链金融平台 Chained Finance。点融网于 2016 年加入 Hyperledger，富金通为包括富士康集团在内的大型企业的供应链上下游供应商、经销商及其他泛 3C 电子产品供应商提供专业金融服务，目前已经取得包括融资租赁、小贷、商业保理、私募基金管理等多项牌照。

Chained Finance 为私有链模式，融合了 Hyperledger、以太坊等技术，可以为核心企业供应链上的所有供应商提供随时融资、立刻交易、快速到账等服务。

Chained Finance 平台内的一体化服务都是免费的，收益由借款利息组成。对于核心企业而言，能够降低其整体供应链风险，供应商生产资金成本的降低也可以直接降低核心企业的采购成本；对于大型供应商而言，能够激活应收账款，用核心企业应收账款支付给自己的供应商，等于实现零成本融资；对于中小供应商而言，用核心企业的应收账款融资，融资成本为 10%以下，相比传统 25%以上的融资成本，有大幅度下降。

Chained Finance 的主要客户是富士康供应链上的企业，通过区块链技术将第 4 层、第 5 层供货商与点融网平台的投资人进行对接，在 6 个月时间内发放贷款 4 500 万元。未来，Chained Finance 将面向电子制造业、汽车业和服装业三大行业，开放给任何有需要的公司以及银行等金融机构。

（7）丰收供应链金融科技平台

2018 年 3 月 28 日，丰收科技集团宣布正式上线丰收供应链金融科技平台，引入区块链、大数据、人工智能和物联网等前沿技术，对供应链上企业进行风险控制审核和管理，并发布“丰收 E 链”“丰收 E 融信”等多个创新产品。丰收科技集团自主研发了分布式总账系统丰收链（HarvestChain），将供应链上的所有行为（包括开闭、交易等）上链存储，支持资产的登记、转让、融资和兑现。目前，HarvestChain 已在网信集团的千万级用户基础上完成验证，交易处理可达 15 000 笔/秒，可靠性保证在 99.999%，实时交易时延低于 100 毫秒/笔，实现高吞吐、安全和低时延。未来，HarvestChain 将与更多银行、保险、信托、小贷、担保公司进行合作，深入农业、汽车、IT、机械制造、纺织、快消等领域，为其提供供应链金融服务。

6.5　本章小结

供应链管理通过协调企业内外部资源来共同满足消费者需求，随着国内经济的快速发展以及全球化的不断推进，供应链管理的重要性日益凸显，企业之间的竞争逐渐演变为供应链之间的竞争，企业越来越多使用供应链管理技术和现代科技手段来提升自己的核心竞争力。区块链技术的防篡改和可追溯等特性可以解决供应链中存在的信息不对称和信息造假等问题，实现供应链管理中信息流、物流和资金流的有机统一。本章首先对供应链管理进行了概述，然后从信息流、物流和资金流三个方面，详细阐述了目前供应链管理中存在的问题和痛点，并对基于区块链的解决方案的基本原理和应用案例进行了梳理总结。在区块链赋能信息流方面，区块链的数据不易篡改和可追溯的特点，增强了产品信息的可靠性、安全性和可信度；在区块链赋能物流方面，区块链可以不断优化整个物流过程，促进利益相关者之间的信息共享，保证物流信息的真实性和透明性，推动物流行业的降本增效；在区块链赋能资金流方面，区块链技术可以助力解决中小微企业的融资难问题。

参考文献

[1] 陈露乾.区块链技术在供应链管理中的应用研究综述[J]. 中国商论, 2021(9): 88-90.

[2] 祝锡永,李蒙,茹铖坚.基于区块链的服装供应链信息追溯研究[J]. 物流工程与管理, 2021, 43(3): 87-91.

[3] 阿布都热合曼·卡的尔, 陈茜, 申炳豪. 基于区块链的生鲜农产品冷链可追溯性研究[J]. 佛山科学技术学院学报(社会科学版), 2021, 39(2): 49-56.

[4] 唐衍军, 许雯宏, 李海洲, 等. 基于区块链的食品冷链质量安全信息平台构建[J]. 包装工程, 2021.

[5] 王琳, 路丽. 区块链物流与消费金融的融合发展[J]. 中国经贸导刊, 2021(4): 26-28.

[6] 张利. “区块链+物流”模式下生鲜物流与电商协调发展机制研究[J]. 中国储运, 2021(3): 148-150.

[7] 周雷, 邓雨, 张语嫣. 区块链赋能小微企业融资研究综述与展望[J]. 金融经济, 2021(4): 75-83.

[8] 孔佳欣. 区块链技术在供应链金融、跨境支付及票据业务中的应用——基于文献综述视角[J]. 商展经济, 2020(7): 54-56.

[9] 杨冰清. 基于区块链技术的供应链金融创新发展研究[J]. 齐齐哈尔大学学报(哲学社会科学版), 2021(3): 80-83.

[10] 李佳佳, 王正位. 基于区块链技术的供应链金融应用模式、风险挑战与政策建议[J]. 新金融, 2021(1): 48-55.

第 7 章 区块链在智慧政务中的应用

7.1 智慧政务概述

政府作为城市的管理者，是联系城市和公民最重要的纽带，通过先进的城市建设理念和决策不断推进智慧城市的发展，满足公民的需求，改善公民的生活。目前，政府主要通过电子政务为社会公众提供更加方便快捷和完善的公共服务。电子政务是指国家机关在政务活动中，全面应用现代信息技术、网络技术以及办公自动化技术等进行办公、管理和为社会提供公共服务的一种全新的管理模式。电子政务的发展方向是智慧政务，通过持续深入应用信息技术不断推动城市运营效率的提升，方便城市管理者更好地做出决策和服务公民，助力智慧城市建设[1]。

目前，全球各国都在稳步推动电子政务的发展。根据联合国发布的《2018 联合国电子政务调查报告》，与 2014 年相比，平均电子政务发展指数（EGDI）从 0.47 上升至 0.55，全球 193 个联合国会员国提供了某种形式的在线政府服务。2018 年中国电子政务发展指数为 0.6811，排名 65 位，属于高 EGDI 国家。我国自 20 世纪 80 年代开始发展电子政务，随着信息技术的不断发展，我国的电子政务在加速推进。

虽然我国政务信息化发展良好，在线服务达到全球领先水平，但是根据国家信息中心智慧城市发展研究中心在 2020 年 4 月发布的《区块链助力中国智慧政务发展驶入快车道》报告，我国政务信息化过程中仍存在政务“数据孤岛”、政务数据资源碎片化、政务发展不均衡、政务协同缺乏互信基础、城市数据监督不到位等问题。区块链技术凭借其分布式协同、可追溯和不易篡改等优势，能够为各参与方建立坚实的信任基础，打通政务“数据孤岛”，追溯数据的流通、授权和共享过程，实现政务数据全生命周期管理，推动业务协同，助力智慧政务的建设[2]。

目前，许多国家在考虑将区块链作为支撑智慧政务建设的技术之一，并取得了一些成功经验。本章以个人征信、房屋租赁、在线选举、财政票据和土地登记等政务活动为例，来说明区块链在智慧政务中的应用。

7.2 区块链赋能个人征信

7.2.1 政务场景现状

个人征信是指依法设立的征信机构对个人信用信息进行采集和加工，并根据用户要求提供个人信用信息查询和评估服务的活动。个人信用报告是征信机构把依法采集的信息进行加工整理而形成的个人信用历史记录。征信是从国外兴起的，我国引入征信以后，逐渐形成了以中国人民银行为核心的征信体系。在传统征信中，征信机构主要通过传统建模技术与大数据建模技术从 5 个维度（即身份属性、社交属性、履约能力、信用记录和行为特质）为个人信用打分。

个人征信领域主要存在 4 大问题。其一，信息孤岛。这里所说的信息孤岛是指各参与方之间不进行信息的共享交换，也不进行功能的联动贯通，导致征信机构与征信机构之间、征信机构与用户之间出现信息不对称现象。其二，不信任问题。这里所说的不信任包括很多方面，包括客户名单的不信任、客户身份的不信任等。其三，征信信息泄露。我国正面临非常严重的信息泄露问题，个人信息泄露事件频发，一些不法分子利用所泄露的数据刻画客户身份并实施精准诈骗，征信信息泄露会加重征信领域的不信任问题，引起连锁反应。其四，征信成本增加。这主要是因为获取和处理数据的标准没有一个统一且明确的规定，因此大部分征信机构在收集个人数据时会面对重要信息缺失、数据录入失误、信息主体不明等难题，这不仅影响数据的质量，还增加征信机构的征信成本。

7.2.2 基于区块链的解决方案

区块链可以很好地解决个人征信领域存在的 4 大问题[3]。第一，在解决信息孤岛问题方面，区块链有着天然的优势。区块链具有去中心化、不易篡改和可追溯性等特征，可以被应用到数据存储和共享交易中，大幅度降低数据共享交易的风险和成本，使征信机构可以获得更多有价值的数据资源，提升其在征信领域的竞争力。

第二，区块链具有的匿名交易、清结算机制、数据保护和共识机制等特性，加强了征信过程中的信任感。第三，在不易篡改特性以及数字加密技术的基础上，区块链可以保证记录在其上的征信信息不被泄露或篡改，而且除了加入区块链网络的数据共享交易的各个参与方，其他人不能获得征信信息，这在很大限度上保证了征信信息的安全性。第四，在降低成本方面，通过对记录和存储数据的格式进行统一规定，区块链可以帮助征信机构降低清洗数据所需要的成本，另外，在智能合约的助力下，从信用评估到执行合约的整个过程都可以实现自动化运行和管理，降低了人工、柜台等实体方面的运营成本。

图 7-1 展示了一种基于区块链的征信方案，各大征信机构是该方案的主要参与方，各参与方把原始信息存储在自己的中心数据库中，只把摘要信息存储在公共区块链上，实现数据共享以及数据价值的最大化。下面以征信机构 A 和 B 为例来说明基于区块链的征信方案的具体流程。

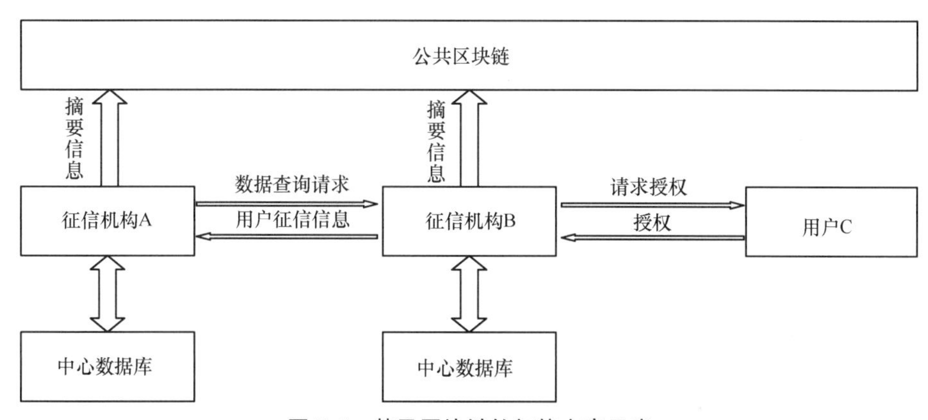

图 7-1　基于区块链的征信方案示意

① 征信机构 A 和 B 根据各自的中心数据库中存储的用户征信信息，从中提取摘要信息，摘要信息中包含所有用户 ID 和其征信信息的哈希值。

② 征信机构 A 和 B 将摘要信息存储在公共区块链上，其他征信机构通过摘要信息可以知道征信机构 A 和 B 分别拥有哪些用户的征信信息。

③ 假设征信机构 B 拥有用户 C 的征信信息，当征信机构 A 想要查询用户 C 的征信信息时，需要向征信机构 B 发送数据查询请求。

④ 征信机构 B 收到征信机构 A 的查询请求后，向用户 C 请求授权。

⑤ 如果用户 C 同意将其征信信息共享给征信机构 A，则向征信机构 B 发送同意授权。

⑥ 得到用户 C 的授权后，征信机构 B 才可以从自己的中心数据库中提取用户 C 的征信信息，并将其发送给征信机构 A。

⑦ 征信机构 A 收到用户 C 的征信信息后，会计算该信息的哈希值，并与区块

链中存储的用户 C 征信信息的哈希值进行对比，如果一致，则说明用户 C 的征信信息没有被篡改。之后，征信机构 A 就可以根据用户 C 的征信信息对用户 C 的信用状况进行深层次的分析判断。

在上述过程中，征信机构 A 可以获得来自征信机构 B 的征信信息，但要向征信机构 B 支付一定的费用，提供数据的征信机构 B 可以获得一定的收益。由此可以看出，区块链确实有助于加强各大征信机构之间的沟通与交流，从而实现征信信息的共享和最大化利用。

7.2.3 应用案例

（1）LinkEye

由北京快惠卡技术有限公司开发的 LinkEye 征信数据共享平台，通过区块链技术和经济模型的整合，在联盟成员间共享失信人名单，将各个征信数据孤岛串联起来，形成一个面向全社会的征信信息库。通过脱敏的方式，LinkEye 的联盟成员不仅可以实现征信信息的交换和共享，还可以实现黑名单的交换和共享。为了保证数据的有效安全共享，LinkEye 设计了八大机制，分别是黑名单机制、信息共享机制、联盟成员入驻制、成员信用制、仲裁制度、智能定价系统、数据安全防火墙机制、开放全网查询接口，其中最核心的是黑名单机制和信息共享机制。LinkEye 征信数据共享平台于 2018 年 1 月上线，依靠 LinkEye 平台的流量优势，到 2018 年 3 月便已经与国内多家一线信贷平台达成合作。未来，LinkEye 将立足中国、东南亚和欧洲市场，用科技手段促进全球信用社会的发展。

（2）广东省佛山市禅城区政府的基于区块链的公共服务平台

在广东省佛山市禅城区政府建设的基于区块链的公共服务平台上，每个公民有一个数字身份证，公民的个人信息和各种记录都被永久保存在区块链上，并且不易被篡改。政府和其他机构利用这些数据来评估每个公民的信用，而公民的信用与其获得的服务标准是息息相关的，信用越好的公民越能够获得优质的服务。现在，广东省佛山市禅城区的公民越来越看重自己的个人记录，尽量保持良好的信用，对禅城区政府的治理和社会和谐提供了极大的方便[3]。

（3）信链

2018 年，由金鑫聚宏资产管理公司、百度以及三林控股投资集团合作开发的信链正式上线。信链帮助企业征信机构打通工商、法院、监管机构、行政部门、行业协会等企业信用信息，构建企业征信联盟链。信链能够建立元数据目录和大数据视图，基于交叉核验技术实现智能纠偏功能，基于非对称加密技术实现数据安全和隐私保护，最终帮助企业征信机构快速构建大数据征信平台。此外，信链帮助政府部门、金融机构和行业协会等实现了失信信息安全共享机制，覆盖金融信贷逾期、支付欺诈行为、法院老赖名单、行政处罚名单、互联网团伙欺诈等场景，真正实现“一处失信，处处受限”，为加快社会信用体系建设提供技术支持。

7.3　区块链赋能房屋租赁

7.3.1　政务场景现状

房屋租赁是由房屋所有者或经营者将其所有或经营的房屋交给租客使用，租客通过定期交付一定数额的租金，取得房屋的使用权。当前我国的房屋租赁市场呈快速增长趋势。2017 年，我国房屋租赁市场交易总量约 1.2 万亿元，租房人口 1.94 亿人，占全部人口的 13.9%。预计到 2030 年，租金总量将达到 4.6 万亿元，将有近 3 亿人通过租房实现“住有所居”。

当前的房屋租赁模式中，房屋所有者通过房屋中介或租赁软件发布招租信息，租客对感兴趣的房屋进行现场看房，确定要租的房屋后，与房屋所有者或房屋中介签订纸质的房屋租赁合同，租客给房屋中介支付一定的中介费，并将租金直接支付给房屋所有者。这种房屋租赁模式存在的缺点主要如下。

① 隐私泄露。由于房屋所有者与租客需要借助第三方中介机构或租赁软件完成租赁，必须要向中介机构或租赁平台提供大量的隐私信息，包括身份证件、房产证件等，房屋所有者与租客的隐私难以得到有效保障。

② 虚假房源。房屋所有者为了节省时间和精力，大多会将房屋委托给中介机构，中介机构将房源信息发布在房屋租赁平台上，而一些黑中介通过发布低价房源吸引租客看房，再以低价房源已被租赁为由，带租客去看其他房源，同时提高房源价格，侵害租客权益。

③ 信息孤岛。不同的中介机构之间以及房屋租赁平台之间缺乏良好的信息同步机制，导致租房效率低，“一房多租”等欺诈行为时有发生。

④ 难以监管。由于个人房屋出租的极度分散性，政府难以有效监管流动人口，此外租金一般是私人转账完成，政府无法掌握准确的租金数据，难以进行有效征税，造成税收损失。

⑤ 退租纠纷。房屋租赁合同到期后往往因房屋损坏而造成退租纠纷，无法保障房屋所有者或租客的权益。

7.3.2　基于区块链的解决方案

针对现有房屋租赁模式中存在的缺点，基于区块链的房屋租赁模式给出了可靠的解决办法。首先，依靠区块链共享房源信息，并结合 VR 和 AR 等前沿技术，最大限度地呈现房屋的实际情况，避免虚假房源，这有利于打破信息孤岛，使房源信息和租房需求精准匹配，大幅增强了租赁过程中房屋所有者与租客之间的信任感；其次，借助区块链技术，从合同签订、租金交付、后期续约到退租的整个租赁过程可以基于智能合约自动完成，租赁双方无须进行反复沟通，不仅降低了租赁双方的时间成本和金钱成本，还有效避免了纠纷；此外，通过区块链记录的租赁信息不易更改，相关政府机构可以方便地进行房屋租赁信息的登记备案、流动人员的调查以及收税等工作。

如图 7-2 所示，在基于区块链的房屋租赁模式中，主要包括房屋所有者、租客、中介节点与政府机构 4 个实体。房屋所有者负责提供房源信息，包括房屋的配套设施、地理位置以及招租信息等；租客是房屋的需求者，可以向中介节点提交租房需求；中介节点由合法的中介机构注册而成，负责对房源信息和租房需求进行自适应精准匹配，协助房屋所有者和租客完成房屋租赁交易，并将房屋租赁信息存储在区块链上；政府机构主要负责对房屋租赁过程进行监管，与房屋租赁相关的政府机构一般分为两种，一种是对房屋租赁信息有登记或使用需求的部门（如教育局和税务局等），另一种是对房屋租赁信息有核实查验责任的部门（如房管局和社保局等）。

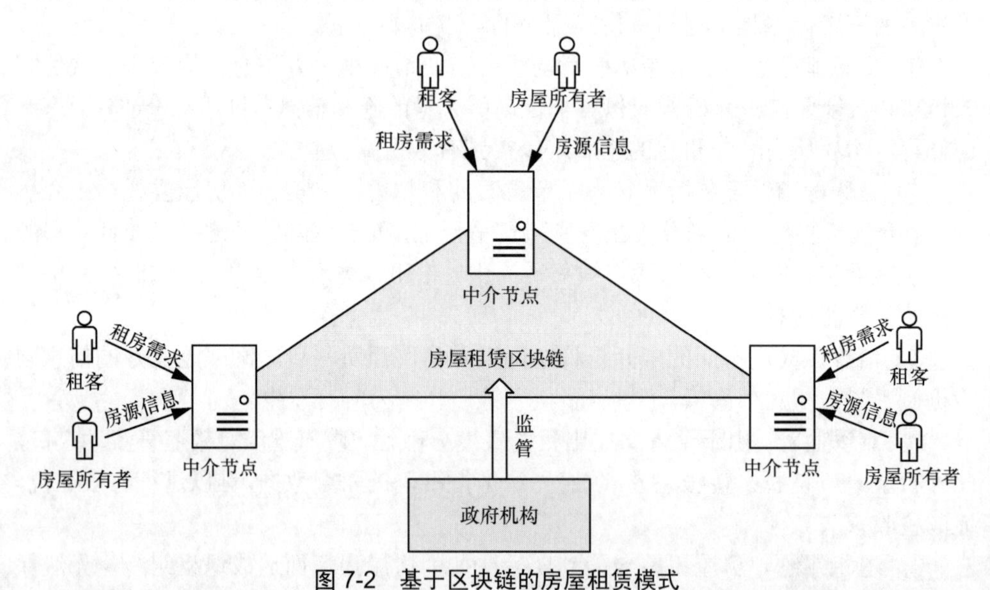

图 7-2　基于区块链的房屋租赁模式

在基于区块链的房屋租赁模式中，房屋租赁的具体过程如图 7-3 所示。

① 房屋所有者将房源信息发送给中介节点，在一定的利益分配机制的激励下，中介节点会将房源信息存储到房屋租赁区块链上，以便与其他中介节点共享房源信息，中介节点彼此之间互相监督所发布的房源信息的真实性。

② 租客向中介节点发送租房需求。

③ 中介节点从房屋的配套设施和地理位置等方面对房源信息和租房需求进行自适应精准匹配。

④ 经过匹配后，中介节点会将满足需求的待租赁房源信息发送给租客。

⑤ 接收到中介节点发送的房源信息后，租客会对房屋进行筛选，并将其感兴趣的房源信息返回给中介节点。

⑥ 中介节点将租客的租房需求发送给相应的房屋所有者。

⑦ 租客与房屋所有者商议房屋的租金，租金确定后共同拟定并签署房屋租赁合同。

⑧ 中介节点根据房屋租赁合同生成对应的智能合约，并将其部署到区块链上，以确保房屋租赁后续的租金交付、续约和退租等过程的自动完成。

⑨ 中介节点将租赁过程中产生的房屋租赁信息存储在区块链上，以保证房屋租赁交易的真实性和准确性。

⑩ 政府机构实时查看区块链上记录的房屋租赁信息，对房屋租赁过程进行监管。

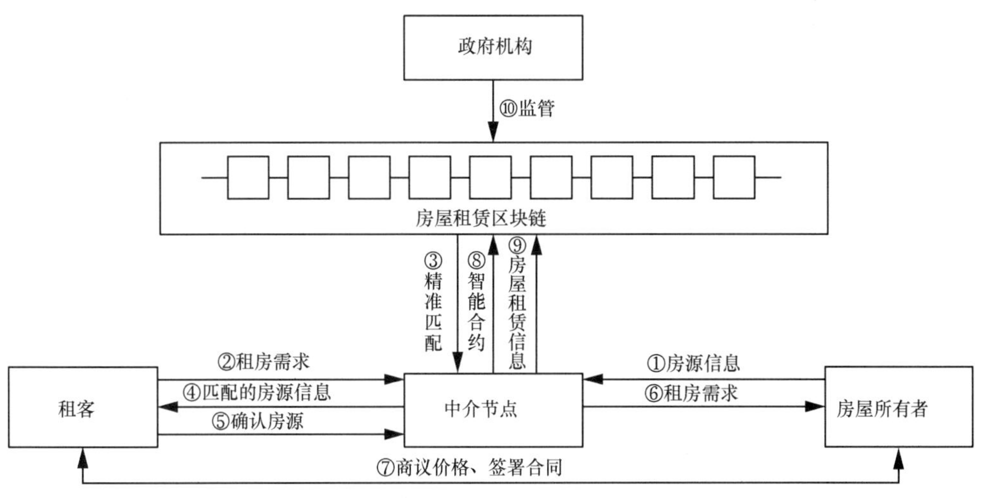

图 7-3 基于区块链的房屋租赁过程

7.3.3 应用案例

2018 年 2 月，阿里巴巴与雄安新区政府合作开发的区块链租房平台在雄安新区正式上线，该平台收录的房源信息、房屋所有者和租客的身份信息、房屋租赁合同信息等会得到多方验证，不易篡改。雄安新区的区块链租房平台主要由三大子平台构成，包括房屋租赁管理平台、诚信积分系统、区块链统一平台。房屋是雄安新区公民的立身之本，诚信体系是雄安新区的立市之本，以“区块链+”为核心的创新科技，将为房屋租赁市场的“真、善、美”保驾护航。目前在雄安新区，公民拥有属于自己的租房诚信账户，记录个人租房相关信息。在此基础上，政府进一步引入创新的租房积分体系，记录个人在租房领域获得的积分，从而为公共房屋资源分配、社会治理提供坚实的参考依据。

7.4　区块链赋能在线选举

7.4.1　政务场景现状

选举权是每个公民的神圣权利，是政府进行民主执政的基本要素，民主社会需要提供透明的保护隐私的选举程序。目前主要有两种选举方式，即纸质选举和在线选举。纸质选举时，公民需要将密封的纸质选票投到指定的投票箱，在公证机构的监督下对纸质选票进行统计，并对外宣布选举结果[4]。纸质选举方式存在很多问题，例如，公证人是否可靠？纸质选票在被统计之前是否已经被篡改？选举过程是否透明？如何防止选举结果被篡改？

为了解决纸质选票中存在的问题，出现了在线选举方式，即公民利用电子投票系统在线上进行投票。虽然在线选举方式的使用范围越来越广，但是其仍然面临两大挑战。其一，目前大多数的电子投票系统采用集中式架构，存在单点故障风险，一旦电子投票系统被攻击，则可能出现投票人多次反复投票、公民选票被篡改等恶意行为，严重影响在线选举结果的可信度。其二，采用集中式架构的电子投票系统可扩展性差。

7.4.2　基于区块链的解决方案

要实现可信的在线选举，需要满足选民的身份合法、选民的隐私得到保护、选举流程公开透明等要求。区块链技术可以助力可信在线选举的实现。首先，将每张选票从投出到被统计的整个过程记录在区块链中，可以保证选举结果不易被篡改和可追溯；其次，将选举规则、参与选举的对象和选票处理模型写入智能合约，智能合约的自动执行可以保证选举过程的公开透明[5]。

基于区块链的在线选举流程如图 7-4 所示。

① 选举管理者创建一个选举智能合约，在智能合约中指定选举类型、设置选举规则、定义候选人列表并确定选举时间，之后将该智能合约部署到区块链上。

② 开始投票之前，选民首先需要进行身份验证，身份验证通过后，选举管理者会分配给合法选民唯一的数字密钥和数字钱包。

③ 当选民根据选举规则选择候选人后，需要使用数字密钥对其选票进行数字签名，之后数字钱包把经过签名的选票发送给智能合约。对于合法选票，即合法选民在选举时间内投的唯一一票，智能合约将其存储到区块链上。

④ 选举投票结束后，智能合约根据记录在区块链上的投票数据自动给各候选人计票，对外公布选举结果，并将选举结果记录在区块链上。

⑤ 选民可以随时查看区块链上记录的投票数据，验证选举计票过程的有效性，并确认选举结果的准确性。

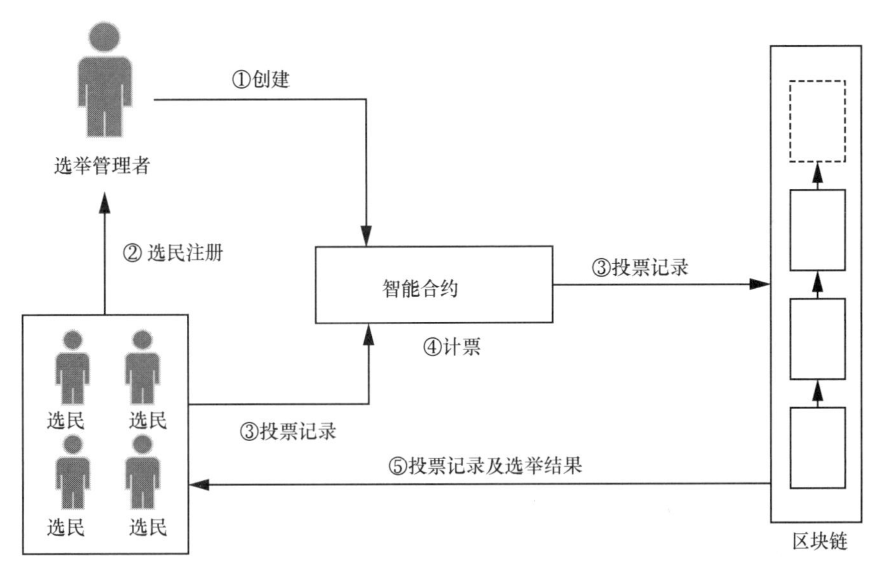

图 7-4　基于区块链的在线选举流程示意

7.4.3　应用案例

（1）Follow My Vote 公司的区块链投票系统

Follow My Vote 公司致力于利用区块链技术打造一种开源的、可审计的、安全高效的端对端投票系统，防止投票过程中出现安全漏洞。投票者无须在投票站前排队等待投票，只需要在家中使用网络摄像头和政府颁发的身份证件就能完成投票。区块链的可追溯特性保证了所有选民都能看到实时的投票情况，区块链的分布式账本特性保证了每张选票都是匿名且不易篡改的。

（2）Voatz 的在线投票系统

区块链移动投票供应商 Voatz 设计了一个基于区块链的在线投票系统。Voatz

的在线投票系统使用区块链来记录跟踪投票数据，方便公民监督整个投票过程。

（3）俄罗斯对区块链投票的探索

2020 年，俄罗斯对宪法修正案进行了投票，莫斯科的选民可以通过建立在开源平台 Bitfury 上的 Exonum 系统进行远程投票，系统使用区块链技术来确保选民身份，并实时记录投票数据。在 2020 年 9 月的补缺选举中，俄罗斯又试点了基于区块链平台 Waves Enterprise 的在线投票系统。

7.5 区块链赋能财政票据

7.5.1 政务场景现状

财政票据是单位财务收支的法定凭证和会计核算的原始凭证，也是银行代理政府非税收入业务的重要凭证，是财政、审计和监察等部门进行监督检查的重要依据。随着国家财政改革以及社会经济结构的调整，财政票据经历了从手工票据、机打票据到电子票据的历程。财政电子票据是指由财政部门监管的，行政事业单位在依法收取政府非税收入或者从事非营利性活动收取财物时，运用计算机和信息网络技术开具、存储、传输和接收的数字电文形式的凭证，具有“无纸化、节成本、便查验、高安全”的基本特征。

目前，财政电子票据实现了唯一性、无纸化和开票效率的提高，但是在用户隐私、部门监管以及票据状态的全社会实时共享方面还有待进一步提升。

① 财政电子票据多集中存储在中心数据库中，如果发生数据库损毁或被攻击，会导致财政电子票据丢失，用户隐私泄露。

② 财政电子票据在生成、传输以及存储过程中经由多方参与，容易发生信息被篡改和不一致的情况。

③ 各单位根据自己的实际收费来开具财政电子票据，但是每个单位的实际收费情况政府管理部门难以核实，在收税时会造成一定的损失。

④ 财政电子票据种类繁多，使用要求和管理渠道也不尽相同，给单位和个人的票据管理带来巨大麻烦，导致服务效率低[6]。

7.5.2 基于区块链的解决方案

区块链结合财政电子票据之后，将在财政电子票据的信息真实、隐私保护、可信流转、使用留痕等方面有比较明显的提升。第一，财政电子票据的应用流转涉及财政部门、开票单位、报销单位、交款人、支付渠道、政府服务平台以及相关政府部门等多个参与方，通过区块链技术可以打通流转过程中的各个部门和各个环节，保障流转环节的高效和安全[7]。第二，传统中心化服务模式使财政中心的数据处理压力较大，通过区块链技术可以实现业务的分布式处理和自动化审核，降低财政中心的实时服务压力。第三，区块链的数字加密技术使只有所有者或者在取得所有者授权的情况下，才能获取区块链中的财政电子票据信息，保护了票据数据的隐私性。第四，依托区块链技术，所有有数据权限的参与方都可以访问存储在区块链上的财政电子票据，实现票据数据在各参与方之间的安全共享，杜绝乱收费乱开票现象，方便政府部门对整个流程进行监管。

如图 7-5 所示，在基于区块链的财政电子票据业务模式中，以财政部门为中心搭建一个财政区块链平台，把开票单位、第三方服务渠道、报销单位和政务部门都纳入这个财政区块链平台中，进行统一的管理和交互。所有的信息流可以通过财政区块链平台进行流转，实现财政电子票据相关信息在各部门之间的安全共享，打通财政电子票据应用流转的业务生态。

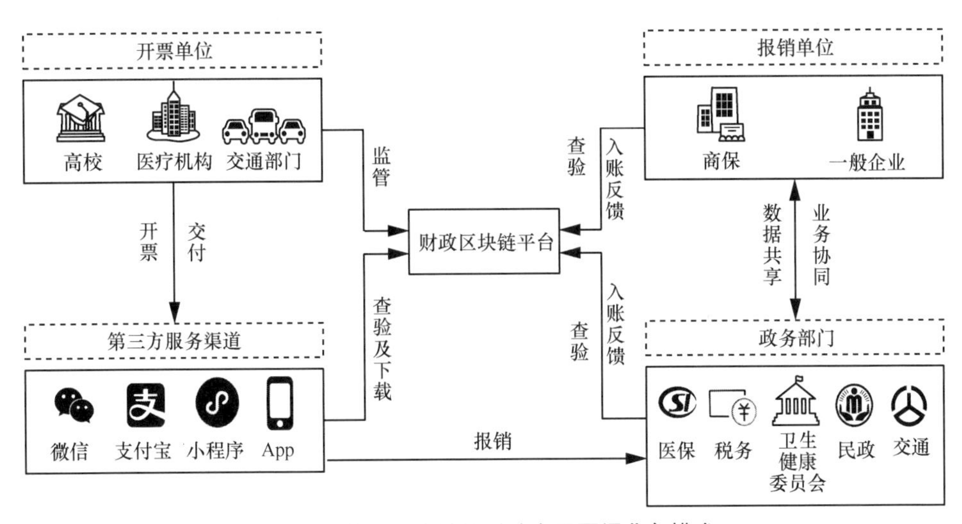

图 7-5　基于区块链的财政电子票据业务模式

在基于区块链的财政电子票据业务模式中，财政部门、开票单位、第三方服务渠道、报销单位和政务部门都有各自的账本，通过智能合约自动实现业务的记录和办理，通过全网共识实现业务的监管，通过区块广播实现多方账本的同步。基于区块链的财政电子票据业务流程如图 7-6 所示。交款人在第三方服务渠道付款后，由开票单位办理开票业务，开具相应的财政电子票据，由第三方服务渠道通知并发送财政电子票据给交款人；交款人想要凭借财政电子票据报销时，可授权报销单位查看财政电子票据信息；报销单位在对其财政电子票据查询核实之后，进行报销，并向财政区块链平台提交入账反馈。整个过程中开票、通知、票据查询等信息流转都由智能合约自动执行，财政电子票据信息、票据授权以及入账反馈都通过智能合约记入区块链，同步到财政电子票据区块链网络中每个角色的账本上。

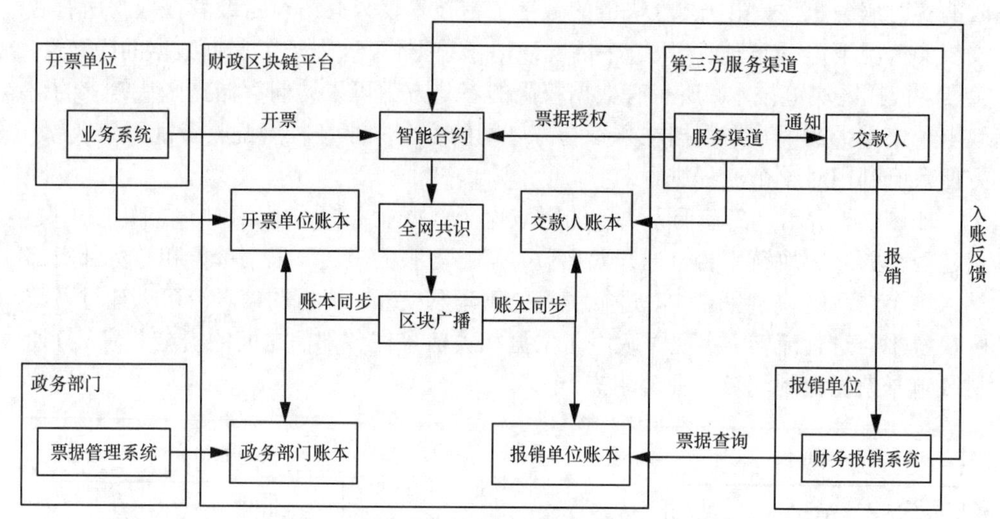

图 7-6　基于区块链的财政电子票据业务流程

7.5.3　应用案例

（1）重庆市的医疗收费电子票据

在财政部电子票据规范的基础上，重庆市财政局将区块链的数字签名和链式存储技术应用于财政电子票据业务，搭建财政电子票据区块链应用平台，实现操作有痕迹、过程可跟踪、结果可追溯。2020 年 9 月，作为重庆市区块链财政电子票据首批试点单位，重庆市人民医院和重庆医科大学附属第一医院金山医院实现了医疗收费电子票据开票即上链。目前两家医院已开具区块链财政电子票据 15 万余张。未来，重庆市将在试点基础上不断扩大“上链”单位的应用范围和领域，深化“放管服”改革，逐步实现财政电子票据在行政单位之间的社会化流转。

（2）浙江省嘉兴市的区块链财政电子票据

为最大限度地避免人员聚集，降低新冠肺炎交叉感染风险，在做好防疫工作的前提下确保各单位正常开展收费业务，浙江省嘉兴市财政局启动了财政电子票据推广应用，为广大民众提供线上“一条龙”服务，实现民众办事“零跑腿”“无接触”，既安全又方便。2020 年 3 月，嘉兴市首张区块链财政电子票据在嘉兴市市场监管局开出。此次区块链财政电子票据的开出，标志着嘉兴市财政票据服务管理跨入新阶段，在构建业务协同、管理规范、便民服务、数据共享、高效运行、安全有序的基础上整体发力，纵深推进，提升财政服务的质量和效率，推进政府治理体系和治理能力现代化，实现从“最多跑一次”向“一次不用跑”的跨越。未来，嘉兴市将全面推广区块链财政电子票据，实现使用单位全覆盖、票据种类全覆盖。

（3）广东省广州市的区块链财政电子票据

2020 年 10 月，作为广东省首批上链开票单位，广州市妇女儿童医疗中心和华南师范大学率先开出区块链财政电子票据，这是广东省首次将区块链技术升级应用到财政电子票据管理系统中。使用区块链技术的优势主要体现在：票据的生成、传送、存储及社会流转全过程信息可以真实、全面地记录在区块链上，各环节操作痕迹可实时查看、可追溯，防止篡改和造假事件的发生。

7.6 区块链赋能智慧政务的其他领域

7.6.1 税务变革

税务变革的当务之急是升级电子发票。发票是指一切单位和个人在购销商品、提供或接受服务以及从事其他经营活动中，所开具和收取的业务凭证，是会计核算的原始依据，也是审计机关、税务机关执法检查的重要依据。税务机关是发票的主管机关，管理和监督发票的印制、领购、开具、取得、保管和缴销。过去的发票是纸质的，必须到指定的服务大厅或柜台申请开具，办理的时间和地点受到很大限制。从 2017 年开始我国实施了纸质发票的电子化，在电子发票的普及过程中，还存在一些亟待解决的问题。

① 电子发票的存储问题。目前电子发票由不同的电子发票供应商分散存储，构成了分散的数据孤岛[8]。

② 虚开发票问题。一些企业和个人常常由于利益的驱使，虚开大额发票，甚至为不存在的虚假交易开具发票。

③ 发票造假问题。目前企业对于发票的验证手段单一，而且验证有一定的滞后性，这使企业蒙受信息不对称产生的损失，降低了员工与企业间、企业与企业间的信任。

④ 成本增加问题。对海量电子发票数据的集成、验证和追踪较为复杂，造成了成本的增加[7]。

区块链技术可以有效解决目前电子发票存在的问题。

① 针对电子发票的存储问题，通过区块链的分布式账本和互联互通的优势，建立相应的联盟链或公有链，可以记录跨地域、跨企业的电子发票信息，将信息孤岛中的数据真正整合起来。

② 针对虚开发票问题，通过将发票数据和交易数据以公开透明和可追溯的方式存储在区块链上，可以快速鉴别虚开发票的现象。

③ 针对发票造假问题，通过将电子发票数据存储在区块链上，加入区块链网络的所有企业和个人都可以实时查询电子发票数据，有效解决了假票难查和慢查的问题。

④ 针对成本增加的问题，随着区块链技术的不断深入应用，必将优化财税领域的业务流程，降低运营成本。

正因为区块链技术可以解决税务变革中最为关键的电子发票问题，国内开展了区块链在税务变革中的应用探索。例如，2018 年 8 月，深圳税务局开出了全国第一张区块链电子发票，从 2019 年 1 月起实现了电子发票“全覆盖”。

7.6.2 土地登记

土地登记是国家土地管理部门为加强土地管理，要求土地所有人或使用人在一定期间内申报土地权益，经认可后记载于专设簿册的法律行为，是国家管理土地和确定地权的一项重要措施。土地登记确权对于促进经济增长和保障公民权益至关重要，而脆弱的土地登记确权系统会造成混乱的土地分配，助长社会不稳定以及不合理的土地使用。为了保证土地登记确权信息的真实性，2015 年 11 月，洪都拉斯政府与一家名为 Factom 的得克萨斯州初创公司进行了合作，尝试将土地登记信息永久地、有时间戳地记录在区块链上，以防止土地登记信息被篡改。

除了洪都拉斯，其他国家也开展了基于区块链的土地登记试点项目。2016 年 4 月，格鲁吉亚政府和比特币交易平台 BitFury 发起了一项基于区块链的土地登记项目，通过分布式数字时间戳服务，在区块链上记录公民的基本信息和土地等财产的所有权证明[8]。2017 年年初，巴西开始利用区块链技术，以去中心化、透明和不可更改的方式进行土地和房地产所有权登记。2017 年 3 月，瑞典土地登记机构开展了一项利用区块链记录土地交易的试点项目。2017 年 5 月，英国土地注册处详细说明了“数字化市场”计划，将区块链技术列为该计划的基础技术之一。2017 年 10 月，乌克兰政府启动以区块链为技术基础的土地登记试点项目。2017 年 10 月，印度安得拉邦政府与初创企业 ChromaWay 就土地产权登记试点项目展开合作，尝试使用区块链来跟踪财产的所有权。

7.7　本章小结

政府作为城市的管理者，是联系城市和公民最重要的纽带，政府通过电子政务为社会公众提供方便快捷和完善的公共服务，电子政务的发展方向是智慧政务[9]。我国电子政务在快速发展的过程中存在政务“数据孤岛”、政务数据资源碎片化、政务发展不均衡、政务协同缺乏互信基础、城市数据监督不到位等问题，只有解决了这些问题，电子政务才能持续健康发展[10]。本章首先对智慧政务进行了概述，然后以个人征信、房屋租赁、在线选举、财政票据和土地登记等政务活动为例，详细阐述了这些政务活动目前存在的问题和痛点，并对基于区块链的解决方案的基本原理和应用案例进行了梳理总结。在个人征信方面，将各大征信机构纳入区块链网络，实现了征信信息的安全共享；在房屋租赁方面，依靠区块链技术，实现房屋所有者与租客直接交易，降低信任成本，让房屋租赁过程变得更加高效可靠，同时方便政府部门监管；在在线选举方面，将每张选票从投出到被统计的整个过程记录在区块链中，可以保证选举结果的公开透明、不易篡改和可追溯；在财政票据方面，区块链可以助力实现财政电子票据的信息真实、隐私保护、可信流转和使用留痕。此外，区块链技术可以应用到税务变革和土地登记等政务活动，简化政府服务流程，提高政府工作效率。

参考文献

[1] JAGRAT C P, CHANNEGOWDA J. A survey of blockchain based government infrastructure information[C]//Proc IEEE ICOMBI. 2020: 1-5.

[2] HOU H. The application of blockchain technology in e-governmentin China[C]//Proc IEEE ICCCN. 2017: 1-4.

[3] GURURAJ P. Identity management using permissioned blockchain[C]//Proc IEEE ICOMBI. 2020: 1-3.

[4] LEMIEUX V L. Trusting records: is blockchain technology the answer?[J]. Rec Manag J, 2016, 26(2): 110-139.

[5] YAVUZ E, KOÇ A K, ÇABUK U C, et al. Towards secure e-voting using Ethereum blockchain[C]//Proc IEEE ISDFS. 2018: 1-7.

[6] ØLNES S. Beyond Bitcoin enabling smart government using blockchain technology[M]//Electronic Government. Switzerland: Springer Int, 2016: 253-264.

[7] WIBOWO S, SANDIKAPURA T. Improving data security, interoperability, and veracity using blockchain for one data governance, case study of local tax big data[C]//Proc IEEE ICISS. 2019: 1-6.

[8] ØLNES S, JANSEN A. Blockchain technology as a support infrastructure in e-government[M]// Electronic Government. Switzerland: Springer Int, 2017: 215-227.

[9] PRASAD S. Adoption of a nationwide real estate blockchain for e-governance[J]. International Journal of Science and Research (IJSR), 2020, 9(6):169-173.

[10] LIN S, LI J, JIA X, et al. Research on confirming the rights of government data resources based on smart contract[C]//IEEE IAEAC. 2019: 1675-1679.

第8章 区块链在智慧家庭中的应用

8.1 智慧家庭概述

智慧家庭是智慧城市的最小单元，是以家庭为载体，以家庭成员之间的亲情为纽带，综合应用物联网、云计算、移动互联网、自动控制和大数据等新一代信息技术，将家庭设备智能控制、家庭环境感知、家人健康感知、家居安全感知以及信息交流、消费服务等有效结合起来，实现低碳、健康、智能、便捷、舒适和安全的家庭生活方式。智慧家庭是智慧城市的理念和技术在家庭层面的应用和体现。

智慧家庭以人为核心，以健康保健、居家养老、互动教育、智能家居、影音娱乐等应用为导向，将家中的人与物、物与物进行互联互通，使家庭不仅具有传统的居住功能，而且兼备网络通信、家电智能化和设备自动化等功能，助力公民生活朝着更加智能、便捷、环保的方向发展。例如，通过与小度音响、小米音响进行语音对话，即可控制空调、加湿器、饮水机等智能设备的运行。

首先，智慧家庭的发展与智能手机、平板电脑、智能手环、智能音箱等各类智能数码设备的普及息息相关；其次，随着微电子技术与网络技术的快速演进，原本功能单一的家用电器不断增加各类芯片和程序，可以联网甚至进行自动化智能化操作，目前，越来越多的家用电器，包括电视、电冰箱、洗衣机、微波炉、咖啡机、烤箱、洗碗机等，可以与智能家居 App 相连接；除了家用电器外，照明系统、监控系统、计量仪表、供水供暖系统以及开关插座等也在逐渐智能化，直接推动了智慧家庭的发展。

想象一个智慧家庭场景：人们回家之前，空调、电饭锅、热水器等设备已经启动，回到家后热水已经烧好，米饭已经煮好，下雨天窗户会自动关闭，冰箱能够自动和商场通信以保证各种菜品的合理储备……如果这些场景成为现实，人们的生活质量将会得到很大提升。智慧家庭正在蓬勃发展，还有很长的路要走，区块链作为一种新兴技术，将助力智慧家庭的发展。本章从智能家居、家庭数据存储和家庭缴费三方面来介绍区块链在智慧家庭中的应用。

8.2 区块链赋能智能家居

8.2.1 行业现状

根据前瞻产业研究院发布的《中国智能家居设备行业市场前瞻与投资策略规划报告》统计数据显示，2018—2023 年间全球智能家居市场规模的年均复合增长率为 26.9%，预计在 2023 年达到 1 506 亿美元。智能家居产品涵盖照明、安防、供暖、空调、娱乐、医疗看护、厨房用品等。

从产品到服务、从多个 App 到统一 App、从智能家居单品到全屋智能，智能家居行业正在蓬勃发展，其发展过程中主要面临三个问题。

（1）智能家居产品之间无法互联。

随着技术的不断发展，智能监控摄像头、智能猫眼、智能门锁、智能电视等智能家电越来越多地走进寻常家庭，方便了用户生活。但是目前不同厂家的智能家居产品难以互联，而且操控烦琐，导致用户使用体验差。

（2）中心化的影响。

现阶段，智能家居系统采用“主机模式”，利用一个集中的控制设备，进行信息的收集和分发，并对智能家居产品进行控制。“主机模式”使整个系统过于依赖集中的控制设备，一旦其出现故障，整个智能家居系统将会瘫痪。

（3）信息泄露的风险。

用户使用智能家居产品时会产生一些数据，这些数据对于智能家居产品的研发和改进是极为重要的，因此企业一般会收集其智能家居产品产生的用户数据。如果企业对收集的用户数据存储和管理不当，将存在信息泄露的风险，这会对数据安全和用户隐私造成很大的影响[1]。

8.2.2　基本原理

区块链作为一种去中心化架构，可以很好地解决智能家居行业面临的问题。首先，区块链可以起到一个桥梁作用，支持所有智能家居产品之间的互联互通，提升用户的使用体验；其次，对于智能家居产品的控制，由区块链来完成，而非单一的集中控制设备，有效避免了单点故障问题[2]；最后，区块链的加密与共识机制能够保证家庭数据的安全性、稳定性和不易篡改性[3]。

业界提出了一种基于区块链的智能家居系统，如图 8-1 所示，该系统由共识节点、本地存储设备、智能家居产品和覆盖网络组成[4]。共识节点、本地存储设备和智能家居产品之间通过覆盖网络进行通信；本地存储设备用于在本地存储数据；共识节点主要负责维护本地区块链，并对智能家居产品相关的事务进行认证、授权和记录。本地区块链包含多个区块，每个区块由区块头、策略头和多个事务组成。区块头中有前一区块哈希值和本区块哈希值，以链式结构将区块连接起来；策略头用来记录用户对智能家居产品设置的访问控制策略，由多个策略条目组成，每个策略条目包括请求者 ID、请求的操作类型、家居产品 ID 和操作权限；每个事务包括 5 个参数，即前一事务编号、本事务编号、事务发起者 ID、事务类型和家居产品 ID，前一事务编号和本事务编号用于在本地区块链中唯一标识每个事务，并将同一事务发起者的事务连接起来，事务包括存储、访问和监控等类型。

在智慧家庭中，当有人进入家庭时，入户门传感器与客厅灯通信，以自动打开客厅灯。接下来，以这个场景为例来说明基于区块链的智能家居系统的运行过程[2]。

① 假设入户门传感器的 ID 为 3，客厅灯的 ID 为 4，并且用户允许它们之间的通信，在这种情况下，共识节点会在策略头中增加一个策略条目（图 8-1 中的第 5 个策略条目），其中请求者 ID 为 3，请求的操作类型为 Access，家居产品 ID 为 4，操作权限为 Allow。

② 当入户门传感器想要与客厅灯通信时，会向共识节点发送通信请求。

③ 共识节点查看策略头中的策略条目，发现入户门传感器与客厅灯之间的通信操作（即“Access”）是被允许的（即“Allow”），会向这两个设备发送共享密钥。

④ 入户门传感器与客厅灯之间通过共享密钥进行加密通信，保证了信息的安全性。

⑤ 共识节点会在本地区块链中增加一个事务，其中事务发起者 ID 为 3，事务类型为 Access，家居产品 ID 为 4。

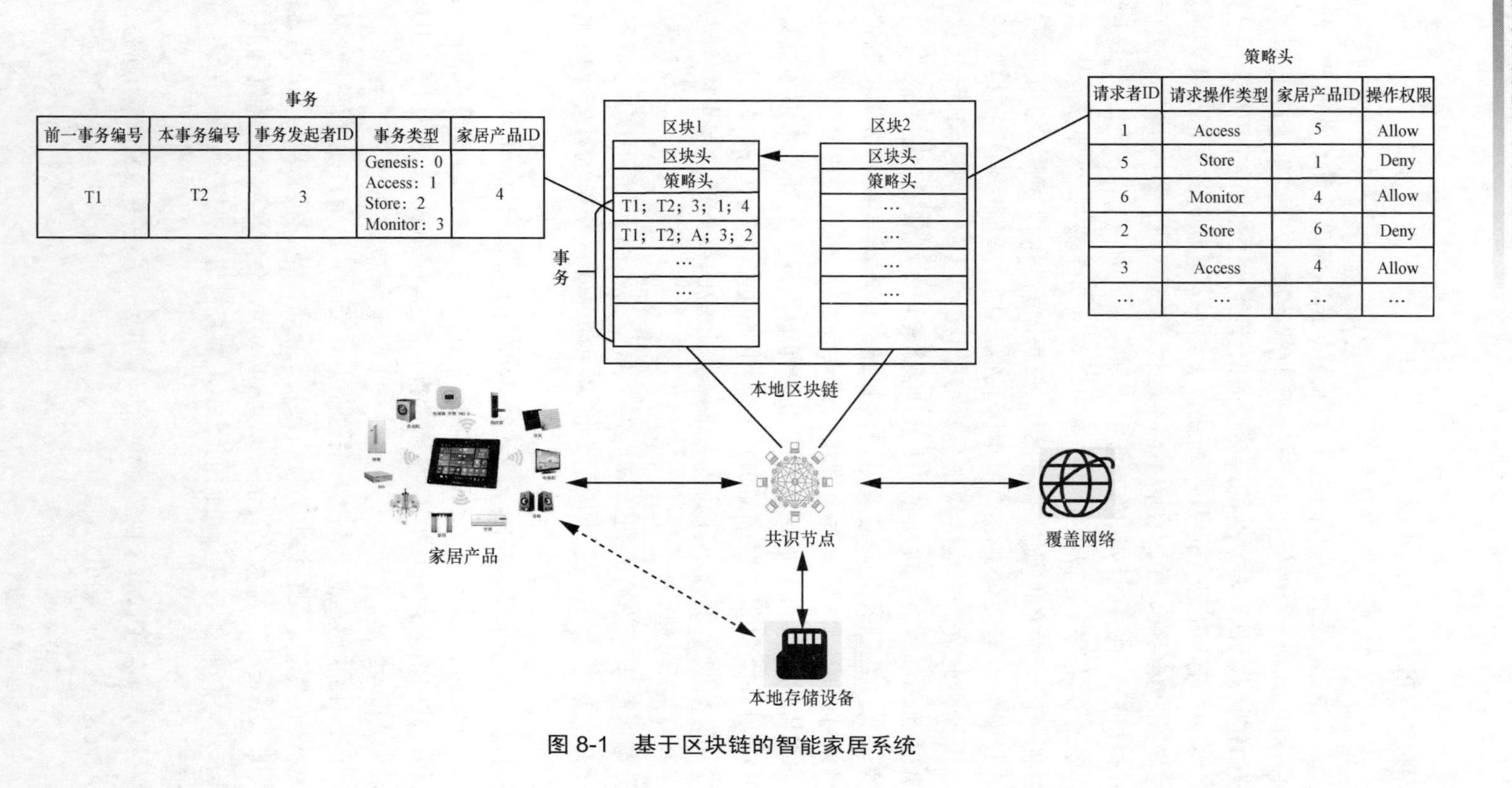

图 8-1 基于区块链的智能家居系统

8.2.3　应用案例

（1）基于区块链的家庭安全摄像头 Ucam

Ucam 是硅谷科技公司推出的新一代家庭安全摄像头，是一款从用户需求出发的多功能隐私安全产品。Ucam 具有 1080P 高清摄像、运动监测和夜视等功能，配备有双向声效，使用户能够随时随地全方位监测家中安全情况。Ucam 应用了边缘计算、端到端加密和区块链技术。通过使用边缘计算技术，所有计算都在 Ucam 设备或用户的移动手机本地完成，从而无须集中式服务器；Ucam 设备的所有摄像内容均实现“边录像边加密”，在网络中传输的是加密后的视频内容，即使在传输过程中被截获，视频内容也无法直接观看；此外，Ucam 的硬件本身具有防篡改功能，其数据访问控制权限由区块链授权和保证，并且数据仅对设备所有者和授权用户开放，保障了用户数据的安全和隐私。Ucam 由 IoTeX 平台提供支持，IoTeX 是由谷歌、Uber、Facebook 和英特尔等企业开发的区块链开源平台。

（2）icomhome 家联网平台

为实现不同品牌的家电设备之间的互联互控互通，上海家联网络科技有限公司研发了智慧家庭全兼容性平台——icomhome 家联网平台。icomhome 家联网平台改变了过去不同品牌的不同产品“各自为政”的情况，家电设备不再是一个个孤立的设备，而是可以通过近距离无线通信技术实现互联互通互控；该平台还具有家庭环境自动感知功能，改变了过去只能对家电设备实施控制的简单管理模式，通过自动感知数据的反馈，真正了解家庭的真实情况；感知的数据可以借助云平台和区块链等技术实现信息交流和数据共享，增强家人和朋友之间的互动交流。

（3）SMARTHOME 智控系统

为解决智能家居行业安全性弱和隐私性差两大弊端，SMARTHOME 团队通过区块链、物联网和通信技术联接家用电器，使设备互联互通，实现了 SMARTHOME 智控系统，旨在构建全新的智能家庭生活方式。首先，去中心化的架构颠覆了智能家居旧有的中心架构，不但大大减轻了中心计算的压力，而且释放了物联网组织架构的更多可能，为创新提供了更多空间。借助区块链技术添加算力积分功能，根据智能家居的使用、在线时长和活跃度等指标，转换算力积分，让用户在享受智能家庭生活的同时，可以获得一定的收益。其次，SMARTHOME 智控系统采用 Z-WAVE 通信技术、分布式服务器以及加密算法进行指令传输，用公钥和私钥进行数据校验来保护用户个人信息、设备信息以及传输的数据。此外，SMARTHOME 智控系统可以将智能灯光、智能窗帘、智能家电控制、饮水机、投影幕布、门禁、远程监控等系统进行统一管理，也可以通过情景模式建立回家、离家、会客等模式。用户可以很方便地使用 SMRTHOME 智控系统，操作简单方便，且不受时间、空间以及硬件的限制。

8.3 区块链赋能家庭数据存储

8.3.1 行业现状

随着信息技术的飞速发展，家庭生活产生的数据越来越多。一方面，智能手机的普及使每一个家庭成员都是数据的产生者，家庭生活的照片和视频等数据是一个家庭的宝贵财富；另一方面，越来越多的家用电器实现了数字化和智能化，随之也产生了大量数据。由此可见，家庭数据量与日俱增，数据结构繁杂多变，如何存储这些数据成为必须要解决的问题。

虽然智能手机和计算机的存储容量不断增加，但如果将所有的家庭数据都存储在本地，增加了家庭的经济成本，而且随着数据量的不断增加，家庭所付出的经济成本越来越大。因此，使用网络云盘进行家庭数据的存储和备份，成为主流的解决方案，但这种方案易账户被盗、云盘服务终止、被黑客入侵，这会对数据安全和用户隐私造成很大的影响[5-6]。

8.3.2 基本原理

为了解决家庭数据云存储可能存在的信息泄露风险，本小节介绍一种基于区块链的家庭数据云存储方案[7]，该方案可作为 8.2.2 节介绍的基于区块链的智能家居系统的补充。电子出生证明、毕业证书和学位证书等特别重要的数据存储在本地存储设备，而照片和视频等数据可以采用云存储方式。

基于区块链的家庭数据云存储方案如图 8-2 所示，在 8.2.2 节介绍的基于区块链的智能家居系统的基础上，增加了云存储设备。云存储设备采用区块的形式存储家庭数据，每个区块具有唯一的区块编号，可以存储多个数据块，每个数据块包括前一个区块编号、前一个数据哈希值、数据和数据哈希值，前一个区块编号和前一个数据哈希值用来将同一个智能家居产品相关的数据块连接起来。以图 8-2 为例，云存储设备中存储的前三个区块中，跟智能家居产品 A 相关的数据块有 3 个，分别存储 Data（A_1）、Data（A_2）和 Data（A_3），其中 Data（A_1）和 Data（A_2）在区块 2 中，Data（A_3）在区块 3 中，存储 Data（A_2）的数据块通过前一个区块编号（即区块#2）和前一个数据哈希值（即 HASH（A_1）），与存储 Data（A_1）的数据块连接。通过这种方式，可以很容易找到和智能家居产品 A 相关的所有数据块。

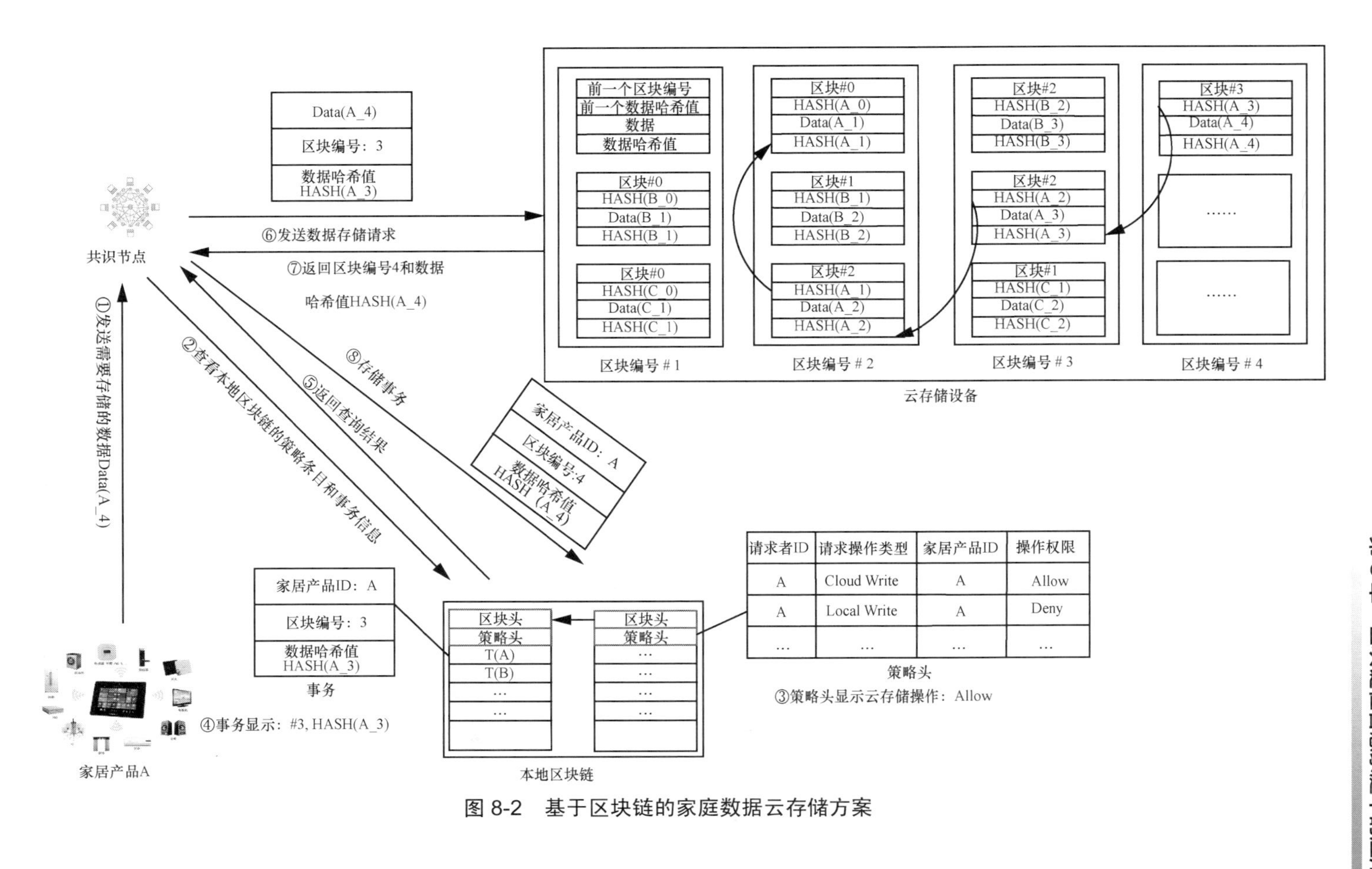

图 8-2　基于区块链的家庭数据云存储方案

在基于区块链的家庭数据云存储方案中，数据进行云存储的详细步骤如下。

① 当智能家居产品 A 需要存储数据时，向智慧家庭的共识节点发送数据存储请求，其中包括需要存储的数据 Data（A_4）。

② 共识节点查看本地区块链策略头中的策略条目以确定智能家居产品 A 的云存储权限，同时查看本地区块链中的事务信息以确定智能家居产品 A 相关的最近一个数据块的区块编号和数据哈希值。

③ 本地区块链的策略条目显示，智能家居产品 A 的云存储操作（即“Cloud Write”）是被允许的（即“Allow”）。

④ 本地区块链的事务信息显示，智能家居产品 A 相关的最近一个数据块的区块编号为 3，数据哈希值为 HASH（A_3）。

⑤ 本地区块链将查询结果（即 Allow、区块#3、HASH（A_3））发送给共识节点。

⑥ 共识节点向云存储设备发送数据存储请求，其中包括需要存储的数据 Data（A_4）、区块#3 和 HASH（A_3）。

⑦ 云存储设备存储数据 Data（A_4），假设云存储设备在区块#4 中添加了一个数据块，其中包括区块#3、HASH（A_3）、Data（A_4）和 HASH（A_4）等信息，存储完成后，云存储设备将存储数据 Data（A_4）的区块编号 4 和数据哈希值 HASH（A_4）发送给共识节点。

⑧ 共识节点将智能家居产品 ID（即 A）、区块编号 4 和数据哈希值 HASH（A_4）以事务的形式记录到本地区块链中。

在基于区块链的家庭数据云存储方案中，如果服务提供商需要访问智能家居产品 A 的数据以提供某些智能服务时，具体的访问流程如图 8-3 所示。

① 服务提供商（假设 ID 为 S1）向智慧家庭的共识节点发送数据访问请求，其中包括智能家居产品 ID（即 A）。

② 共识节点查看本地区块链策略头中的策略条目以确定服务提供商 S1 的访问权限，同时查看本地区块链中的事务信息以确定智能家居产品 A 相关的最近一个数据块的区块编号和数据哈希值。

③ 本地区块链的策略条目显示，服务提供商 S1 对智能家居产品 A 的数据的访问操作（即“Read”）是被允许的（即“Allow”）。

④ 本地区块链的事务信息显示，智能家居产品 A 相关的最近一个数据块的区块编号为 4，数据哈希值为 HASH（A_4）。

⑤ 本地区块链将查询结果（即 Allow、区块#4、HASH（A_4））发送给共识节点。

⑥ 共识节点向云存储设备发送数据查询请求，其中包括区块#4 和 HASH（A_4）。

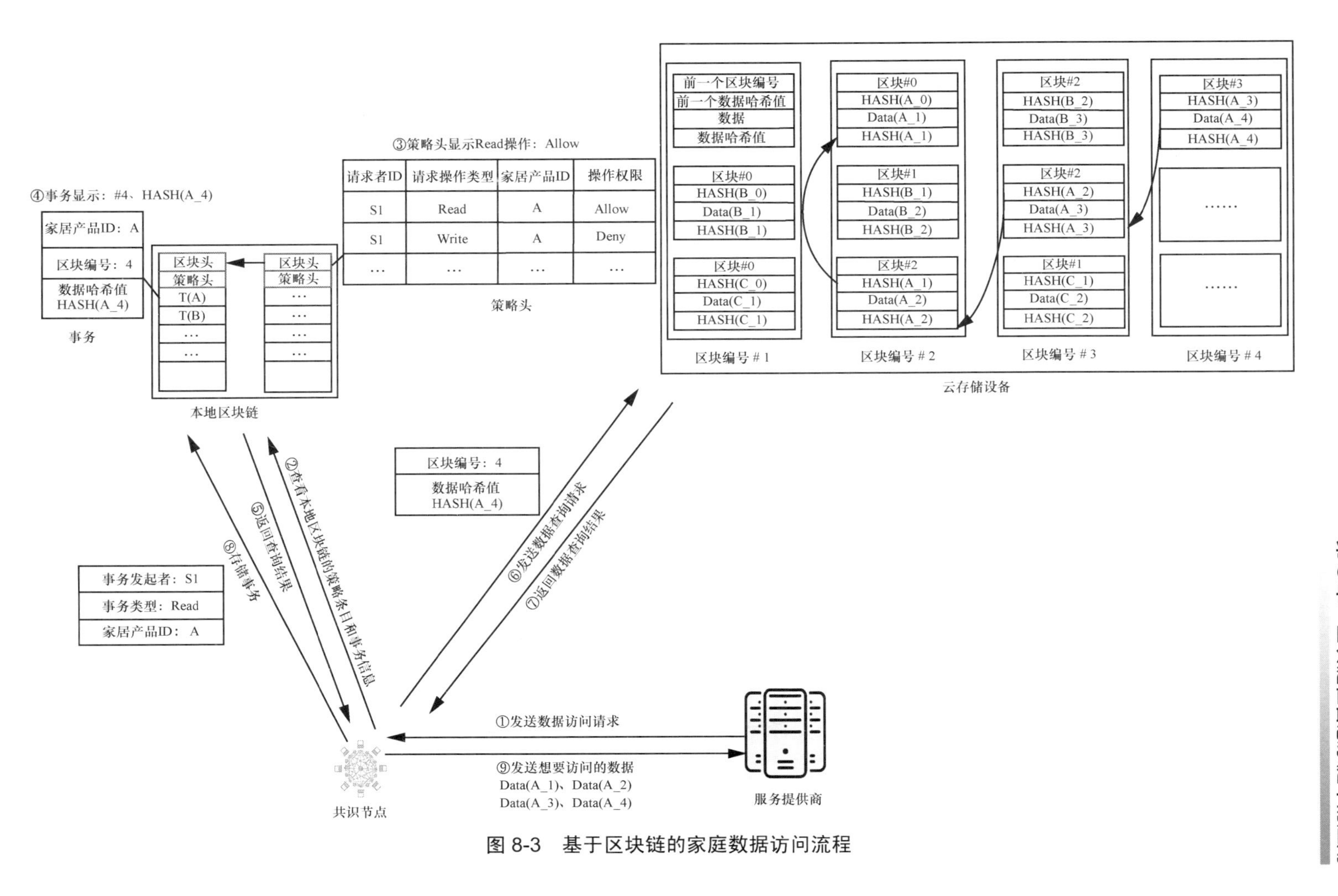

图 8-3　基于区块链的家庭数据访问流程

⑦ 云存储设备根据区块#4、HASH（A_4）以及数据块中的前一个区块编号和前一个数据哈希值信息，得到 Data（A_1）、Data（A_2）、Data（A_3）和 Data（A_4），并将这些数据发送给共识节点。

⑧ 共识节点会在本地区块链中增加一个事务，其中事务发起者 ID 为 S1，事务类型为 Read，家居产品 ID 为 A。

⑨ 共识节点将智能家居产品 A 相关的数据 Data（A_1）、Data（A_2）、Data（A_3）和 Data（A_4）发送给服务提供商 S1。

8.3.3 应用案例

（1）“我家云”家庭云存储解决方案

为了解决传统的硬盘、NAS、云盘等存在的易用性和安全性等问题，北京云汇天下科技有限公司完善了数据存储方案，推出基于区块链的“我家云”家庭云存储解决方案。首先，“我家云”采用集区块链、共享经济和分布式存储为一体的区块链共享经济模型，将平台上设备的闲置存储空间和网络带宽利用起来，扩大了存储容量，提高了资源利用率；参与资源共享的设备会获取基于区块链的 CBC 积分，在未来有机会获得 CBC 积分带来的收益，这种机制有利于促进设备所有者加强对共享经济的支持，实现共赢。其次，“我家云”使用硬件加密、软件加密和分布式存储相结合的方式，保障用户隐私和数据安全。不同于传统云盘用户上传数据至供应商服务器，“我家云”会将用户数据进行加密、分割，产生多份数据备份碎片，再将其进行分布式存储。这种方式使“我家云”在出现部分硬件损坏和数据丢失等情况时，不用担心数据丢失。此外，“我家云”安装步骤简单，连接到 App 即可进行数据的存储、备份和整理操作。因此，“我家云”是一款集区块链技术和人性化功能于一身的创新家庭智能云存储产品，是区块链技术应用创新的一次良好示范。

（2）斐讯天天链 N1 家庭网络存储设备

为满足日益增长的家庭数据存储需求，斐讯于 2018 年 3 月推出了天天链 N1 家庭网络存储设备，它是基于云计算和区块链技术的智能硬件设备，其本质是把网络存储与区块链进行融合，实现了分布式计算和存储，以及存储设备的全网互联互通。一方面，斐讯天天链 N1 家庭网络存储设备能够处理海量数据的传输与存储，采用了斐讯云盘与本地硬件存储联动双备份的创新设计，用户的照片和影音等文件通过数据加密传输技术自动备份到本地网络存储器和云盘，数据安全得到多重保证，提供了高效、安全、稳定的家庭数据实时存储、备份、读取与分享。另一方面，斐讯利用区块链技术所具有的公开透明和不易篡改等特性，建立了一个“新共享”生态体系，为家庭用户提供去中心化的资源共享平台，即以斐讯天天链 N1 家庭网络存储设备作为区块链共享节点，用户主动共享节点的存储、带宽、算力、Wi-Fi 等闲置数字资源，并且根据贡献度获得相应数量的数字资产，数字资产可用来兑换斐讯云服务、网络加速服务、数字娱乐内容服务以及生态链产品。

8.4　区块链赋能家庭缴费

8.4.1　行业现状

在人们的日常生活中，生活缴费尤其是水电气费缴纳已经成为每个家庭必不可少的活动。如图 8-4 所示，传统的家庭生活缴费主要有两种方式：一种是通过预付卡付费，这种方式需要用户（图中的用户 A）经常查看仪表的显示数据，如果发现水电气的余量不足，则需要到实体充值站点给预付卡充值，之后用预付卡更新仪表中的数据；另一种方式是线上支付，用户（图中的用户 B）需要经常查看微信或支付宝等第三方生活缴费平台上的余额，如果余额不足，则需要及时在第三方平台上缴费充值。

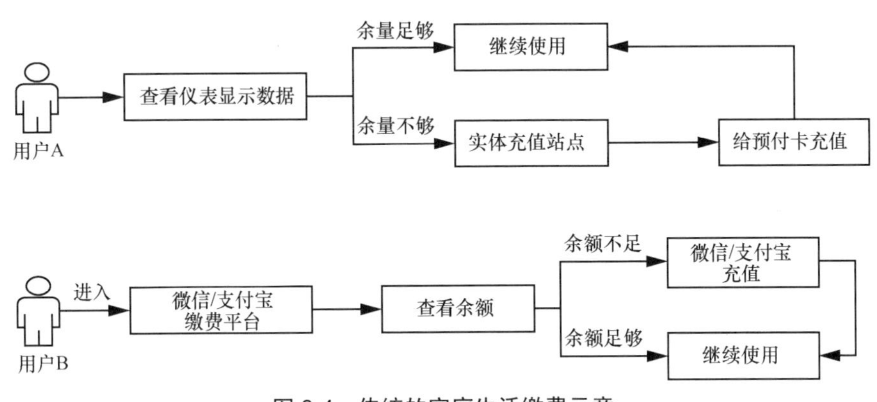

图 8-4　传统的家庭生活缴费示意

随着技术的不断发展，生活缴费变得越来越便利，但是目前的生活缴费方式仍然面临两大挑战。其一，不论是采用预付卡付费，还是采用第三方生活缴费平台付费，都需要用户每个月按时缴费，忘记缴费或者缴费不及时都可能导致停水停电停气等情况的发生，而且用户需要持有和管理多张卡片，这给用户的日常生活带来了很多不便。其二，采用传统生活缴费方式，用户水电气的使用和缴费等信息集中存储在第三方金融平台，如果平台遭到攻击或系统崩溃，不仅会导致重要数据丢失，还可能导致数据泄露。

8.4.2 基本原理

区块链技术可以很好地解决传统生活缴费方式存在的两个挑战。首先，借助于智能合约，家庭中的设备能够实现自动支付，可以为用户省去复杂的缴费流程，从而提高缴费效率；其次，区块链的去中心化特性使可以在不依赖第三方金融机构的情况下，分布式地存储用户水电气的使用和缴费等信息，避免了集中式存储存在的潜在风险，增加了系统的可靠性[8]。因此，业界提出了一种基于区块链的生活缴费系统，该系统由智能仪表和区块链平台组成，区块链平台用于广播、验证和记录交易，智能仪表的模块如图 8-5 所示[9]。智能仪表包括流量传感器、阀门控制器、微控制器、网络通信模块以及区块链安全支付模块，其中区块链安全支付模块包括处理器、数字钱包、Wi-Fi 模块和加密芯片模块。

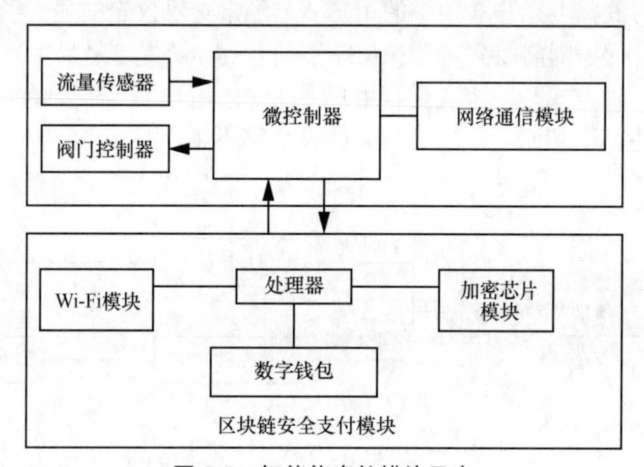

图 8-5 智能仪表的模块示意

接下来，以天然气为例来详细介绍智能仪表。在智能仪表中，流量传感器用于检测天然气使用情况，并将数据实时发送给微控制器；当微控制器检测到剩余气量低于预设阈值时，通过阀门控制器关闭阀门，并通过网络通信模块向区块链安全支付模块发送请求；区块链安全支付模块的处理器接收到请求后，检查数字钱包中的“虚拟货币”余额，如果余额充足，处理器会通过 Wi-Fi 模块与区块链平台进行通信，并将相应数量的“虚拟货币”转到天然气公司的账户中，在这个交易过程中，加密芯片模块负责对交易过程进行加密，以增强交易的安全性；区块链平台收到智能仪表发送的交易信息后，对其进行验证和共识，之后将其以区块的形式添加到区块链中[10]；交易完成后，智能仪表的微控制器通过阀门控制器将阀门打开。

8.4.3 应用案例

（1）长春水务集团的“区块链代扣”业务

继微信缴费、支付宝代扣、短信缴费提醒等服务后，长春水务集团推出了“最多只跑一次”服务和“区块链代扣”服务，以此促进用水服务实现新的跨越，全面助力长春市智慧城市建设。“最多只跑一次”服务通过支付宝生活号向用户开放更名过户、信息修改、水费账单、报修申请等 13 项业务，基本实现“0 跑动”，即用户通过支付宝手机客户端即可完成相关用水业务办理，不用再去任何机构进行线下办理。“区块链代扣”服务是指长春水务集团在开通支付宝代扣业务的基础上，把代扣业务“搬”上链，将区块链技术融合到民生缴费服务中。“区块链代扣”服务使扣费全程可追溯、不易篡改、实时可查询，保证了扣费的稳定性，解决了出账速度慢和通知慢等问题，极大提升了民生缴费业务的便捷性和安全性。

（2）宁波供电公司的基于区块链的停电险项目

2019 年，基于区块链技术的停电险研发推广应用被列为《国家电网有限公司区块链技术研究与试点应用 2019 年工作方案》八项重点任务之一，在此背景下，宁波供电公司与英大财险公司共同合作开展了基于区块链的停电险项目，该项目获得 2019 年度国家电网有限公司第五届青创赛金奖。在该项目中，将电网停电数据存入区块链，一旦投保用户发生停电，保险公司无须人工现场核损，即可根据链上数据按停电时长自动实时理赔。基于区块链的停电险作为一种全新的电力金融产品，面向全体电力用户，可支持投保用户的故障停电自动快速理赔，有效破解平台信任问题、数据安全问题和理赔低效问题，打造保险公司新业务拓展、供电企业服务升级、客户损失降低等多方共赢的商业模式，对区块链技术在电力行业的应用具有示范意义。

8.5 本章小结

积极推进智慧家庭的建设有利于提高家庭幸福感，从而满足人们对美好生活的向往。目前，在智慧家庭的建设过程中，智能家居互联互通、家庭数据存储、家庭缴费等方面还存在痛点和难点，区块链固有的去中心化、分布式、不易篡改和可追溯等特性可以用来解决这些痛点，对赋能智慧家庭建设起到积极作用。本章首先对智慧家庭进行了概述，然后分别从智能家居、家庭数据存储和家庭缴费三个方面，详细分析了目前存在的问题，并对基于区块链的解决方案和应用案例进行了论述。概括来说，首先，区块链可以起到桥梁作用，助力所有智能家居产品之间的互联互通；其次，借助区块链技术，用户可以将家庭数据进行安全的本地存储和云存储，并对数据的访问进行灵活有效的控制；此外，区块链和智能合约可以帮助家庭实现水电气费的自动、安全、及时缴费。

参考文献

[1] ARABO A, BROWN I, El-MOUSSA F. Privacy in the age of mobility and smart devices in smart homes[C]//Proc IEEE SocialCom-PASSAT. 2012: 819-826.

[2] DORRI A, KANHERE S S, JURDAK R, et al. Blockchain for IoT security and privacy: the case study of a smart home[C]//Proc IEEE PERCOMW. 2017: 618-623.

[3] ARIF S, KHAN M A, REHMAN S U, et al. Investigating smart home security: is blockchain the answer?[J]. IEEE Access, 2020, (8): 117802-117816.

[4] DORRI A, KANHERE S S, JURDAK R. Towards an optimized blockchain for IoT[C]//Proc ACM IoTDI. 2017: 173-178.

[5] CHAKRAVORTY A, WLODARCZYK T, RONG C. Privacy preserving data analytics for smart homes[C]//Proc IEEE Security and Privacy Workshops. 2013: 23-27.

[6] LEE Y, HSIAO W, LIN Y, et al. Privacy-preserving data analytics in cloud-based smart home with community hierarchy[J]. IEEE Trans Consumer Electronics, 2017, 63(2): 200-207.

[7] DORRI A, KANHERE S S, JURDAK R. Blockchain in Internet of things: challenges and solutions[J]. arXiv preprint arXiv:1608.05187, 2016.

[8] CUI G, SHI K, QIN Y, et al. Application of block chain in multi-level demand response reliable mechanism[C]//Proc IEEE ICIM. 2017: 337-341.

[9] XU A. A blockchain based micro payment system for smart devices[J]. Signature, 2016, 256(4936): 115.

[10] KARAME G O, ANDROULAKI E, CAPKUN S. Double-spending fast payments in bitcoin[C]//Proc ACM Computer and Communications Security. 2012: 906-917.

第9章 区块链在智慧教育中的应用

9.1 智慧教育概述

习近平总书记在党的十九大报告中指出：必须把教育事业放在优先位置，深化教育改革，加快教育现代化，办好人民满意的教育。教育信息化是衡量一个国家和地区教育发展水平的重要标志，实现教育现代化、创新教学模式、提高教育质量和效益、培养创新人才，迫切需要大力推进教育信息化。智慧教育是教育信息化未来发展的一个重要方向，是实现教育跨越式发展的必然选择。智慧教育是指在教育领域（教育管理、教育教学和教育科研等）全面深入地运用现代信息技术对教育信息进行数字化采集，并对采集的信息进行智能处理和智能决断，从而提高教学、科研和管理效率，最终促进教育改革和发展[1]。

目前，新加坡、韩国、美国等已将智慧教育作为其未来教育发展的重大战略，纷纷制定了相应的发展规划。我国智慧教育发展也得到了国家政策的大力支持。2018 年 4 月，教育部制定并发布了《教育信息化 2.0 行动计划》，提出到 2022 年基本实现“三全两高一大”的发展目标，即教学应用覆盖全体教师、学习应用覆盖全体适龄学生、数字校园建设覆盖全体学校，信息化应用水平和师生信息素养普遍提高，建成“互联网+教育”大平台，推动从教育专用资源向教育大资源转变、从提升师生信息技术应用能力向全面提升其信息素养转变、从应用融合发展向创新融合发展转变，努力构建“互联网+”条件下的人才培养新模式，发展基于互联网的教育服务新模式，探索信息时代教育治理新模式[2]。2018 年 6 月，国家市场监督管理总局发布了《智慧校园总体架构》，对智慧校园的总体架构及建设进行了明确规范，全国各地学校据此从智慧教学环境、智慧教学资源、智慧校园管理、智慧校园服务、信息安全体系等方面对智慧校园进行部署，为未来学校的发展做好铺垫[3]。2019 年 3 月，教育部印发《2019 年教育信息化和网络安全工作要点》，提出 10 个核心目标，部署了 11 个方面 35 项具体任务，为不断加快我国教育信息化实施步伐和全面提升我国智慧教育水平设定具体执行目标。

近几年来，我国智慧教育发展迅速，教育信息化取得了举世瞩目的发展成就。2018 年，我国教育信息化市场规模为 4 072 亿元；2019 年，我国智慧教育市场规模超过 7 000 亿元，2020 年我国智慧教育市场规模达到 7 230.6 亿元，预计到 2022 年我国智慧教育市场规模将突破万亿元。未来，我国智慧教育市场规模将持续扩大，“十四五”时期，随着我国“智慧城市”建设的持续开展，受益于国家政策的支持以及物联网、云计算、5G、区块链等新一代信息技术的推动，智慧教育行业将迎来更快速的发展，打造物联化、智能化、感知化、泛在化的新型教育形态和教育模式。

2016 年，国务院印发的《“十三五”国家信息化规划》首次将区块链列入国家信息化规划，并将其作为战略前沿技术之一，“区块链＋教育”也逐渐成为专家关注的一个研究方向。2016 年 10 月，工业和信息化部颁布的《中国区块链技术和应用发展白皮书》指出：“区块链技术的透明化、数据不易篡改等特征，完全适用于学生征信管理、升学就业、学术、资质证明、产学合作等方面，对教育行业的健康发展具有重要的价值”。本章从学历学位认证和学分管理两个方面来介绍区块链在智慧教育中的应用。

9.2 区块链赋能学历学位认证

9.2.1 行业现状

以高等教育毕业证书和学位证书为代表的各类文凭在社会上受到高度重视，学历学位证书是学生学习经历和水平能力的有效证明，是用人单位挑选人才的重要依据。学历学位证书对于高校毕业生来说非常重要，毕业生在升学（考研或考博）、留学和就业时都需要提供本人真实有效的学历学位证明。

教育部数据显示，从 2001 年开始，我国普通高等学校毕业生人数直线上升，2001 年全国高校毕业生人数仅为 114 万，到 2020 年毕业生人数已经达到 874 万。不断增长的毕业生人数导致就业竞争压力增大，而更好的学历学位证书往往能够带来更好的就业机会，因此一些想要投机取巧的人会采用学历学位造假的方式来获得就业或升学机会。2010 年新华都集团总裁兼 CEO 唐骏因为学位造假事件备受关注，2012 年雅虎 CEO 斯科特·汤普森因涉嫌学位造假而引咎辞职。学历学位造假不仅给学校和招聘单位带来巨大的损失，也反映出当前学历学位信息管理方面存在诸多问题。

1994 年到 2001 年，我国的学历学位证书均以纸质证明文件的方式呈现，通过物理防伪特征辨别证书信息真假。纸质证明文件的保存受环境条件和时间期限的制约，容易损耗，且影响文件真实性的辨别，一旦丢失或破损将无法查询、及时补办。2002 年学信网上线，我国开始对高等教育学历学位信息实行统一电子注册制度，实现学历学位信息的网络化管理。目前，学信网是教育部指定的中国高等教育学历学位证书网上查询认证唯一中心化网站，由于有权威机构的背书，一定限度上增加了学历学位证书的伪造难度，但是这种中心化的数据管理方式仍然面临单点故障、网络攻击和数据篡改等问题，数据存储安全性较低[4]。首先，学历学位信息在录入时只有少数中心管理员参与，权限过于集中，缺乏公开透明的高效约束机制，难以保证数据的客观真实性；其次，中心服务器被不法分子恶意攻击会导致学历学位信息泄露；此外，网络防伪技术的不完善、学历学位资料收集不齐全、社会对公章认同度高等，导致中心化认证流程复杂、耗费时间长、效率低、成本增加，不能满足毕业生和用人单位快捷、公正、准确地核实学历学位信息的需求[5]。

9.2.2　基本原理

针对目前学历学位证书管理和认证方面存在的问题，必须以创新的思路，用分布式、共识机制认证取代集中式认证。将区块链技术应用于教育领域中的学历学位证书认证方面，利用区块链的去中心化和防篡改等特性，可以保障学历学位信息不被篡改和真实可靠，并且可以追溯信息的来源，增强学历学位信息的安全性和可靠性，实现更加安全可信的学位证书信息管理，为学历学位信息验证提供有效的技术保障。

如图 9-1 所示，基于区块链的学历学位认证系统主要涉及教育管理部门、高等学校、毕业生以及用人单位。教育管理部门负责系统的开发和运营维护，同时对毕业生的学历学位信息进行监督和管理；高等学校负责对毕业生的学历学位信息进行登记；毕业生可以查询和验证区块链上的个人信息，也可以授权用人单位查看本人链上信息；用人单位在得到毕业生的授权后可以查询和验证区块链上的学历学位信息。教育管理部门和高等学校作为区块链的共识节点，具有记账和读写功能，负责确保区块链上数据的一致性，而毕业生和用人单位只能读取区块链上的学历学位信息。

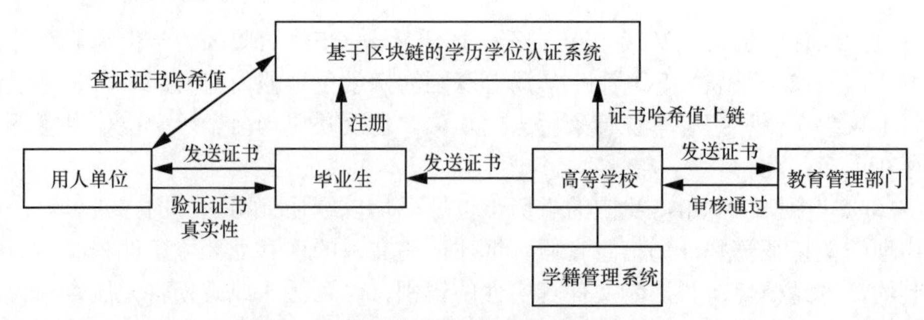

图 9-1　基于区块链的学历学位认证系统

基于区块链的学历学位认证流程主要如下。

① 每个毕业生根据自己的学校、学院、姓名、性别、身份证号码、出生日期、电子邮箱和毕业年份等信息在基于区块链的学历学位认证系统进行注册，注册成功后，每个毕业生会得到一个数字身份 ID 以及一对公钥和私钥，私钥需要毕业生进行妥善保管。

② 当毕业生达到毕业要求后，高等学校会为每个毕业生生成学历学位证书，同时将使用自己的私钥进行数字签名的学历学位证书发送给教育管理部门。

③ 教育管理部门对毕业生的学历学位证书进行审核，使用自己的私钥对通过审核的学历学位证书进行数字签名，并将经过签名的学历学位证书返回给高等学校。

④ 高等学校将同时具备自己和教育管理部门数字签名的学历学位证书存储在自己的学籍管理系统中，之后将携带自己和教育管理部门数字签名的学历学位证书发送给毕业生。

⑤ 高等学校将毕业生的数字身份 ID 和其学历学位证书的哈希值存储到区块链上。

⑥ 毕业生找工作时，将同时携带自己、高等学校以及教育管理部门数字签名的学历学位证书发送给用人单位。

⑦ 用人单位根据毕业生的数字身份 ID，查询区块链上存储的该毕业生学历学位证书的哈希值。

⑧ 用人单位计算毕业生发送的学历学位证书的哈希值，如果两个哈希值相同，则确认学历学位证书的真实性。

9.2.3　应用案例

（1）麻省理工学院的 Blockcerts

Blockcerts 是麻省理工学院媒体实验室（MIT Media Lab）发布的一个区块链证

书系统，因其依托比特币区块链，Blockcerts 提供了一个去中心化的认证系统，其证书具有防篡改和可验证的特性。Blockcerts 可用于发行任何类型的证书，包括专业证书、学位证书和劳动证书等。目前，Blockcerts 在一些活动中进行了试点。2015 年 10 月，MIT 使用该系统为参加 30 周年的校友颁发了证书；2016 年 3 月，MIT 的全球创业训练营使用该系统颁发了数字证书；截至 2017 年 10 月，MIT 已经使用该系统向 100 多名毕业生发放了基于区块链的数字证书。

目前，MIT 已经把 Blockcerts 系统的代码在 GitHub 上进行了开源，任何人都可以使用、分享，并在其上开发应用程序。在项目主页，开发人员可以找到软件组件的参考实现、丰富的文档以及有关如何加入开发者社区等信息。MIT Media Lab 希望 Blockcerts 未来可以作为发布、共享以及验证数字证书的开放标准。

（2）霍伯顿学校的证书区块链实践

美国旧金山的霍伯顿学校（Holberton School）是一所软件工程师培训学校，它从 2017 年开始将学历证书在区块链上共享，这一做法受到众多招聘公司的赞赏。将学历证书存放在区块链上，能够保证学历证书和文凭的真实性，使学历验证更加有效、安全和简单，同时能节省人工颁发证书和核验学历资料的时间和人力成本，成为解决学历证书和文凭造假的完美方案。

9.3　区块链赋能学分管理

9.3.1　行业现状

在当前的教育领域，每个高等学校有自己的学分管理系统，由学校教务处负责以专有格式保存学生的完整学分数据。高等学校的学分管理系统一般托管在本校的数据中心，其他人不能随意访问，学生可以使用用户名和密码登录系统并访问自己的数据，仅能查看或打印获得的课程学分记录[6]。

随着高等教育国际化与高校国际联盟组织的发展，学分互认成为校际、国际高校文化交流、课程共享的基础。而现有的学分管理模式在学分互认方面存在难点。首先，学生的学分数据是每个学生的隐私，教育部门有专门的管理规定，大多数情况下高等学校不会共享学生的学分数据，当学生因升学而向其他高校出示学分证明时，需要经过复杂耗时的手续，当学生申请国外留学时，这个问题就更加明显，还需要经过翻译和公证的环节；其次，由于缺乏标准化等，不同高等学校存储学分数据的格式不一样，使在高等学校之间难以进行学分数据的共享和交换。

9.3.2 基本原理

高等学校可以利用区块链技术来解决学分制教育背景下存在的学分互认难题。对于高等学校而言，利用区块链技术的不易篡改、智能合约和共识机制等特征，全面记录和呈现学生的学习行为、学习过程、教师评价和学习结果，可以有效简化记录流程，提升工作效率；对于学生而言，区块链技术的应用拓宽了其获得教育评价的途径，而且学生在跨地区、跨院校甚至跨国转学时，不再需要提供纸质的学习证明、成绩单等转学证明，其他院校均可以通过区块链对学生学分进行查询和验证；此外，院校间、地区间通过区块链可以迅速、方便、低成本地实现学分的记录、查询、验证，辅以完善的学分互认体系，使学生在不同教育机构获得的学分得以互认和交换[7]。

如图 9-2 所示，基于区块链的学分管理系统主要涉及成员高校和学生，通过提供去中心化、分布式、可互操作、统一、易用的学分管理模式，改善高校间的沟通，简化学生学分的存储与管理，加快学分验证过程。该系统用代币代表学生已完成课程的学分值，学生完成课程后，高校教师会将课程学分对应的代币转移到学生的区块链地址，学生只需提供自己的区块链地址即可在全球范围内向用人单位、其他院校证明自己已完成的课程情况。成员高校作为区块链的共识节点，具有记账和读写功能，负责确保区块链上数据的一致性，学生和其他第三方机构只能读取区块链上的学分信息。

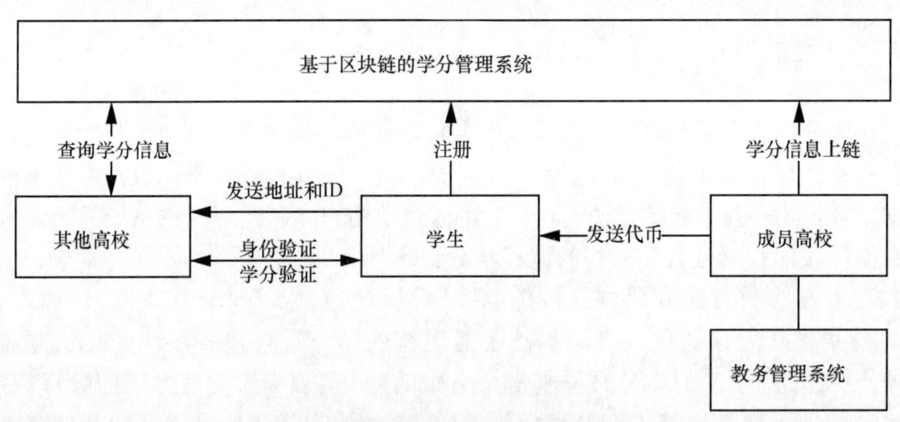

图 9-2　基于区块链的学分管理系统

基于区块链的学分管理流程主要如下。

① 每个学生在基于区块链的学分管理系统进行注册时，系统会给每个学生分配一个 ID，并为其生成一个安全的数字钱包和区块链地址。

② 学生完成课程后，高校教师会将学分信息（包括高等学校名称、学生ID、课程名称、课程学分等）记录到本校的教务管理系统。

③ 本校管理人员对学分信息进行审核，审核通过后，将用自己私钥进行数字签名的学分信息存储到区块链中，并向学生的区块链地址转移适当数量的代币，学生通过数字钱包可以查看收到的代币数量是否与其获得的学分相匹配。

④ 当学生因升学需要向其他高校证明自己的课程完成情况时，将自己的区块链地址和ID发送给其他高校。

⑤ 其他高校根据区块链地址可以查看该学生获得的代币，根据学生ID可以查看区块链中记录的学分信息，由此可以验证学生的代币数量是否与其获得的学分相匹配。

⑥ 学生使用自己的私钥签署一条消息发送给其他高校，如果签名消息通过验证，则确认代币属于该学生，学生身份验证成功。

9.3.3 应用案例

（1）京津冀大数据教育区块链试验区

2018年10月19日，京津冀大数据教育区块链试验区暨研究中心启动仪式在河北省廊坊市举行，标志着我国首家大数据教育区块链试验区及全国第一个大数据教育区块链研究中心正式成立。京津冀大数据教育区块链研究中心是由北京市通州区教委、天津市武清区教育局、河北省廊坊市教育局联合首都师范大学、北华航天工业学院、廊坊师范学院共同创建的，京津冀大数据教育区块链试验区是由三地教育部门联合中国语言智能研究中心、国家超级计算天津中心、润泽大数据公司、天闻数媒科技有限公司共同设立的，三地教育部门将搭建统一的大数据平台，采集并记录学生的学习成长轨迹数据，通过区块链的分布式、不易篡改和留痕功能，建立学生的个人学习成长档案；然后以京津冀三地教育年级组为单位，建立12个区块，校长、教师和学生分属在各自的区块内，同时各类区块间相互连结。试验区将集合京津冀三地大数据资源、超级计算资源、教育智能化资源，推动区块链技术与云计算、大数据、物联网等技术深度融合，探索区块链技术在教育领域的应用，开发出教育区块链产品，用信息化手段助推三地教育事业向更高层次发展。

依托区块链的特点，区块链在教育领域的应用价值主要体现在建立个体学信大数据、打造智能化教育淘宝平台、开发学位证书系统、构建开放教育资源新生态、实现网络学习社区的“自组织”运行以及开发去中心化的教育系统上。通过区块链技术，可以在根本上结束一考定终身的教育评价格局。在新高考背景下，通过区块链建立个人的诚信成长报告，可以扩大综合素质评价录取的科学性和可信性，从而改变“唯分数论”的高考评价制度。

（2）未来学迹链

2019 年 3 月 30 日，国家互联网信息办公室发布了第一批区块链信息服务备案清单，共计 134 家企业的 197 个区块链信息服务入列。北京世纪好未来教育科技有限公司的未来学迹链是其中一个。

未来学迹链通过区块链采集并记录学生的学习成长轨迹数据，建立学生的个人学习成长档案，最大限度地为学生提供个性化的学习方式，提升学习能力，增强学习效果。未来学迹链在记录学生学习数据的同时，借助区块链技术的公开透明和可追溯等特性，建立学生的个人诚信成长报告，作为学生综合评价的科学判定依据。未来学迹链目前主要集中在学员数据管理、学习轨迹跟踪等方面，未来将探索建立更方便和更可靠的学习征信、数据共享和数据分析平台。

（3）智汇糖儿童成长教育系统

和未来学迹链一样，智汇糖的智汇糖儿童成长教育系统也是 197 个区块链信息服务中的一个。智汇糖隶属于普华集团，旨在通过区块链、人工智能、云计算和大数据等技术，将中国国情与西方先进教育体系融合，提供针对 3 到 6 岁孩子的心智、性格、思维、能力的个性化提升解决方案，在具有互动性、趣味性和故事性的环境中全面培养和提升孩子各方面的能力。智汇糖儿童成长教育系统以保留孩子最原始的纯净心灵、探索挖掘孩子的特长并且避免孩子心理层面的缺陷为主要目的，集合创意思维训练、艺术涵养、知识百科等系列课程，通过沙盘模拟测试、虚拟形象以及人机交互对孩子进行引导，利用分布式账本技术对儿童进行数字化成长记录，以此发现孩子的天赋，提供趣味化学习，最后进行个性化成长规划，帮助孩子建立真正属于自己的人生。

作为儿童心智早教产品，智汇糖儿童成长教育系统于 2018 年成功推向市场，快速获得认可。目前，智汇糖儿童成长教育系统分别获得由荷兰儿童启蒙教育协会和西班牙幼儿心理健康教育协会颁发的“儿童教育创新项目奖”和“儿童心理发展研究成果奖”两大国际奖项。

（4）“学习即赚钱”计划

“学习即赚钱”（Learning as Earning）计划是由未来教育研究所和美国高考基金会提出的，利用 Edublocks 对学生的学习过程进行记录，Edublocks 类似于用来记录和评估学生学习的“学分”。除了跟踪学生的学术学习活动外，Edublocks 还可以测量和记录非正式学习，如培训活动、学校比赛、研究演示、实习经历、社区服务等，让学生在任何时间、任何地点都能获得所发生的学习信用。学生拥有的 Edublocks 的变化过程被记录在区块链上，毕业时根据这些记录形成学生的个人电子信息数据库，包含学生在学习期间获得的所有 Edublocks，可以反映学生获得的各种技能，因此学生的电子信息数据库可以作为学生求职面试时的简历，成为招聘单位选拔人才的重要参考依据。

9.4 本章小结

教育信息化是衡量一个国家和地区教育发展水平的重要标志，实现教育现代化、创新教学模式、提高教育质量和效益、培养创新人才，迫切需要大力推进教育信息化[8]。智慧教育是教育信息化未来发展的一个重要方向，是实现教育跨越式发展的必然选择。区块链技术的透明化、数据不易篡改等特征，完全适用于学生征信管理、升学就业、学术、资质证明、产学合作等方面，对教育行业的健康发展具有重要的价值。本章首先对智慧教育进行了概述，然后从学历学位认证和学分管理两个方面，详细阐述了目前存在的问题和痛点，并对基于区块链的解决方案的基本原理和应用案例进行了梳理总结。在学历学位认证方面，利用区块链技术的数据无法篡改和数据可追溯等特性，可以保障学历学位信息不被篡改和真实可靠，并且可以追溯信息的来源，增强学历学位信息的安全性和可靠性，实现更加安全可信的学历学位信息管理。在学分管理方面，利用区块链技术的不易篡改、智能合约和共识机制等特征，全面记录和呈现学生的学习行为、学习过程、教师评价和学习结果，可以有效简化记录流程，使学生在不同教育机构获得的学分得以互认和交换，也方便其他院校对学生学分进行查询和验证[9-10]。

参考文献

[1] 季连帅. 从翻转课堂到智慧课堂:教育现代化背景下高校课堂教学模式构建[J]. 哈尔滨学院学报, 2021, 42(5): 118-121.

[2] 汤岭球. 教育信息化 2.0 背景下省级教育大数据平台建设研究[J]. 当代教育论坛, 2021.

[3] 方丽娟. 以智慧教育引领教育信息化创新发展[J]. 天津教育, 2021(14): 174-175.

[4] 周春天, 王利朋, 贾志娟, 等. 基于区块链的学历证书可信认证系统[J]. 计算机时代, 2021(2): 34-37.

[5] 华芳, 丁毅, 孙伽宁, 等. 一套基于区块链的可信学历学位认证系统[J]. 网络空间安全, 2020, 11(9):9-18.

[6] 黄磊. 基于区块链技术的高校学分银行的有效应用[J]. 中国管理信息化, 2021, 24(4): 201-202.

[7] 刘永贵, 欧梦吉, 刘瑞. 基于区块链的高校联盟学分管理系统研究[J]. 软件导刊, 2020, 19(11): 120-125.

[8] 陈洪华. 基于教育信息化的大学课程实训平台系统设计[J]. 现代电子技术, 2021, 44(10): 52-56.
[9] 方丽娟. 以智慧教育引领教育信息化创新发展[J]. 天津教育, 2021(14): 174-175.
[10] 祝珊珊. 区块链技术下学分银行应用探索[J]. 新疆广播电视大学学报, 2019, 23(3): 23-27.

第 10 章 区块链在智慧商业中的应用

10.1 智慧商业概述

智慧商业是指在商业的各个领域，如商业管理、商业贸易、商业交往等过程中全面开启信息化，以互联网、物联网、云计算、大数据、移动通信技术等信息技术为支撑，创新人类商业模式及管理手段，完善各种商务流程，增强企业的综合竞争力，建立起日益高效便捷的商业体系，提高社会整体效能[1]。

当前，由于商业体系的不完善，商业领域存在严重的信任问题。一方面，在企业外部，企业与企业之间的协作存在彼此之间的信任缺失，互相推卸责任等问题[2]；另一方面，在企业内部，企业与员工之间的信任问题没有得到有效解决，如企业招聘如何真实可靠、如何公平公正地考核员工绩效等。为了解决这些问题，需要建立一套信任机制，弥补商业活动中企业与企业之间以及企业与员工之间的信任缺失，从根本上解决信任问题，真正实现彼此之间的真诚互信。

区块链作为解决信任问题的一种新技术，无疑会促进智慧商业的发展。我国正鼓励产业界和学术界探索区块链技术在商业领域的应用，为打造安全、高效、可信的商业环境提供动力，为加快商业信息化建设、推动经济高质量发展提供支撑。2019 年 10 月 24 日，中共中央政治局就“区块链技术发展现状和趋势”进行第十八次集体学习时，习近平总书记强调要把区块链作为核心技术自主创新的重要突破口，明确主攻方向，加大投入力度，着力攻克一批关键核心技术，加快推动区块链技术和产业创新发展，将区块链技术提升至国家战略高度。2020年10月，江苏省工业和信息化厅印发的《江苏省区块链产业发展行动计划》指出：利用区块链技术实现各行业供需有效对接，优化服务模式、丰富产品供给，探索建立新型商业协作模式，积极培育新业态、新模式，推动经济高质量发展。在国家政策和区块链技术的共同驱动下，商业领域的信任问题将得到有效解决，一个更加可信的智慧商业体系正在逐渐形成。本章从企业信誉管理和人力资源管理两个方面来介绍区块链在智慧商业中的应用。

10.2 区块链赋能企业信誉管理

10.2.1 行业现状

改革开放以来，我国的市场经济日益快速发展，企业与企业之间的联系更加紧密，彼此间的合作也更加频繁。企业与企业之间的商务关系对企业发展有着重要作用，良好的合作关系可以为企业双方创造更多的价值，企业为了维护和提升与其他企业的商务关系，必须增强自身的核心竞争力，提高信息沟通与共享能力，认真履行自己的责任和义务，提升自己的信誉度。

在目前的商业领域，企业与企业之间存在信任缺失问题[3]。企业在协作过程中，一旦遇到责任划分与认定问题，合作双方为了自身的利益，很有可能出现互相推卸责任的现象，此时双方的合作将产生巨大的矛盾，彼此之间的信任也会受到影响，长此以往，企业之间的信任问题愈演愈烈，在以后的项目合作中，企业将会顾虑重重，甚至放弃合作共赢的机会，使自己的利益遭受损失[4]。

10.2.2 基本原理

企业与企业之间存在信任缺失问题的根本原因是缺少一个企业信誉管理系统。如果可以通过企业信誉管理系统对企业的信誉度进行量化，则信誉度越高的企业越容易获得合作机会，在这种情况下，企业为了最大化自己的价值和利益，会珍惜每一次的合作机会，认真履行自己的责任和义务，以积累自己的信誉度。这就形成了一个正向激励，企业要想获得更多的合作机会，就要有意识地积累自己的信誉度。区块链可以助力企业信誉管理系统的实现。首先，区块链具有去中心化、不易篡改和可追溯等特征，可以用来记录企业之间合作的相关信息[5]，这些信息是企业信誉度量化的基础；其次，将合作双方的权利、义务以及信誉度量化模型写入智能合约，智能合约的自动执行可以保证企业信誉度量化过程和结果的公开透明，有效避免了纠纷[6]。

如图 10-1 所示，基于区块链的企业信誉管理系统主要涉及企业和政府监管机构。在一次商业活动中，企业可能是服务的提供方，也可能是服务的需求方，通过签订合作协议来明确双方的权利和义务。政府监管机构，如国家市场监督管理总局、工业和信息化部等，负责对整个商业活动进行监督和管理，并处理企业之间的纠纷。企业和政府监管机构作为区块链网络的共识节点，共同维护区块链上记录数据的真实性和一致性。下面以企业 A 和 B 为例来说明基于区块链的企业信誉管理的具体流程。

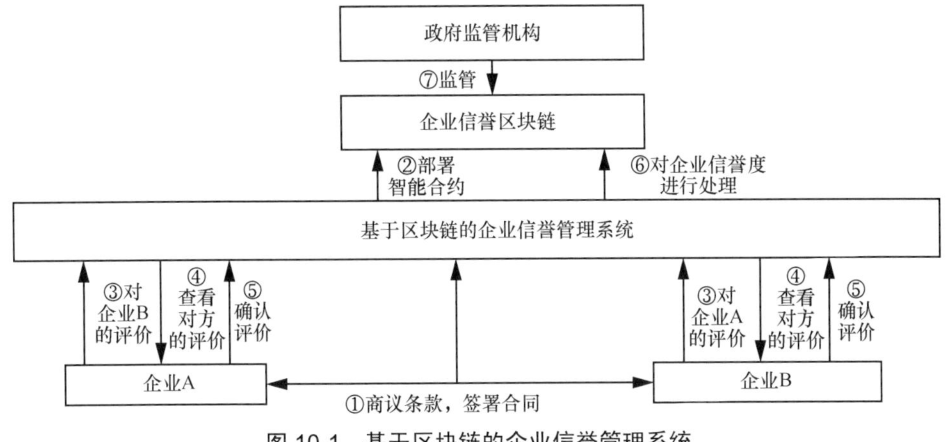

图 10-1　基于区块链的企业信誉管理系统

① 假设企业 A 和 B 就某项服务达成合作，企业 A 是服务提供方，企业 B 是服务需求方，双方就合作方式、合作步骤以及权利和义务等条款签订合作协议。

② 合作协议经双方电子签名后上传到基于区块链的企业信誉管理系统，该系统根据合作协议的条款生成对应的智能合约，经企业 A 和 B 电子签名后将其部署到区块链上。

③ 合作结束后，企业 A 和 B 会根据对方在本次合作中是否认真履行权利和义务、是否按要求完成任务等，对对方做出评价，如果满意可以用 1 表示，不满意可以用 0 表示，并将评价发送到企业信誉管理系统。

④ 企业信誉管理系统会将对方的评价返回给相关企业。

⑤ 如果企业认为对方的评价符合实际情况，则向企业信誉管理系统确认评价，如果企业认为对方的评价与实际情况不符，则会请求政府监管机构进行仲裁，仲裁结束后，由企业 A、企业 B、政府监管机构通过电子签名的方式共同向企业信誉管理系统确认评价。

⑥ 收到确认评价信息后，企业信誉管理系统会触发部署在区块链上的智能合约自动对企业 A 和 B 的信誉进行处理，如果企业认真履行了合作协议的各项条款，则其信誉度增加，反之其信誉度会降低，之后将企业的评价信息和信誉度变化情况

存储到区块链上。

⑦ 政府监管机构实时查看区块链上记录的企业信誉度信息，对双方合作过程和处理结果进行监管。

10.2.3 应用案例

（1）君子签保全链

重庆易保全网络科技有限公司一直致力于区块链的研发和创新落地应用，是一家运用区块链技术进行电子数据固化存证的公司，2015 年，其成立了旗下品牌君子签，该品牌紧密结合电子商务的发展需求，有效解决了网上交易电子合同证据的司法采信难问题。君子签会记录数据产生的全过程，存证主体、存证时间、存证过程和存证内容等会进行区块链存证，以此还原和追溯数据产生的源头。

君子签架构在保全链之上，保全链是由易保全电子数据保全中心研发搭建的区块链基础设施。如图 10-2 所示，保全链对电商交易在线签署、合同管理等操作数据全程留痕和存证，用户签名、哈希值、时间戳等信息经过加密运算后生成哈希摘要，之后保全链将生成的哈希摘要同步存储到由公证处、司法鉴定中心、仲裁委员会、互联网法院等联合建立的存证联盟链上，保证了用户签名、时间戳等重要合约元素的真实性和不易篡改，实现了全流程的司法监督与公证服务，有效保障网上交易电子合同的法律效力。

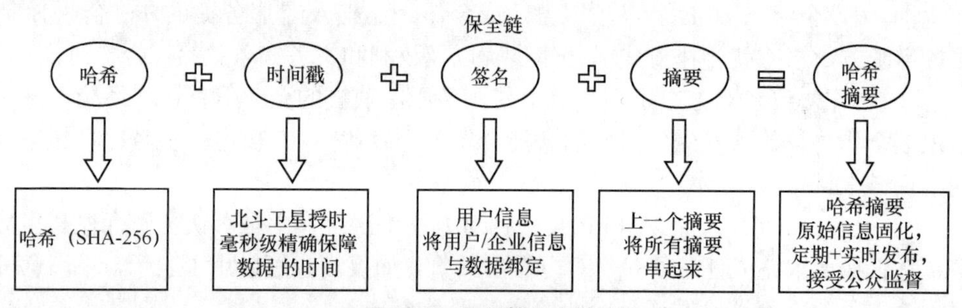

图 10-2 君子签保全链

如果用户想要校验已签署的电子合同的完整性，可以在君子签官网上输入电子合同的备案号并上传原文件，系统自动对上传文件的哈希值和原始存证数据的哈希值进行对比，以验证电子合同原文件是否被篡改，保障电子合同文件的完整性和真实性。

由此可见，君子签平台利用区块链去中心化、不易篡改、防抵赖等特性，在解决电商交易信息不对称和信息造假等方面具备优势，可以有效增强电商交易中的信任感。目前，君子签保全链平台已经实现全国范围内各个省份的全覆盖，已惠及 7 000 多万用户，提供了 23 亿电子合同，实现了从下单、签约到支付的全流程电子化交易闭环。

（2）微众银行的区块链跨链协作平台 WeCross

2020 年 2 月，微众银行发布了自主研发的开源区块链跨链协作平台 WeCross，致力于促进跨行业、机构和地域的跨区块链信任传递和商业合作。WeCross 不局限于满足同构区块链平行扩展后的可信数据交换需求，还进一步探索解决异构区块链之间因底层架构、数据结构、接口协议、安全机制等多维异构性导致无法互联互通的问题。

通用区块链接口、异构链互联协议、可信事务机制、多边跨域治理是 WeCross 的 4 大技术。通用区块链接口对交易、智能合约与资产等数据进行抽象包装，设计统一的资源范式和普适跨链场景的抽象区块数据结构，为异构区块链的交互建立数据协议一致的基础，实现“一次适配，随处可用”的效果；异构链互联协议通过分析主流区块链平台交互方式的共性点，构建一种通用的区块链接入范式与跨链交互模型；可信事务机制提出数据互信机制和跨链事务机制，解决跨区块链调度时的可信和交易事务性问题；多边跨域治理是一套完整的区块链多边治理方案，支持多个区块链按照其业务需求，以不同的网络拓扑来组建跨链分区。

WeCross 整体架构如图 10-3 所示，包括数据层、交互层和事务层。数据层的抽象是跨链交互的基础，跨链交互的核心是数据在链间的流动，涉及的数据维度包括区块、交易、合约、消息等多个方面，WeCross 以满足跨链基本要求为前提，提炼通用区块数据结构，将交易、合约和消息等抽象设计成资源类型，为资源设计通用的寻址协议。不同业务场景有不同的跨链交互模型，WeCross 基于抽象的数据层，建立通用区块链适配与路由中继网络，结合标准默克尔证明机制，实现跨链交互层抽象设计。事务层基于数据结构和交互的抽象，实现跨链事务效果，目前支持两类机制（两阶段事务和哈希时间锁定事务）。

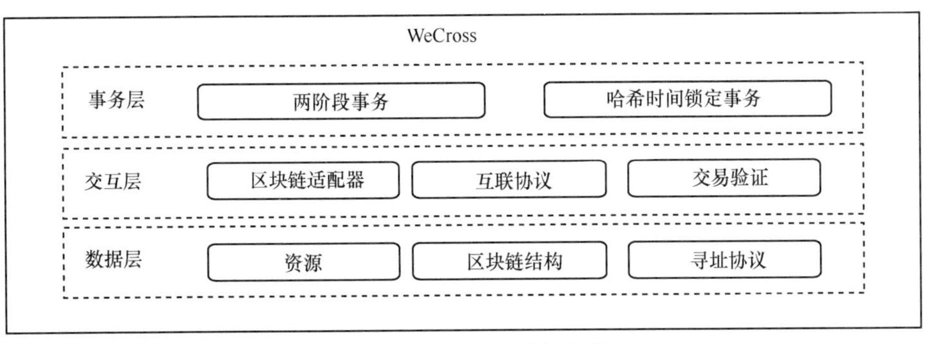

图 10-3　WeCross 整体架构

未来，WeCross 将会作为分布式商业区块链互联的基础架构，持续促进跨行业、机构、地域的跨区块链价值交换和商业合作，推动区块链应用生态的深度融合发展。

10.3 区块链赋能人力资源管理

10.3.1 行业现状

现在的商业环境中，企业之间除了生产效率、技术水平等方面的竞争外，还存在管理水平的竞争，如组织决策、反应速度以及人力资源管理等，其中，人力资源管理是尤为重要的一环。人才是 21 世纪企业最宝贵的资源，人力资源管理成为现代企业经营管理体系的重要组成部分，是企业内部各项管理工作的基础[7]。科学的人力资源管理能够有效调动企业员工的积极性，更好地完成企业的经营目标，不断提高企业的竞争力，对于企业整体发展战略和目标的实现具有举足轻重的作用，对于推动企业持续、健康、稳定的发展至关重要。然而，现阶段企业人力资源管理存在一些不容忽视的问题[8]。

首先，在企业招聘方面，由于社会信用体系建设尚未成熟，求职者会出现简历内容夸大、学历学术造假等问题，企业无法辨认其真伪，使企业对求职者没有一个正确的认知与了解，也无法对个人能力素质进行全面把握和识别，企业无法招聘到满意的人才，也无法将其匹配到合适的岗位上。

其次，在企业用人方面，现在企业通用的组织管理模式是科层制，与科层制相匹配的是“以岗位为中心”的现代人力资源管理体系。岗位是一组任务的集合，是在工业化大生产的背景下，凭借当时的管理技术，企业无力管理成千上万的独立任务，于是就把同类或相近的任务归并成一个集合，这个集合就是岗位。企业总希望做到人岗匹配，即把人放到最合适的岗位。传统的岗位分配机制是管理者凭借自己的管理经验，对岗位要求的能力做出预判，再加上对自己员工的认知，来给员工安排岗位。但管理者往往无法对员工的个人能力素质进行全面把握和识别，难以将其匹配到合适的岗位上，常常出现人岗不匹配的现象。

最后，在薪酬绩效方面，目前我国企业的薪酬绩效评价机制往往以员工的职位、岗位、KPI 为中心，基层、中层员工的绩效需要通过层层的考核汇报，可能存在失真的问题，从而导致薪酬绩效难以真实客观地反映员工的业绩结果，难以实现预期的激励目标。大企业的层级制度更为明显，存在人员固化问题，年轻员工、高水平人才难以获得相应激励或者晋升机会。

10.3.2 基本原理

区块链技术可以作为个人与企业之间的信任桥梁，推动人力资源管理的发展。

在企业招聘方面，可以利用区块链的分布式、可信任、不易篡改和智能合约等机制来记录求职者所有与就业从业相关的数据[9]，包括求职者的学历信息、培训记录、技能记录、求职记录、简历记录、职场所受奖惩记录，以及过往的工作绩效指标、晋升情况和离职原因等，增强了求职者简历信息的真实性、不易篡改性和不可伪造性。企业在招聘时，可以更精准地判断招聘职位有哪些合适的人才，简化当前的复杂招聘流程，提高招聘效率，降低企业人力的搜索成本和协调成本。

在企业用人和薪酬绩效方面，业界提出了一种基于区块链的人力资源管理系统，如图 10-4 所示。基于区块链的人力资源管理系统是“以任务为中心”，而非“以岗位为中心”。企业的所有任务都应该保证创造价值，每个任务对应企业与员工之间的一份智能合约，企业是甲方，员工是乙方，甲方提出任务要求，同时给予乙方资源授权，并且明确任务完成后的奖励，乙方按要求完成任务，经过评估后获得相应的奖励作为报酬。每项任务以智能合约的方式记录在区块链上，由于智能合约具有自动执行的特点，一旦企业指派一项任务给一位特定员工，员工不需要经过费用审批流程，不需要等待公司考核业绩，更不用依靠上级主管的心情决定奖金多少，企业与员工形成一个刚性合约，只要员工领取这个任务，所有资源自动配套，一旦任务完成，奖金自动到账，整个过程完全自动化。

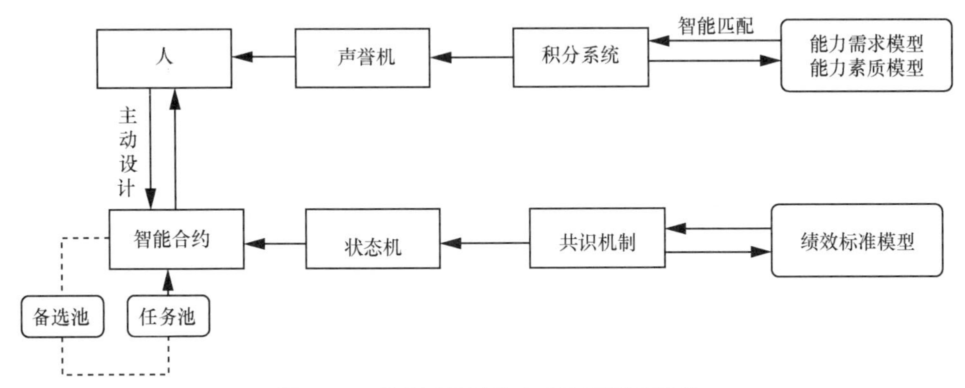

图 10-4　基于区块链的人力资源管理系统

任务池用来存放待完成的任务合约，任务合约可以由企业管理者发起，也可以由员工发起。例如，员工发现了一个新的市场机会，可以发起一个任务合约，提出明确的任务、资源要求和奖励要求，然后合约进入备选池，管理者根据某种标准（如企业战略、资源冗余等），从备选池中挑选出合适的任务合约进入任务池，这个机制将直接调动一线员工的积极性和创造力。对于任务池中的任务合约，管理者可以直接把某个任务合约指派给某位员工，对于某些大量的、非常复杂的或企业内部没有合适人选的任务，可以使用竞标（抢单）机制，聘用临时员工，增加企业人才、员工的范畴，扩展企业组织的边界。

任务合约在执行过程中，由状态机记录所有任务合约的执行状态，每隔一定的时间，所有考核员通过共识机制对任务合约的执行状态进行认定，并判定完成的优劣程度，因此区块链是记录一个企业全部任务的“大账本”。通过智能合约、状态机和共识机制，企业形成了能自动化判断的绩效标准模型。

除了用状态机记录所有任务合约的执行状态，还用声誉机记录员工的情况。声誉机对应的是一套积分系统，即员工每完成一项任务，其声誉值（积分）就会增长。根据积分系统，可以给每位员工建立一个能力素质模型。声誉机会追踪每个任务合约的完成情况，从而给员工打上各式各样的能力素质标签，只要员工完成一项任务，声誉机中对应的能力素质就能得到相应积分。随着员工不断地完成任务，其能力素质模型也会不断完善。

能力素质模型有助于改进传统人力资源系统中的人岗匹配环节。企业总希望把任务分配给最合适的员工，每项任务有一个能力需求模型，每位员工有一个能力素质模型，通过人工智能做机器学习和模式识别，将任务的能力需求模型和员工的能力素质模型做匹配比较，可以实现任务的精准分配。未来，一个任务是管理者 A 发出的，但是人工智能推荐的合适人选很可能 A 根本不认识。

声誉机不仅解决了海量任务的精准匹配问题，还使企业不再需要担负激励员工的责任，因为员工在企业不只是赚取工资奖金，更重要的是累积自己的声誉积分。在任务精准匹配的条件下，员工声誉积分越高，其更容易被优先指派任务，这形成了一个正向激励，员工想要领取更高价值的任务时，就要有意识地积累自己的声誉积分。比如，员工没有区块链编程能力，可是又想领取这样的任务，怎么办？该员工可能会试图加入一个大任务，承担一些简单工作来积累声誉积分，或者直接参加区块链编程课程，合格后直接获得声誉积分。于是，一个完美的员工自我激励、自驱成长的良性循环出现了。

区块链技术在人力资源领域的应用和实践，可以重构行业信任机制，打造和谐行业信任生态，完善人力资源管理；以工作任务为导向，创造全面的、科学的、公平的工作环境，同时将人力资源管理理念和企业的发展方向相结合，利用数据的透明化和标准化，打造更人性化的人力资源管理体制。

10.3.3 应用案例

（1）人力资源服务云平台“乾通互连”

2019 年 12 月，一站式人力资源服务云平台“乾通互连”宣布将引入区块链技术，为企业提供入职签约、文件签署、假勤记录、工资发放等人力资源管理全流程可信存证服务，这意味着区块链技术正式落地应用于人力资源云服务领域。对于员工而言，引入区块链技术能够让员工的各项人力资源数据更可信，如身份证明、征信证明、工作履历、劳动电子合同、社保缴纳、薪水涉税等，都可以通过区块链技术做到数据不易篡改，证明从收入到报税的每一分钱的合法性和真实性。“乾通互连”利用区块链技术打造人力资源的安全密钥，降低未经授权的设备访问或伪造信息的可能性，使个人信息和财务数据更安全，不易遭受黑客攻击或被他人篡改。目前，该平台正在逐步利用区块链服务于更多人力资源应用场景，以期赋能整个人力资源生态链。

（2）灵活用工平台“好活”

2016 年 10 月，国内最大互联网灵活用工平台“好活”尝试利用区块链技术解决平台数字资产保障与智能合约签订等信用问题，这也是首家支持区块链技术的灵活用工平台。灵活用工本质是企业业务与人力资源的共享众包行为，通过互联网的方式将供求双方汇聚到移动端平台上实时匹配，提高撮合效率，由此形成一个在线交易市场。“好活”采用的是 B2B 共享灵活用工模式，“有活缺人”的企业将业务共享出来，由“有人缺活”的企业或团队接取完成，企业根据业务完成情况支付佣金。

引入区块链技术后，数字资产分布存储在区块链上，所有用户和用人单位可以随时通过公示或查询等渠道了解其预存情况和平台佣金支出情况，由于这些数据在区块链上无法被篡改，可以很好地解决用人单位的信任问题。同时，用人单位在“好活”平台发布任务，接活企业和团队以及执行人员之间通过区块链签订智能合约，确定双方的劳动关系，平台和用人单位无法更改任务信息，保障团队和执行人员完成任务后可以即时领取佣金。

（3）“职真真”项目

2020 年 4 月，火币中国与链人国际联合宣布共同推动区块链在人力资源行业的创新应用，打造人力资源管理行业全流程信任生态。火币中国与链人国际联合打造的“职真真”项目是一个使用区块链技术的人力资源 SaaS 平台，致力于构建职业信用生态体系，基于联盟链上的节点数据，体现真实人才价值，为企业提供可信全面的求职者背景和职业信息。如图 10-5 所示，“职真真”项目最为突出的是通过打通 I 端（猎头和培训机构）、B 端（企业）和 C 端（求职者），在招聘、面试、入职、任职、离职、再入职等职场全链条中，将“人”职场的全部有价值信息上传到基于区块链的人力资源平台，在保证私密性和可追溯性的同时，为行业提供了新的价值信息标准。

区块链技术在人力资源领域的应用和实践，可以重构行业信任机制，打造和谐行业信任生态。凭借区块链技术不易篡改、分布式存储、共建共享等特性，将有效解决行业信任缺失、信息不对称等痛点[10]，从而开启数字经济时代全新的人才服务方式。火币中国与链人国际已与工业和信息化部人才交流中心和国有资产监督管理委员会、教育部、人力资源与社会保障部支持的职信网达成战略合作，开展区块链产业人才的能力评价和信用评价，此项目将成为“区块链+人力资源”场景的示范性落地应用。

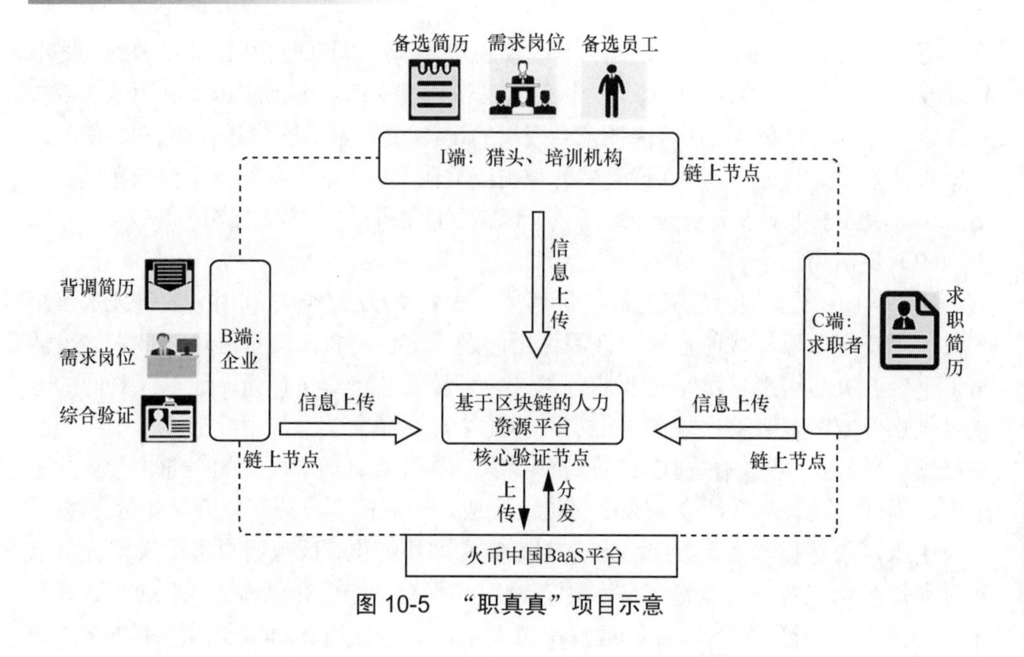

图 10-5 “职真真”项目示意

10.4 本章小结

当今社会，商业与人民的生活息息相关，不断推进智慧商业的发展对改善人民生活水平、维持社会和谐稳定起着举足轻重的作用。目前，商业领域存在信任缺失问题，区块链凭借其不易篡改、分布式存储、共建共享等特点，可以从根本上解决信任问题，更好地赋能智慧商业，为打造安全、高效、可信的商业环境提供动力，为加快商业信息化建设、推动经济高质量发展提供支撑。本章首先对智慧商业进行了概述，然后从企业信誉管理和人力资源管理两个方面详细阐述了商业领域目前存在的问题和痛点，并对基于区块链的解决方案的基本原理和应用案例进行了梳理总结。在企业信誉管理方面，区块链具有去中心化、不易篡改和可追溯性等特征，可以用来记录企业之间合作的相关信息，这些信息是企业信誉度量化的基础，同时通过智能合约的自动执行保证企业信誉度量化过程和结果的公开透明，有效避免了纠纷。在人力资源管理方面，区块链技术作为个人与企业之间的信任桥梁，不仅可以提高招聘效率，降低企业人力的搜索成本和协调成本，还可以“以任务为中心”来优化企业用人和薪酬绩效制度，推动人力资源管理的发展。

参考文献

[1] SIDHU J. Syscoin: a peer-to-peer electronic cash system with blockchain-based services for

e-business[C]//Proc IEEE ICCCN. 2017: 1-6.

[2] WEBER I. Untrusted business process monitoring and execution using blockchain[C]// Business Process Management. 2016: 329-347.

[3] DENNIS R, OWEN G. Rep on the block: a next generation reputation system based on the blockchain[C]// Proc IEEE ICITST. 2015: 131–138.

[4] 刘祝前. 供应链金融+区块链技术解决我国中小企业融资难问题[J].时代金融，2020(20): 23-24.

[5] 陈一芳，王顺林. 区块链驱动供应链企业间信任，构建新型供应链合作机制[J]. 物流科技，2021, 44(1): 10-13+31.

[6] ZOU J, WANG Y, ORGUN M A. A dispute arbitration protocol based on a peer-to-peer service contract management scheme[C]//Proc IEEE ICWS. 2016: 41-48.

[7] WANG X. Human resource information management model based on blockchain technology[C]// Proc IEEE SOSE. 2017: 168-173.

[8] 左胜强. “区块链+人力资源管理” 应用展望[J].中国经贸导刊(中), 2021(4): 156-159.

[9] ALEXOPOULOS N, DAUBERT J, MUHLHAUSER M, et al. Beyond the hype: on using blockchains in trust management for authentication[C]// Proc IEEE Trust com/BigDataSE/ICESS. 2017: 546-553.

[10] MIN X, LI Q, LIU L, et al. A permissioned blockchain framework for supporting instant transaction and dynamic block size[C]//Proc IEEE Trustcom/BigDataSE/ISPA. 2016: 90-96.

第11章 区块链在数字版权服务中的应用

11.1 数字版权服务概述

数字版权是指作者利用数字化的手段对计算机程序、文学著作、音乐影视作品等进行保存、复制、发行和传播，反映了作者对其作品的合法所有权，其他人在未经作者授权的情况下，不能利用这些作品谋取利益。近年来，随着信息技术的不断发展，作品的呈现方式也趋向于数字化。以图书出版为例，数字出版产业的发展势头强劲，呈现出内容数字化、产品形态数字化、传播渠道网络化、管理过程数字化的特点，预计到2030年，90%的图书都将数字化。

数字版权服务主要是为了保护作品的数字版权，保护作者的合法权益不受侵害。如图11-1所示，数字版权服务的全周期一般包括数字版权的确权登记、分发交易和取证维权。数字版权的确权登记是指作者向版权机构申请具有全网唯一标识的登记证书，用以明晰作品版权归属的行为；数字版权的分发和交易是指作品在流通过程中的传播使用和交易变现等行为；数字版权的取证维权是指记录保存侵权行为的司法证据，并通过提起诉讼等方式保护版权所有者的合法权益。数字版权服务对于保护数字版权、激发人民的创作热情、实现版权价值的安全流转、推动数字版权行业的健康快速发展，以及促进我国的文化繁荣等，具有重要意义。

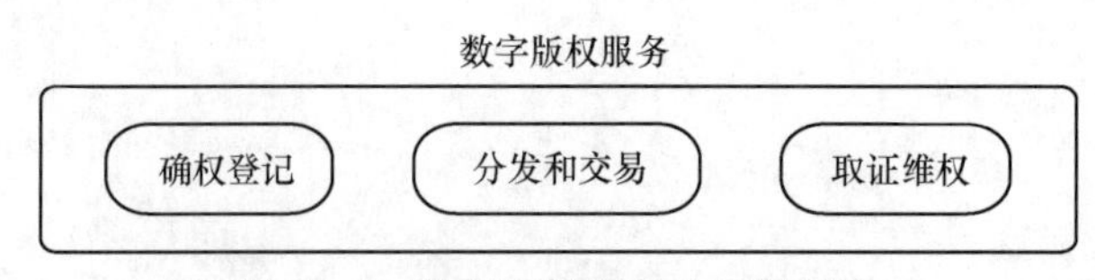

图 11-1　数字版权服务全周期示意

随着全球信息化进程的不断推进，尤其是以 5G、4K/8K 高清视频、VR、云计算等为代表的新兴技术的不断发展，不仅促进了数字作品呈高速增长趋势，还深刻改变着数字版权行业中各主体之间的利益关系，但同时也进一步助长了盗版、网络侵权和非法出版等行为，海量的数字作品出现确权难、授权难和维权难的问题，给数字版权服务工作带来了严峻挑战。区块链技术因其具有去中心化、开放性且不易篡改等特点，为数字版权服务提供了全新的思路和机遇，可以更好地促进数字版权行业的持续演进和健康发展。

11.2　区块链赋能版权的确权登记

11.2.1　行业现状

版权的确权登记是指作者向版权机构申请具有全网唯一标识的登记证书，用以明晰作品版权归属的行为。确权登记是进行数字版权保护的前提，有助于解决因版权归属造成的版权纠纷，保护创作者和相关方的权益，减少侵权行为的发生。

目前，我国在版权的确权登记方面主要面临两大问题。其一，数字作品版权的确权登记周期较长、效率低、时间成本和金钱成本高，导致创作者的确权登记积极性差。如图 11-2 所示，如果创作者想要在中国版权保护中心对其作品进行确权登记，需要经过“创作-注册-申请-受理-审查-发证”的流程，整个周期大约需要 7～30 天。在这一过程中，创作者若不委托中介机构办理，限于缺乏专业指导，登记材料可能被退回修改完善，增加了时间成本；若委托中介机构办理，除登记费用外，还需要额外支付中介服务费，增加了成本，严重影响了创作者进行确权登记的积极性。其二，我国当前的数字版权登记机构采用集中式的服务模式，无法满足互联网环境下海量小微版权的确权登记需求，极大地影响了数字版权确权登记的实效性和健壮性。

11.2.2　基本原理

当前的版权确权登记服务难以满足用户需求，而使用区块链技术可以提高版权确权登记服务的效率。首先，在区块链上对每一个版权确权登记信息进行记录，可以利用时间戳和数字指纹完成版权的溯源和归属证明，明确作品的版权归属；其次，共识机制能够让全网对作品的版权迅速达成共识，创作者可以快速得到版权证书[1]。

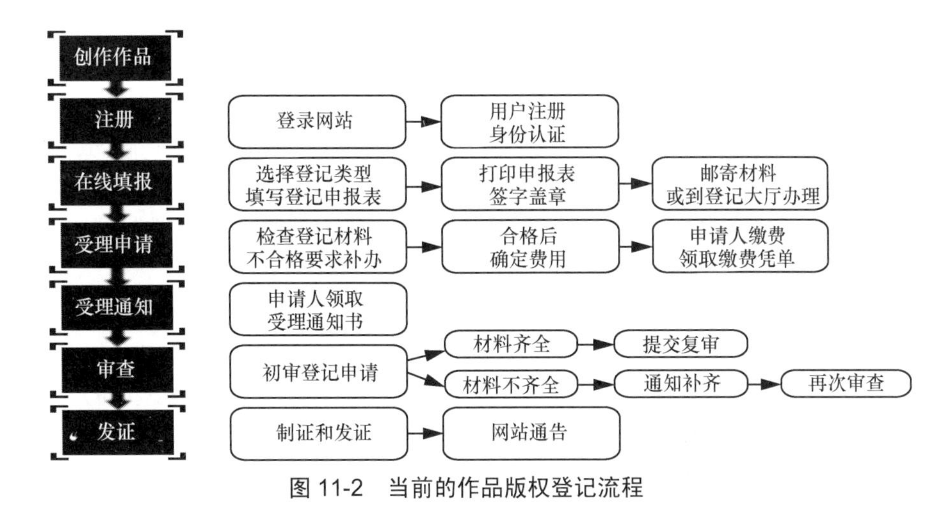

图 11-2　当前的作品版权登记流程

基于区块链的作品版权登记流程如图 11-3 所示。

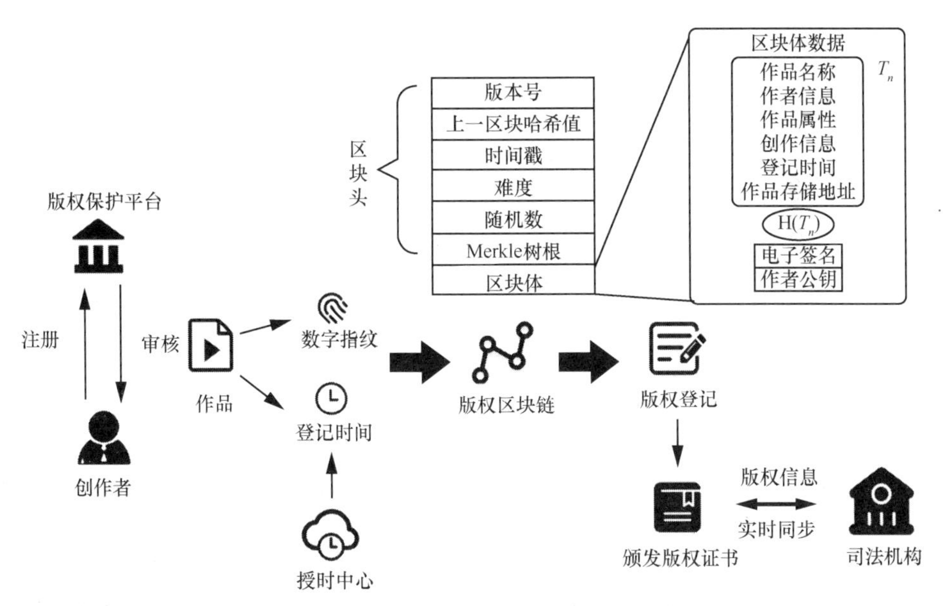

图 11-3　基于区块链的作品版权登记流程

① 在进行版权的确权登记之前，创作者首先需要在版权保护平台注册，并进

行实名身份认证；版权保护平台会审核用户的注册信息，只有通过审核的创作者才能在该平台上进行版权登记。

② 当创作者有作品（包括文字、图片或音视频等形式）需要进行确权登记时，可以向版权保护平台提交作品。

③ 版权保护平台收到作品后，会自动从作品中提取关键特征信息，生成一串可唯一标识当前作品的数字指纹，建立作品与其数字指纹之间的一一映射关系[2]。

④ 版权保护平台将作品版权信息，包括作品名称、作者信息、作品属性、创作信息、登记时间（授时中心提供的时间信息）、作品存储地址、作品数字摘要哈希值等保存在版权区块链上，以此证明作品的权属关系。

⑤ 作品版权信息上链后，版权保护平台将给创作者颁发版权证书，用户可以通过版权保护平台查询作品的权属、登记时间和颁证机构等信息。

⑥ 版权保护平台将作品的版权信息和版权证书同步到公证处和司法鉴定中心等部门的系统。

区块链技术用于版权确权登记的全流程记录和全节点见证，可以高效便捷地实现版权的溯源和归属证明，有效解决作者身份难确定和作品登记时间难固定等问题；同时，与公证处和司法鉴定中心等部门的版权信息同步为后续取证维权提供依据。

11.2.3 应用案例

（1）百度版权保护解决方案

2018 年，百度在其自主研发的超级链基础上，构建了版权存证区块链，配合可信时间戳和链戳双重认证，为每一个原创作品（包括图片、文章、影视剧集和音频等）生成版权 DNA，提供版权局存证登记、存证信息实时上传区块链等服务。同时，版权存证区块链上的数据与北京互联网法院天平链进行了对接，使版权存证数据具备法律效力。此外，百度超级链联合百度百科，基于区块链技术创建“文博艺术链”，推动百科博物馆计划中的 246 家博物馆线上藏品以及其数字版权的确权、维护和交易等数据上链。近日，百度凭借 240 多项技术专利和上亿条的版权存证数据荣获“2020 年度中国版权突出贡献奖”。未来，百度超级链将联手百度文库促进健康、公平的网络创作环境，加速推进知识内容生态行业良性发展，同时持续深化区块链在版权保护领域的应用。

（2）安妮版权区块链

安妮股份开发的版权区块链系统采用联盟链形式，可以为海量作品提供版权存证服务。安妮版权区块链通过与数字证书机构、国家授时中心、司法鉴定中心等具有公信力的机构合作，提高了版权权属和授权的法律效力。作品在进行版权存证时，安妮版权区块链首先会对作品进行数字摘要计算和数字指纹提取，确保作品的完整性与原创性；其次使用国家认可的数字证书机构颁发的证书进行数字签名，并结合国家授时中心提供的可信时间服务，实现作品的存在性证明、权属证明、授权证明和侵权证据固定。通过完整记录作品的整个创作过程，安妮版权区块链可以优化举证维权环节，如果发生版权纠纷，相关机构或个人可以在任意区块链节点提取具有公信力的证明材料。截至 2020 年，安妮股份旗下的“版权家”平台存证区块达到 1 760 万个。正是凭借其在版权区块链领域的技术优势，安妮股份入选了“2020 区块链技术创新典型企业名录”。

11.3　区块链赋能版权的分发和交易

11.3.1　行业现状

版权的分发和交易是指作品在流通过程中的传播使用和交易变现等行为。版权的分发和交易是作品经济价值流通的重要环节，通过版权许可或转让的方式，实现版权所有者的经济权益变现。

目前，版权的分发和交易方面主要面临两大问题。其一，版权的分发和交易过程涉及多方参与收益分配，收益分配体系不完善。数字平台运营商掌握数字作品分发渠道，在版权收益分配体系中占据主导地位，内容提供方或创作者议价能力弱，无法在收益分配中获得匹配其作品价值的等额收益。以音乐产业为例，收益分配涉及音乐内容生产者、唱片公司和网络音乐服务平台，唱片公司具有较强的渠道控制力，在整个行业中占有很大话语权，音乐作品若想投入市场，必须依靠唱片公司来录制、分发，因此唱片公司分走了大部分的作品销售收益。在互联网数字媒体领域，音乐平台 Spotify 和流媒体视频内容提供商 Netflix 等网络内容平台拥有大量用户，成为新的版权分销商，负责收取用户订阅费和广告费，并给创作者分成。中心化平台在版权交易产业链中长期处于绝对垄断地位，使创作者获得的分成比例较低。中国信息通信研究院发布的《2018 年中国网络版权保护年度报告》指出，当前数字出版商不仅拥有数字版权分发与二次出版的绝对话语权，而且垄断了数字出版物的定价与运营权。其二，数字作品的传播渠道日益多样化，跨组织和跨平台导致难以追踪作品分发使用信息，且复杂的交易过程进一步增加了追踪的难度。以音乐产业为例，音乐创作者将版权授权给音乐平台，其收益来源于歌曲下载量和点击率等数据，但是这些数据不透明、易篡改和难以监控，创作者无法掌控准确数据，导致版税结算不透明，创作者的版税收入不理想，其利益难以得到保障，影响了创作者的创作热情。

11.3.2 基本原理

区块链作为公开透明的分布式账本技术，可以在多方参与的情况下增加作品分发和交易等环节的透明度，重塑数字版权价值链，保障和平衡数字版权价值链各参与方的利益[3]。

（1）交易环节

在交易环节，通过智能合约，可以实现在创作者、内容提供商、内容分发平台、内容传播方等多个参与方之间的收益自动分配，平衡各方利益，降低版权交易成本，有助于数字版权价值的安全流转，推动构建良好的数字版权交易生态。目前，在基于区块链的数字版权交易系统中，有三类交易模式，分别为内容预购模式、零售模式和分销商模式。

内容预购模式是指数字内容创作者提前出售还未创作完成的作品。作品创作完成之前，数字内容创作者与预购用户达成协议，共同签署一份智能合约，并分别向智能合约支付一定数额的保证金和作品预购金，保证金用于降低内容创作者的违约风险，预购金用于保证用户能在作品创作完成后以较低价格购买作品。作品创作完成后，智能合约自动将作品分发给预购用户，并将保证金与预购金支付给内容创作者。如果作品没有在预定时间内创作完成，该智能合约会将创作者的保证金作为补偿支付给预购用户，同时将预购金返回给用户。零售模式是指通过智能合约授权用户使用作品的次数和时间，一旦超过期限，用户将不能再使用该作品。分销商模式是指数字内容创作者将作品售卖权委托给分销商，通过智能合约约定转让和授权协议、明确分成比例，并自动执行收益的分配。

在交易环节，不论采用哪种交易模式，都涉及费用结算和分配，主要有两种方式。一种是无代币方式，如华夏微影文化传媒中心的微电影微视频区块链版权交易服务平台；另一种是代币方式，以代币形式实现创作者和作品传播者等参与者之间的收益分配，如 NewsChain、MyTVchain、Ulord、Fountain 等项目。

（2）分发环节

在内容预购模式和零售模式中，需要在创作者和用户之间进行作品分发；在分销商模式中，需要在创作者和分销商之间进行作品分发。在作品分发环节，使用区块链技术可以追踪作品的传播和使用情况，确保作品只能被特定的授权用户在授权期限和范围内使用。

基于区块链的作品分发架构如图 11-4 所示[4-6]，该架构涉及许可方、被许可方以及共识节点。许可方是作品版权的拥有者，被许可方是作品使用权限的请求者，共识节点用来维护区块链数据的一致性。作品分发过程的关键是许可密钥（License Key），许可密钥用来对加密作品进行解密，以达到访问的目的。使用区块链记录许可密钥的分发过程，可以实现对作品访问的有效控制[7-9]。基于区块链的作品分发流程为：

① 许可方将作品的版权信息发送给共识节点，其中包括作品名称和使用期限等；

② 共识节点将版权信息存储在区块链中；

③ 当被许可方想要访问该作品时，需要向许可方发送作品访问请求；

④ 如果许可方同意该访问请求，则同时向共识节点和被许可方发送作品访问应答，其中包括被许可方 ID、作品名称以及用被许可方公钥加密的作品访问地址和许可密钥等信息；

⑤ 被许可方收到作品访问应答后，使用自己的私钥进行解密，得到作品访问地址和许可密钥，之后被许可方利用许可密钥对作品进行访问；

⑥ 共识节点收到作品访问应答后，将其中包含的信息存储在区块链中。

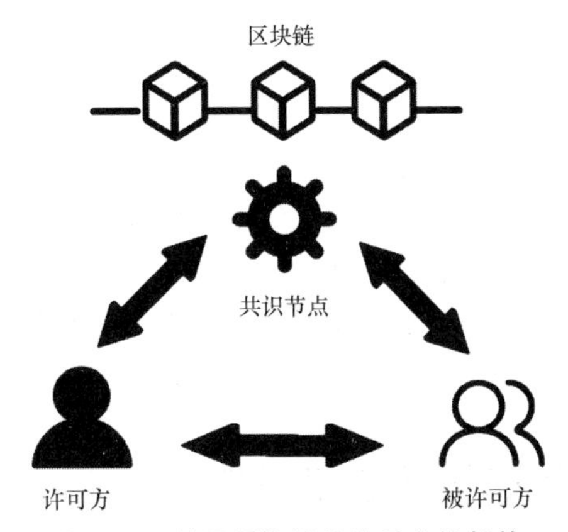

图 11-4　基于区块链的作品分发架构

在此基础上，可以进一步将作品的浏览量、下载量和交易量等信息透明公开地记录在区块链上，解决作品分发过程中的信息不对称等问题，杜绝中心化平台暗箱操作，保障创作者的利益，提升创作者的创作积极性，实现以创作者为主导的自由、公平、高效的作品发行环境。

此外，可以通过区块链引入激励机制，降低数字版权分发平台的市场集中度和渠道控制能力。对于内容消费者和传播者以转发、点赞、评论、投资等形式支持、分享和传播作品的行为予以一定程度的激励，让每位传播者均能受益，从而提升作品的多渠道分发能力，实现作品价值最大化。

11.3.3　应用案例

（1）Mycelia

Mycelia 由格莱美大奖得主 Imogen Heap 创立，该平台致力于通过区块链技术形成公平透明、可持续发展的、充满活力的音乐产业生态系统，帮助音乐创作者管理版权和收益。Mycelia 借助区块链技术，以透明公开的方式记录音乐作品的使用地点、使用时间和使用方式等信息，让音乐创作者能够更好地了解听众喜好，创作更受欢迎的作品。同时，通过智能合约将音乐作品的使用费用直接支付给创作者，省去了中间环节，保障了创作者的收益。

（2）Musicoin

Musicoin 是基于以太坊的音乐流媒体平台，利用智能合约向音乐创作者自动支付 MUSIC 代币，确保每个音乐创作者都能透明公正地从创作的音乐作品中获利。Musicoin 平台的付费模式为 Pay-Per-Play，即按播放次数向音乐创作者付费，用户也可以打赏小费给喜欢的音乐创作者。目前，Musicoin 平台注册了超过 6 000 个音乐创作者，提供了超过 710 万次的流媒体播放，向音乐创作者支付了超过 1 260 万 MUSIC 代币。

（3）AILINK

AILINK 是基于区块链的游戏社交平台，游戏内容开发者在 AILINK 平台上向用户提供游戏、直播等内容和服务，用户使用代币为内容和服务付费。基于区块链和智能合约，AILINK 可以确保游戏内容的交易过程真实有效，并且自动完成收益分配。截止到 2019 年 4 月，AILINK 平台注册了 2 500 万个用户和数百个中英文社群，这是区块链技术在游戏社交网络生态中一次较有影响力的尝试。

11.4 区块链赋能版权的取证维权

11.4.1 行业现状

版权的取证维权是指记录保存侵权行为的司法证据，并通过提起诉讼等方式保护版权所有者的合法权益。随着信息技术的不断发展，数字作品的形态和传播渠道日益多样，覆盖和影响范围不断扩大。数字作品具有易复制、流通快的特点，其侵权成本低，侵权手段多样、隐蔽，侵权行为分散，这些大大增加了侵权行为的发生概率。

虽然国家相关部门不断加大对侵权行为的整治力度，但版权的取证维权仍面临两大难点。其一，侵权取证难。在网络环境中，数字作品的侵权行为一般具有虚拟性、隐蔽性和无空间时间限制性等特点，增加了取证维权的难度。以著作权侵权案件为例，为了向法院提供有公信力的证据，著作权人在举证时，不仅需要通过网页截图等方式采集侵权证明，还需要去公证机构开具公证文书，并还原获取侵权证明的完整过程。即使如此，所采集的侵权证明仍可能遭到质疑。其二，司法资源有限，维权渠道匮乏，维权程序复杂，维权成本高。目前，版权维权的诉讼流程如图 11-5 所示，需要经过线索发现、取证、发送通知函、发送律师函、立案和开庭等步骤，整个过程将近 6 个月，不仅费时费力，还会因律师费和公证费等费用，增加创作者的维权成本，使维权收益与付出的维权成本难成正比，维权效果不佳。此外，近年来版权相关诉讼案件数量一直逐年攀升，给司法部门带来了巨大压力，由于人力物力资源有限，司法部门为了节省司法资源，常常对许多侵权案件不予立案，无形中又抬高了创作者的维权门槛。

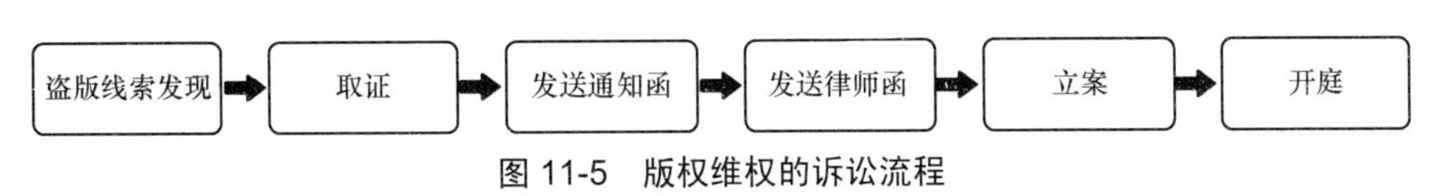

图 11-5　版权维权的诉讼流程

11.4.2　基本原理

目前，我国在作品版权保护方面依然存在取证困难、有漏洞可钻、保护不到位的问题，区块链技术利用电子证据存证的方式可以助力版权的取证维权。区块链上存储的信息具有不易篡改性，将侵权信息以时间顺序一笔笔记录在区块链中，可以为维权索赔案件提供真实有效的证据。

基于区块链的版权取证维权流程如图 11-6 所示。

① 版权保护平台通过爬虫和大数据分析等技术实时监测全网侵权行为，对收集到的疑似侵权的数字内容进行数字内容检索。数字内容检索的基本步骤主要包括特征提取、指纹生成和相似度匹配，通过对内容特征提取并进行相似度匹配，可以识别和检测数字内容是否被盗版侵权。例如，在数字图形图像方面，提取图像内容的视觉信息，包括颜色、纹理、形状等低层视觉信息，以及对象、空间关系、场景、行为、情感等高层视觉信息，将视觉信息与全网图像特征进行对比，对于相似度超出一定阈值的图像可认为疑似侵权；在数字音乐方面，可以通过旋律曲线几何配准和旋律特征字符化模糊匹配等方法对相似度进行衡量；对于视频等数字内容，通过抽取视频中关键帧进行特征提取，进而转化为图像检索问题。

② 当存在相似度达到阈值的数字内容和侵权行为时，收集相关侵权网页、网址、图片以及音视频线索，进一步通过网页截屏和视频录屏等合规取证方式对侵权证据进行存证固化，并生成侵权证据和报告。

③ 版权保护平台将侵权证据和报告等信息的哈希值存储在版权区块链上，并将侵权证据和报告发送给创作者。

④ 当侵权发生时，创作者在互联网法院的电子诉讼平台进行网上立案，同时在线提交诉状、创作者身份验证信息、确权存证源文件、侵权证据和报告等文件。

⑤ 电子诉讼平台通过版权区块链对创作者提交的信息进行验证，若验证结果显示涉案证据自存证至版权区块链后未被篡改，则返回验证成功信息。

⑥ 法官根据创作者提交的文件和版权区块链的验证结果，决定是否采信或者是否立案。

通过对基于区块链的版权取证维权流程的描述，我们可以看到借助于区块链技术，创作者举证维权和法官核验证据的过程变得方便快捷，以高可信度低成本的方式提高了司法效率。

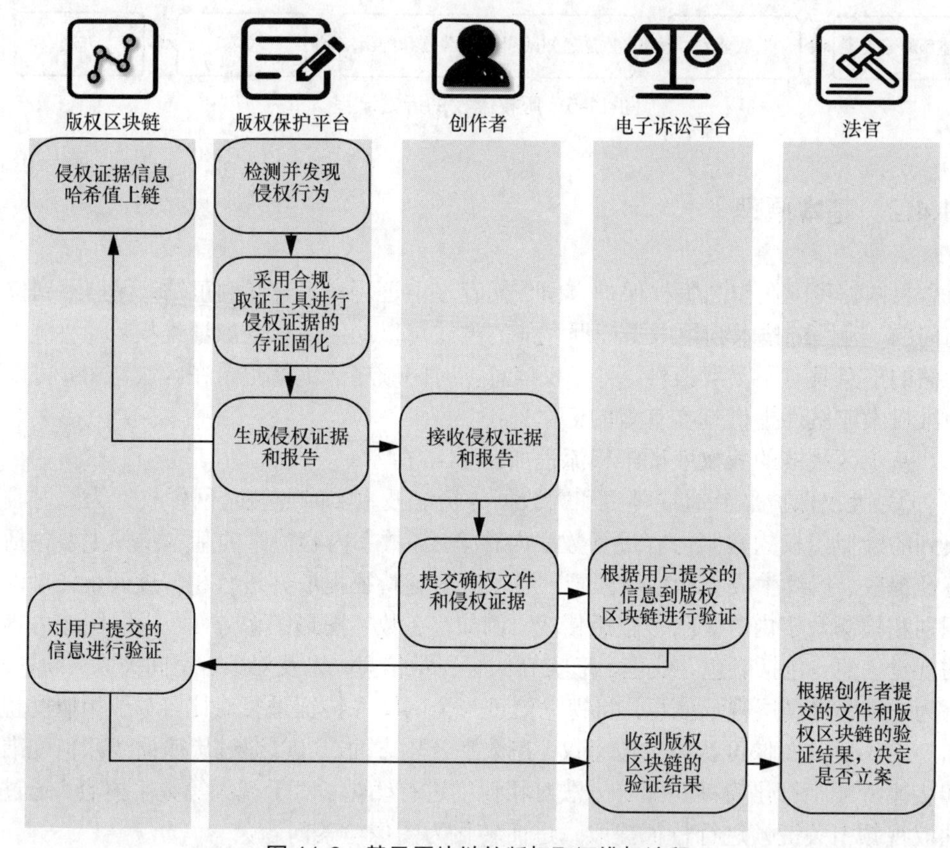

图 11-6　基于区块链的版权取证维权流程

11.4.3　应用案例

（1）小犀版权链

重庆小犀智能科技有限公司研发了小犀版权链，通过对接版权中心、公证处和版权协会等组织机构，提供基于区块链的版权维权服务。在侵权证据的海量检索和机器筛选等环节，小犀版权链应用基于人工智能的爬虫和智能对比技术，将其与基于区块链的侵权证据存证相结合，大幅提高了侵权证据的采集、确认和存证效率。

（2）保全网

由浙江数秦科技有限公司开发的保全网以区块链技术为支撑，与司法机构达成战略合作，为原创工作者、知识产权服务平台、金融企业等用户提供存证确权、侵权监测、在线取证、司法出证等一站式数据保全服务。2018 年 6 月，在杭州互联网法院审结的一起侵害作品网络传播权纠纷案件中，当事人就通过保全网对侵权内容进行存证，并将相应的电子数据打包压缩计算出哈希值后上链存证，保证电子数据的完整性和真实性。法院经过审理后，认可了采用区块链作为电子数据存证的方式，该案成为我国首例法院认可区块链存证的司法案例。保全网推动区块链技术在电子证据维权中的应用，目前保全网上的存证数据已经超过 7 429 万条，保全业务在全国数十家法院累计判例已达 500 多例。

（3）纸贵区块链版权存证平台

纸贵科技基于自主研发的 Z-Ledger 联盟链底层技术，联合陕西省版权局、公证处、内容平台等生态参与方，推出了纸贵区块链版权存证平台，提供版权确权存证、侵权取证、在线公证、法律维权、IP 孵化的全生态服务。版权所有者一旦发现有侵权行为发生，可以利用该平台对侵权页面进行识别和自动抓取，并将固化页面和计算出的哈希值存储到纸贵数字存证联盟区块链，将其作为证据提交给互联网法院，整个流程如图 11-7 所示。纸贵科技通过区块链技术保护创作者的版权，打造安全可信的版权数据库，重塑版权价值。2018 年，纸贵区块链版权存证平台荣获“2018 可信区块链峰会十大应用案例”。截止到 2020 年，纸贵科技在文字、音频、图片、视频、网页等类型数字版权登记数量已达 120 万条。

图 11-7　纸贵区块链侵权取证流程

11.5　本章小结

数字版权服务对于保护数字版权、激发人民的创作热情、实现版权价值的安全流转、推动数字版权行业的健康快速发展，以及促进文化繁荣，具有重要意义。但是，全球信息化进程的不断推进在促进作品内容数字化和传播渠道网络化的同时，导致海量的作品出现确权难、授权难和维权难的问题，给数字版权服务工作带来了严峻挑战。区块链技术为数字版权服务提供了全新的思路。本章首先对数字版权服务进行了概述，然后从数字版权服务的确权登记、分发交易和取证维权三个方面，详细阐述了目前存在的问题和痛点，并对基于区块链的解决方案的基本原理和应用案例进行了梳理总结。在确权登记过程中，区块链技术用于版权确权登记的全流程记录和全节点见证，可以高效便捷地实现版权的溯源和归属证明；在分发和交易过程中，利用区块链和智能合约增加作品流通使用和交易的透明度，保障和平衡各参与方的利益，激发创作和传播的热情，创造一个自由、公平、高效的市场环境；在取证维权过程中，利用电子证据存证的方式将侵权信息记录在区块链中，可以为诉讼中的维权索赔提供真实有效的证据。

参考文献

[1] 清华大学互联网产业研究院.区块链技术在版权领域应用白皮书（2019）[R].2020.

[2] 王玉婷. 基于区块链的数字版权检测研究[D].合肥：安徽大学，2020.

[3] 赛迪区块链研究院.区块链数字版权应用白皮书[R].2019.

[4] FOTIOU N, POLYZOS G C. Decentralized name-based security for content distribution using blockchains[C]// Proc IEEE INFOCOM Workshops. 2016: 415-420.

[5] BHOWMIK D, FENG T. The multimedia blockchain: a distributed and tamper-proof media transaction framework[C]// Proc IEEE ICDSP. 2017: 1-5.

[6] HERBAUT N, NEGRU N. A model for collaborative blockchain-based video delivery relying on advanced network services chains[J]. IEEE Commun Mag, 2017, 55(9):70-76.

[7] FUJIMURA S. BRIGHT: a concept for a decentralized rights management system based on blockchain[C]// Proc IEEE ICCE. 2015: 345-346.

[8] KISHIGAMI J, FUJIMURA S, WATANABE H, et al. The blockchain-based digital content distribution system[C]// Proc IEEE BD Cloud. 2015: 187-190.

[9] XU R, ZHANG L, ZHAO H, et al. Design of network media's digital rights management scheme based on blockchain technology[C]//Proc IEEE ISADS. 2017: 128-133.